西北地区生态环境与作物长势遥感监测丛书

西北地区玉米长势遥感监测

常庆瑞 刘秀英 著

科学出版社

北 京

内 容 简 介

遥感技术是精确获取农田环境和农作物长势信息的现代手段。本书针对西北地区主要粮食作物——玉米，依据田间试验，将试验观测数据与光谱仪辐射数据和地面高光谱影像相结合，进行玉米叶片和植株的长势高光谱遥感监测，及其土壤水分和养分含量的高光谱监测。主要内容包括：玉米长势遥感监测实验设计与数据测定、处理方法，玉米长势及其高光谱特性分析，叶片花青素、叶绿素，植株生物量和含水量的高光谱遥感监测，玉米种植区土壤含水量、碱解氮、有效磷和速效钾含量的高光谱监测。

本书可供从事遥感、农业科学、地球科学、资源环境等学科领域的科技工作者使用，也可供高等院校农学、资源环境、地理学和遥感技术专业的师生参考。

图书在版编目（CIP）数据

西北地区玉米长势遥感监测／常庆瑞，刘秀英著. —北京：科学出版社，2021.10

（西北地区生态环境与作物长势遥感监测丛书）

ISBN 978-7-03-070020-9

Ⅰ.①西…　Ⅱ.①常…②刘…　Ⅲ.①遥感技术–应用–玉米–生长势–作物监测　Ⅳ.①S513

中国版本图书馆 CIP 数据核字（2021）第 204962 号

责任编辑：李晓娟／责任校对：樊雅琼
责任印制：吴兆东／封面设计：无极书装

科学出版社 出版
北京东黄城根北街 16 号
邮政编码：100717
http://www.sciencep.com
北京捷迅佳彩印刷有限公司 印刷
科学出版社发行　各地新华书店经销
*
2021 年 10 月第 一 版　开本：720×1000　1/16
2021 年 10 月第一次印刷　印张：14 3/4
字数：300 000
定价：158.00 元
（如有印装质量问题，我社负责调换）

前　言

西北农林科技大学"土地资源与空间信息技术"研究团队从20世纪80年代开始遥感与地理信息科学在农业领域的应用研究。早期主要进行农业资源调查评价，土壤和土地利用调查制图。从20世纪90年代到21世纪初，重点开展了水土流失调查、土地荒漠化动态监测，土地覆盖/变化及其环境效益评价。最近十多年，随着遥感技术的快速发展和应用领域的深入推广，研究团队在保持已有研究特色基础上，紧密结合国家需求和学科发展，重点开展生态环境信息精准获取与植被（重点是农作物）长势遥感监测研究工作，对黄土高原生态环境和西北地区主要农作物——小麦、玉米、水稻、油菜和棉花等作物生长状况遥感监测原理、方法和技术体系进行系统研究，取得一系列具有国内领先水平的科技成果。

本书是研究团队在玉米生长状况遥感监测领域多年工作的集成。先后受到国家高技术研究发展计划（863计划）课题"作物生长信息的数字化获取与解析技术"（2013AA102401）、国家科技支撑计划课题"旱区多平台农田信息精准获取技术集成与服务"（2012BAH29B04）、高等学校博士学科点专项科研基金项目"渭河流域农田土壤环境与作物营养状况遥感监测原理与方法"（20120204110013）等项目的资助。

本书在这些项目研究成果的基础上，总结、凝练研究团队相关研究生学位论文和多篇公开发表的学术论文，由常庆瑞、刘秀英撰写而成。内容以西北地区主要粮食作物玉米生长状况监测为核心，根据田间试验和遥感观测数据，将玉米生长过程的生理生化参数与光谱反射率、地面高光谱影像、无人机高光谱影像和卫星多光谱影像等多源遥感数据相结合，对玉米叶片、冠层和地块尺度等不同层次生长状况的光谱特征、敏感波段及其光谱参数、建模方法进行系统论述。

第1章包括研究背景、高光谱遥感在精准农业中的应用、作物生理参数的高光谱遥感监测研究和土壤信息的高光谱遥感监测研究；第2章主要包括研究区概况，研究目标与内容，研究方法、技术路线和试验设计，地面光谱辐射数据、地面成像高光谱影响数据获取，玉米生理参数及农田土壤信息的测定，数据分析与处理，及其普通回归、偏最小二乘回归和人工神经网络模型的构建方法；第3～6章在分析玉米叶片花青素、叶绿素含量、水分含量和植株生物量及其光谱特征的基础上，研究玉米生理生化参数与不同高光谱数据之光谱反射率、特征光谱、光谱指数和植被指数之间的相互关系，选择特征波段和光谱参数构建玉米生理生化参数与不同高光谱数据的估测模型，经过精度评价和实践检查验证，确定最佳模型构建方法和监测模型；第7~9章在系统分析土壤水分和氮磷钾含量及其光谱特征基础上，探讨土壤水分和氮磷钾含量与光谱反射率、特征光谱、光谱指数之间的相互关系，应用不同方法构建不同特征光谱和光谱指数的土壤性能参数高光谱估算模型，经过精度评价与实践检查验证，确定最佳模型构建方法和监测模型；第10章为本书的成果与展望。

本书基础工作的团队成员如下。作者：常庆瑞、刘秀英；团队核心研究成员：刘梦云、齐雁冰、刘京、高义民、陈涛、李粉玲；博士研究生：谢宝妮、赵业婷、申健、田明璐、秦占飞、郝雅珺、宋荣杰、王力、郝红科、班松涛、蔚霖、黄勇、塔娜、落莉莉、王琦；硕士研究生：刘海飞、马文勇、刘钊、王路明、白雪娇、张昳、侯浩、姜悦、刘林、李志鹏、孙梨萍、章曼、刘佳歧、张晓华、尚艳、王晓星、袁媛、楚万林、王力、刘淼、于洋、高雨茜、解飞、马文君、殷紫、严林、李媛媛、孙勃岩、罗丹、王烁、李松、余蛟洋、由明明、张卓然、落莉莉、武旭梅、徐晓霞、郑煜、杨景、王婷婷、齐璐、唐启敏、王伟东、陈澜、张瑞、吴文强、高一帆、康钦俊。在近10年的田间试验、野外观测、室内化验、数据处理、资料整理、报告编写和书稿撰写过程中，全体团队成员头顶烈日、挥汗如雨、风餐露宿、忘我工作、无怨无悔。在本著作出版之际，对他们的辛勤劳动和无私奉献表示衷心地感谢！

由于作者学术水平有限，加之遥感技术发展日新月异，新理论、新方法、新技术和新设备不断涌现，书中难免存在疏漏和不足之处，敬请广大读者和学界同仁批评指正，并予以谅解！

常庆瑞

2021年初秋

于西北农林科技大学雅苑

目 录

|第1章| 绪　　论

1.1　研究背景

玉米（学名：*Zea mays* L.），为一年生禾本科草本植物，是一种非常重要的粮食和饲料来源，总产量是世界上最高的。玉米的种植面积位居世界第三位，仅次于小麦和水稻，是世界上分布最广泛的粮食作物之一，其产量的高低对世界粮食安全至关重要。在我国，玉米是三大主粮作物之一，对农村经济发展和粮食安全有着重大的意义。因此，在耕地资源日益减少、人口不断增长、水资源严重短缺、需求快速增加、生态环境日益恶化的大背景下，及时了解作物的生长状况、农田环境信息，特别是土壤信息的空间差异，通过调节对作物的投入、提高作物（包括玉米）单产及品质、减少环境污染问题，是实现农业高产、优质、高效、生态安全等协调发展的根本途径。

精准农业可以追溯到 20 世纪 80 年代，遥感应用于精准农业是从传感器获取土壤有机质信息开始的，并迅速发展了包括卫星、飞机、手持、拖拉机等搭载的传感器（Mulla and David，2013）。精准农业主要应用遥感等高新技术快速获取大范围的农作物长势、病虫害、农田环境等信息，可为监测作物长势、精准施肥等科学的田间管理提供依据（赵春江，2010）。美国有 1/3 以上的农民已经实践了某种形式的精准农业，包括在正确的位置、正确的时间进行施肥、除草、播种等更好的农田管理（Mulla and David，2013）。在发达国家，精准农业获得快速发展被认为是解决农业可持续发展的重要途径。近年来，国内很多科研院所已经开始了精准农业相关方面的研究，但是我国的精准农业仍处于试验示范阶段和孕育发展过程中，精准农业的理论与实践研究还处于起步阶段（扈立家等，2006）。精准农业技术从实施过程来划分大致包括农田信息获取、农田信息管理和分析、决策和田间实施四大部分（Zhao，2000）。其中，农田信息获取是精准农业的四个基本环节之一，是实现精准农业顺利决策和实施的前提与基础。目前，精准农业实施的最大障碍仍然是农田信息高密度、高速度、高准确度、低成本获取技术的研究（赵春江等，2003），因而，急需利用多平台、多尺度的遥感技术结合其他的信息技术来实时、动态获取农作物生长及其农田环境信息。近年来，通过使用高光谱遥感技术，实现了对地物微弱光谱差异信息的定量分析，从而为作物生长监测及农田信息获取带来了巨大的前景（杨敏华，2002）。

1.2　高光谱遥感在精准农业中的应用

高光谱遥感具有波段多而窄的特点，是新兴精准农业发展至关重要的一项技术（潘家志，2007）。精准农业要求进行变量施肥等精细化的农田管理，因而包括遥感在内的3S技术为实施精准农业提供了支持，可以实现快速、大区域获取农作物生长状态及农田环境信息的遥感技术特别是高光谱遥感技术，是实现"精准农业"的前提和基础。高光谱遥感波段多而窄，使地物微弱光谱差异信息能够定量获取，从而能够更好地应用于作物遥感监测（姚付启，2012）。作物生长过程中其冠层结构、生理特征、环境背景等均会发生改化，从而引起叶片及冠层光谱随之变化，因此可以根据作物对光谱响应的差异监测其长势。农田土壤信息主要包括土壤含水量、营养成分及土壤中的酸碱度（pH）和电导率（EC）等（宋海燕，2006），它们是重要的农业信息，专家可以根据这些信息进行系统的分析，作出重要决策，从而为实践精准农业提供保障。但是，传统技术进行农田土壤信息采集存在很大的弊端，高光谱遥感技术凭借其独特的优势，为获取区域土壤信息提供了一种新的技术手段（姚艳敏等，2011）。

1.3　作物生理参数的高光谱遥感监测研究

作物具有的独特的光谱特征，是高光谱遥感监测其长势的依据。随着作物生育期的推进，叶片色素含量、叶面积指数（leaf area index，LAI）、冠层及叶片结构均发生变化，同时不同的生长环境会影响作物的长势，从而导致作物光谱发生改变（郑有飞等，2007）。利用遥感技术进行作物长势监测实质就是在作物生长过程中，通过分析光谱和光谱参数与作物生理参数的关系，进而对其长势进行评价。

传统遥感由于波段数量少、间隔宽、分辨率低，在进行作物监测时存在很大的局限性，其可靠性受到很大影响。而高光谱遥感由于波段多而窄，分辨率较高，在进行作物监测时可以探测细微光谱差异信息，从而可以提高监测作物的精度，能够更加有效地监测作物的长势。利用高光谱遥感技术对作物生长状况及其变化进行大面积监测，对农作物估产和保障我国粮食安全等方面有着极其重要的意义。

1.3.1 作物花青素含量的高光谱遥感监测

高光谱遥感技术进行植物色素监测多侧重于叶绿素含量，其他色素研究较少。但是，每种色素在植物的新陈代谢过程中都有非常重要的作用，因此对其他色素的定量分析同样重要。花青素是植物叶片色素中第 3 类主要色素，作为一种水溶性的黄酮类化合物，花青素不仅能够提供植物生理状态信息，而且能对胁迫提供有价值的响应。环境胁迫，如强光、中波紫外线照射、低温、干旱、损伤、细菌及真菌感染、氮和磷的缺乏、某些除草剂及污染物等，均能引起花青素的有效积累 （Gitelson et al.，2001），从而对环境胁迫产生抵抗 （Vina and Gitelson，2011）。一般来说，植物幼小和衰老叶片中花青素含量丰富。花青素对植物具有多种功能，如光保护、抗氧化等 （Close and Beadle，2003），因此对花青素进行无损监测研究非常重要 （Chalker-Scott，1999；Asner et al.，2004）。

湿化学方法是传统花青素含量测定方法，包括提取色素，分光光度计测定花青素的吸光度，然后把吸光度转换成花青素含量。传统方法测量结果比较准确，但是这种实验室测量方法劳动强度大、费时费力并会损坏叶片，不能进行原位重复测量及大区域监测，因此需要一种精确、高效、实用的方法来估计花青素含量。有研究表明，所有的植物色素都选择性吸收或反射特定波长的光，并且很容易用吸收和反射光谱法进行评估，因此吸收和反射光谱法能够替代破坏性的、费时的化学方法，从而对植物色素进行快速、无损估测。

已有学者通过光谱信息构建了 5 个植被指数用于建立叶片花青素含量估算模型 （Gitelson et al.，2001；Steele et al.，2009；Gamon and Surfus，1999；Van Den Berg and Perkins，2005；Gitelson et al.，2006），这些指数已经成功地估计了某一种或几种植物叶片花青素含量。但是不同的植物利用同一个植被指数估计花青素含量时，可能得到的结果差异很大 （Gamon and Surfus，1999；Gitelson and Merzlyak，2004）。Steele 等 （2009） 对葡萄叶片的花青素含量进行了研究，利用不同的植被指数构建了花青素含量估算模型，效果最好的为调整花青素反射指数 （modified anthocyanin reflectance index，MARI），其次是花青素反射指数 （anthocyanin reflectance index，ARI）。Van Den Berg 和 Perkins （2005） 对花青素含量指数 （anthocyanin content index，ACI） 与枫树叶片的花青素含量之间的关系进行了研究，表明两者之间有很强的线性关系。Vina 和 Gitelson （2011） 研究表明花青素吸收峰位于 540～560 nm，可见光大气阻抗植被指数 （VARI） 与叶片花青素相对含量线性关系较好。刘秀英等 （2015c） 对牡丹叶片的花青素含量进行了研究，结果表明 MARI 和 ARI 估测结果较好，偏最小二乘回归法 （partial least squares regression，PLSR）构建的模型预测精度最高。由于不同的物种具有不同的色素含量及冠层和叶片结构，因此，已经出版的花青素指数对于不同种类植物叶片花青素含量估计是否具有普适性仍需进一步验证。还有些学者对花或苹果皮中含有的花青素进行了无损估计研究。Huang 等（2014）利用紫外/可见光波段光谱结合蚁群区间偏最小二乘法（ant colony optimization- interval partial least squares，ACO-iPLS）和遗传区间偏最小二乘法（genetic algorithm- interval partial least squares，GA-iPLS），建立了花茶中花青素含量校正模型，检验可知 ACO-iPLS 模型的预测效果最好。Merzlyak 等（2008b）采集了紫外、可见光范围苹果的光谱，提取了色素含量敏感波段，建立了花青素、类胡萝卜素等的线性估算模型。

1.3.2　作物叶绿素含量的高光谱遥感监测

植物色素主要有叶绿素、叶黄素、胡萝卜素和花青素，在生物圈中作用很大（伍维模等，2009）。叶片叶绿素含量由于与氮含量、植物的健康状况、光合作用能力密切相关，因此是农业遥感研究的一个很重要的参数（Hunt Jr et al.，2013）。叶绿素是光合作用过程中吸收光能的物质，它与作物很多生理生态参量具有较好的相关性，因而常用来指示作物的各种生理生态参量（Minolta Co.，Ltd.，1989；张金恒等，2003）。传统叶绿素含量测量采用实验室浸提，分光光度计测定吸光度，结果较为准确，但是对植株具有破坏性，耗时费力，难以达到精准农业实时、准确获取作物信息的要求，不能很好地用于农业生产实践。色素组成及含量的多少是影响植被可见光波段光谱反射率的主要因素，因此可以用植被光谱定量分析色素组成及含量（Thomas et al.，1977；Chappelle et al.，1992）。

对叶绿素含量的遥感检测开始于叶片（Blackburn，1998），然后扩展到冠层尺度（Bruce et al.，2001）。利用高光谱遥感技术进行叶绿素含量估计时通常有三种方法：一是传统的统计方法；二是光谱特征变量提取及分析技术；三是物理模型方法。前两种方法使用较多，而第三种方法，由于需要设置大量参数，很多参数难以获得，使用相对较少。高光谱技术监测植被叶绿素含量已经取得了很大的成功。Horler 等（1983）在进行植被指数与叶绿素浓度关系研究的基础上指出，红边位置估计叶绿素浓度时非常重要。Curran 等（1990）进行了光谱与叶绿素含量的关系研究，结果表明红边位置对叶绿素比较敏感。Peñuelas 等（1995）利用高光谱仪获取了 400~800 nm 的光谱反射率，构建了三类指数评估类胡萝卜素与叶绿素 a 的比值，结果表明，类胡萝卜素与叶绿素 a 的比值与蓝红光波段范围的所有色素指数高度相关。Broge 和 Lebianc（2000）利用叶子光学性质光谱模型（propriétés spectrals（model），PROSPECT）+冠层二向反射率模型（scattering by arbitrarily inclined leaves，SAIL）模拟冠层光谱，构建植被指数，比较植被指数预测 LAI 和冠层叶绿素密度的稳定性，结果表明，第二土壤调节植被指数（soil adjusted vegetation index 2，SAVI 2）的预测能力最好，但是植被指数的预测能力随估计的参数、参数的取值范围和外部因素而变化。Daughtry 等（2000）利用叶片或冠层反射率估计了玉米叶片叶绿素含量，利用 SAIL 模型模拟很宽范围的背景、叶面积指数、叶绿素含量的冠层光谱，探测条件变化时冠层光谱的细微差异。Dash 和 Curran（2004）提出了一种替代红边位置（red-edge position，REP）的指数 MERIS 陆地叶绿素指数（MERIS terrestrial chlorophyll index，MTCI），利用模型模拟光谱、地面光谱及中分辨率成像光谱仪（moderate-resolution imaging spectroradiometer，MERIS）数据进行了间接评估，表明 MTCI 对高叶绿素含量不敏感。Cho 等（2008）利用 PROSPECT 和 SAILH 模型模拟光谱，比较了线性外推法和几种常规方法确定的红边位置与叶片叶绿素含量的相关性，结果表明，线性外推法对太阳高度角的变化不敏感，并且估算叶片叶绿素含量时具有很大的潜力。Delegido 等（2010）利用从高光谱反射曲线提取的一种归一化面积估计作物的叶绿素含量。Russell Main 等（2011）获取了三种作物和各种热带草原树种的叶片光谱，利用线性回归，对 73 种出版的叶绿素光谱指数在预测叶绿素含量的稳定性和强健性方面进行评估。Raymond Hunt Jr 等（2013）在冠层水平，利用三角形绿度指数（triangular greenness index，TGI）进行了冠层叶片叶绿素含量的遥感估算研究。国内学者对作物的叶绿素含量高光谱监测进行了大量卓有成效的研究（吴长山等，2000；刘伟东等，2000；唐延林等，2004；董晶晶等，2009；孙红等，2010；张东彦等，2011；王强等，2012；吴见等，2014；房贤一等，2013；毕景芝等，2014；吴见等，2014）。彭彦昆等（2011）获取 400 ~ 1100 nm 波段范围的高光谱数据和相应叶绿素含量，利用最小二乘支持向量机，建立了玉米叶片叶绿素含量与高光谱数据的最小二乘支持向量机（least square-support vector machine，LS-SVM）定量分析模型。房贤一等（2013）连续 2 年测定了苹果冠层光谱反射率和冠层叶绿素含量，分析了冠层叶绿素含量与光谱反射率之间的相关关系，利用 400 ~ 1000 nm 波段光谱组合了 4 类两波段指数，然后分析它们与叶绿素含量的关系，与逐步回归分析做比较，建立了苹果冠层叶绿素含量估算模型。毕景芝等（2014）基于地面实测水稻叶片光谱数据，提出了一种改进的支持向量回归方法用于叶片叶绿素反演，解决了植被光谱指数相关性高易造成计算冗余、并且降低水稻叶片叶绿素高光谱反演效率的问题。吴见等（2014）采用高光谱卫星数据进行玉米叶片和冠层尺度的叶绿素含量估算。

综上所述，高光谱遥感在叶绿素含量反演方面已经取得了很大的成果，但是植被指数及光谱参数均是在特定的条件下提取出来的，对不同的作物是否具有普适性需要检验或者校正（姚付启，2009），而且特定条件下建立的估算模型很难推广应用，因此针对不同生态环境下的作物有必要进行进一步的研究。作物在不同的生育阶段，其外部形态、冠层结构和背景信息均在发生变化，众多因素导致不同发育阶段所构建的植被指数和特征参数对作物的生理生态指标的敏感程度存在差异，最终导致遥感估算模型的稳定性和重复性受到限制（贺佳，2014）。

1.3.3 作物生物量的高光谱遥感监测

作物生物量是反映作物生长状况的重要指标，对其监测可以为科学的田间管理提供依据（Clevers et al.，2007）。传统的作物生物量诊断以破坏性取样结合实验室常规分析为基础，不但耗时费力、具有破坏性，而且时效性较弱，而遥感技术可以弥补这些不足（付元元等，2013a，b）。绿色植物在可见/近红外波段具有独特的光谱特征，因此可以利用 2 个或 3 个反射率组成光谱参数，定量估测作物生物量（黄春燕等，2007）。

作物生物量可用于诊断作物氮素营养状况，并且与作物的产量有关，因此国外学者很早就开始借助高光谱遥感技术对作物生物量进行研究。Casanova 等（1998）通过植被指数反射光谱模型计算的光合有效辐射（fraction of absorbed photosynthetically active radiation，FAPAR）精确地预测了水稻生育期的地上干生物量。Prasad 等（2000）获取 350～1050 nm 波段光谱，构建最优多重窄波段反射率（optimum multiple narrow band reflectance，OMNBR）、归一化植被指数（normalized difference vegetation index，NDVI）、土壤调节植被指数（soil adjusted vegetation index，SAVI）光谱指数，并建立 3 类指数与鲜生物量、植株高度、产量、LAI 的关系模型，结果表明 OMNBR 模型可以解释生物参数 64%～92% 的变化，NDVI 可以解释生物参数 64%～88% 的变化。Hansen 等（2003）获取 438～884 nm 波段范围内冬小麦的冠层光谱反射率，组合成两波段差值指数，与鲜生物量、叶绿素浓度等进行线性回归、PLSR，表明窄波段指数的预测效果得到提高，PLSR 提高了鲜生物量的预测精度。Nguyen 等（2006）指出，1100～1650 nm、1100～1200 nm 波段可以对水稻地上部干生物量进行精确估算。Koppe 等（2012）采用 EO-1 Hyperion 和 Envisat ASAR 进行区域尺度小麦生物量估算，双变量相关分析表明，多时相 EO-1 Hyperion 及 Envisat ASAR 数据与作物生物量存在显著相关关系，高光谱遥感数据与生物量的线性相关优于微波数据，高光谱指数与微波数据结合进行多元回归分析估算生物量，效果更好。近年来，国内学者也陆续开展了高光谱遥感技术监测作物生物量的研究。唐延林等（2004）分析了不同供氮水平下水稻地上干生物量与冠层光谱变量之间的关系，表明用合适的高光谱变量可以估算水稻地上干生物量。宋开山等（2005）实测了不同生长季节的玉米和大豆的冠层高光谱与地上鲜生物量，建立了玉米和大豆地上鲜生物量高光谱遥感估算模型。黄春燕等（2007）将冠层反射光谱数据与棉花鲜生物量进行逐步回归分析，建立了棉花地上鲜生物量的估算模型。陈鹏飞等（2010）利用红边三角植被指数与常见植被指数估测了小麦和玉米地上鲜生物量，结果表明，红边三角植被指数在较高生物量条件下对生物量变化的敏感性优于常规植被指数。付元元等（2013）研究表明，波段深度分析与 PLSR 结合能较好地克服生物量较大时存在的饱和问题，提高了冬小麦干生物量的估算精度。武婕等（2014）研究表明，利用 SPOT-5 的土壤调节植被指数（SAVI）、近红外波段和绿波段的比值指数（R3/R1）构建的遥感模型估算玉米成熟期地上干生物量是可行的。崔日鲜等（2015）利用冬小麦冠层图像获取覆盖度和色彩指数，结合逐步回归和 BP 神经网络方法建立冬小麦生物量估算模型，研究结果表明冠层覆盖度、色彩指数与生物量间呈非线性关系，BP 神经网络模型估算精度高于逐步回归模型。

　　虽然大量研究表明植被生物量的高光谱定量反演比较成功，但是由于作物在不同的施肥条件下生长状况存在明显差异，伴随作物生长植株增高、叶片伸长变宽，郁闭度变大，冠层结构及叶片结构、生长环境等不断改变，导致叶片或冠层光谱发生变化，特定条件下构建的植被指数、特征参数对生物量的敏感程度同样发生变化，因此已经出版的植被指数和光谱特征参数对于特定作物的生化参量的适用性需要校正和检验；不同条件下构建的作物生物量反演模型移植性较差，所以对于特定的作物生物量监测需要重新建立模型。

1.3.4　作物水分含量的高光谱遥感监测

　　水分是影响作物光合作用和生物量的主要因素之一，因而水分胁迫对作物长势和产量的影响比其他任何胁迫都大很多（Kramer，1983）。由于植被水分含量在近红外光谱具有明显的吸收谷，因此其水分含量的变化会引起光谱反射率发生相应变化，作物水分胁迫状况能够在光谱中体现出来，这是高光谱遥感技术反演作物水分的理论基础。关于作物水分的遥感研究总结起来主要有两类方法，一是物理模型方法。这类方法机理较明确，但是需要设置大量参数，而且有些参数很难获得，从而其应用受到限制。二是利用传统的统计分析模型，如组合光谱参数、进行光谱微分变换、利用连续统去除等结合多元统计分析建立模型的方法，这种方法简单易行，但是反演效果受很多因素限制（梁亮，2010；程晓娟等，2014）。目前，统计分析方法仍然是遥感领域进行作物水分状况快速定量获取的主要方法。

国外很早就广泛开展了基于遥感的植被水分含量估算研究。Holben 等（1983）研究了成熟大豆水分胁迫情况下，TM3、TM4、TM5 对应波段光谱反射率与大豆含水量之间的关系，表明 TM4 是水分胁迫探测最敏感的光谱波段，最差的为 TM3。Shibayama 等（1993）利用可见光/近红外/中红外范围的冠层一阶微分光谱对水分胁迫下的水稻进行了诊断研究，表明 1190 ~ 1320 nm、1600 nm 的反射率和 1230 nm 的一阶微分光谱对水分胁迫响应迅速，960 nm 对应一个小的水分吸收波段，能够探测排水 10 天后的冠层水分状态。Peñuelas 等（1997）利用水分指数（water index，WI）估算植被水分浓度（plant water conten，PWC）发现，WI 与 PWC 显著相关，用 NDVI 归一化 WI 时，相关性增大；随着 PWC 减少，水分吸收响应波段从 970 ~ 980 nm 向 930 ~ 950 nm 偏移。Ceccato 等（2001）使用实验室测量、辐射传输模型 PROSPECT 及一种敏感分析表明，短波红外光谱（short-wavelength near-infrared spectroscopy，SWIR）对叶片等效水厚度（equivalent water thickness，EWT）是敏感的，但是不能够单独被用来提取 EWT，短波红外和近红外组合起来可以提取叶片层等效水厚度。Jones 等（2004）收集了温室生长的玉米、菠菜和豆角的光谱反射率，对 950 ~ 970 nm、1150 ~ 1260 nm、1450 nm、1950 nm、2250 nm 的光谱波段和 5 种植被指数［WI、NDVI、结构不敏感色素指数（structure-independent pigment index，SIPI）、浮动位置水分波段指数（floating-position water band index，fWBI）和 WI/NDVI］进行分析，以便确定无损估计植被水分含量的最好方法，结果表明，1450 nm 波段对玉米和豆角水分含量能够提供最好的估计；950 ~ 970 nm 波段对菠菜的水分含量估计最有用。2006 年，Kakani 构建了一种简单反射率比值指数来预测棉花叶片水分势能（leaf water potential，LWP），结果表明，LWP 与光合作用净光合速率（net photosynthetic rate，Pn）之间呈很强的指数关系，R1689/1657 与 LWP 之间呈显著的线性关系。Ghulam 等（2008）构建了植被缺水指数（water shortage of vegetation index，VWSI）指数用于作物水分胁迫研究及干旱监测，结果表明，当 VWSI 大于 0.2 时表明出现轻度水分胁迫，接近 0.4 时冠层缺水严重，VWSI 与水分亏缺指数（water deficit index，WDI）有很强的线性关系，VWSI 是估计作物干旱状况的一种强健指数，不需要物候、气象等其他信息。

国内在叶片水分探测方面起步较晚，但近几年这方面的报道越来越多。田庆久等（2000）研究了小麦叶片水分含量与光谱反射率在 1450 nm 附近水的特征吸收峰深度和面积之间的关系，发现它们之间呈正相关关系，得出了利用光谱反射率可以定量测定作物含水量和诊断小麦缺水状况的结论。周燕等（2002）采用人工加湿的方法使小麦样品含水率为 7% ~ 22%，测量样品的近红外光谱，采用多元回归和逐步回归建立两者之间的估算模型，表明逐步回归（采用9元）模型预测效果较为理想。田永超等（2004）分析了不同条件下小麦冠层光谱与叶片或植株水分状况的相关性，证明 R（610，560）与 ND（810，610）组成的比值指数进行小麦植株含水量监测时效果最好。周顺利等（2006）测定了100张叶片的3类光谱，发现玉米叶片的水分吸收峰分别为974 nm、1160 nm 和1440 nm，1440 nm 波长光谱与玉米叶片水分的相关性较强。吉海彦等（2007）测量了不同生长期冬小麦叶片反射光谱及水分含量，利用1400～1600 nm 光谱建立了 PLS 定量分析模型，表明预测效果较好，精度较高。Wang 等（2009）对3种叶片进行了光谱及等效水厚度（EWT）和可燃物湿度（fuel moisture content，FMC）测量，并提取了1450 nm 和1940 nm 处的吸收特征参数及常规的水分评估指数，分析了他们之间的相关性，表明 D_{1450}、D_{1940}、R_{1450}/R_{1940} 与 EWT 强相关，经检验，A_{1450}/A_{1940} 与 FMC 有强正相关关系，是评估 EWT 的良好指标。王娟和郑国清（2010）对夏玉米植株水分含量与不同波段组成的 RVI 和 NDVI 进行简单统计回归分析，结果表明植株含水率与 NDVI 的整体相关性高于 RVI，RVI（800，500）、NDVI（780，650）与植株含水率相关性最好。王强等（2013）利用350～2500 nm 的光谱反射率构建了所有波段两两组合 RVI 和 NDVI，并分析棉花 EWTcanopy 与植被水分含量（vegetation water content，VWC）指数之间的相关关系，利用最佳水分指数与已知指数建立水分参数的估算模型，表明 R_{1475}/R_{1424} 和 $(R_{1475}-R_{1424})/(R_{1475}+R_{1424})$ 对 EWTcanopy 估算效果最佳，$(R_{835}-R_{1650})/(R_{835}+R_{1650})$ 对 VWC 估算效果较好。方美红和居为民（2015）采用小波分析方法找出对光谱反射率的敏感特征，建立作物叶片水分含量反演模型，模型精度较高、稳定较好。陈小平等（2016）基于叶片辐射传输模型模拟的高光谱数据，选择植被指数和水分指数，对两类指数与叶片水分含量及波段宽的敏感性进行分析，表明两类指数与叶片含水量之间的相关性都较高，但它们对叶片含水量和波段宽的敏感性差异明显。

综上所述，对于作物叶片或植株的水分含量高光谱预测已经进行了大量研究，并构建了很多表征水分含量的参数，取得了较好的结果。但是不同生长环境、不同生长阶段的特定作物光谱受多种因素影响，有必要对特定的作物进行进一步研究，并构建合适的窄波段指数表征叶片或植株的水分含量，为作物水分含量的大面积、无损监测提供技术支持。西北干旱区由于其独特的地理位置和气候条件，对于实时、准确地监测作物水分，实施精量控制灌溉尤其重要。

1.4　土壤信息的高光谱遥感监测研究

高光谱遥感具有较高的光谱分辨率及连续的光谱信息，因此具备了定量获取土壤养分含量的研究潜力，并且大量研究表明，土壤养分的实验室高光谱反演已经取得了较好的效果（Cohen et al.，2005；李明赞，2003；Mouazen et al.，2007；Shao and He，2011）。但是也有研究表明，高光谱对不同类型、不同区域的土壤信息的探测能力并不相同，因此，开展不同类型、不同区域土壤信息的定量分析，可以为精准农业提供重要的信息。

1.4.1 土壤水分含量的高光谱遥感监测

土壤水分是农作物生长发育的基本条件和产量预报模型中的重要参量（吴代晖等，2010），其含量的高低不仅直接影响作物的生长，而且对农田小气候和土壤的机械性能等方面也有较大影响（宋海燕，2006）。作为化学物质（如肥料和杀虫剂）的主要运载工具，土壤水分把这些物质运输到土壤表面、土体内部及植物器官（Loan and James，2008）。传统采用实验室烘干称重法测量土壤含水量，目前也有很多便携式仪器可以原位测量土壤水分，但都存在较多局限；常规多光谱遥感影像由于波段少、光谱分辨率低等原因，都不能满足精准农业快速、及时地获得地块级土壤水分信息的要求。高光谱遥感波段多而窄的特点，为精准农业水分信息的获取提供了新途径（姚艳敏等，2011）。

对于土壤含水量的高光谱反演国内外已经进行了大量研究，并取得了较好的结果（童庆禧等，2006）。Lobell 和 Asner（2002）在波长 400～2500 nm 进行表层农用土含水量监测发现，当水分含量较高时，可见光—近红外区域比短波红外区域光谱反射率更容易饱和，体积水分含量大于 20% 时使用短波红外光谱反射率测量更适合。Hummel 等（2001）对土壤进行干燥到饱和 6 个梯度的水分配比，并获取了 1603～2598 nm 的土壤光谱反射率，采用逐步回归建立了土壤水分预测模型。Liu 等（2002）将土壤光谱归一化到最干状态，归一化光谱与土壤水分含量之间的关系表明，当水分增加时反射率降低，超过临界值时反射率增高，相对反射率与水分含量强烈相关，单一类型土壤水分提取精度更高。刘伟东等（2004）测量中国和法国 19 种土壤的室内光谱，采取 5 种光谱变换，建立了土壤水分预测的线性模型，表明微分和差分方法建立的模型精度最高，并进行了土壤湿度填图，模拟效果较好。Whiting 等（2004）使用高斯模型预测土壤含水量，结果表明，高斯面积是重量水分含量的最好指示器。王静等（2005）研究了土壤SOM 和水分含量与光谱之间的关系，建立了 3 个波段的水分估算模型。Mouazen 等（2005）获取了可见/近红外波段土壤光谱，利用偏最小二乘回归法（partial least squares regression，PLS）建立土壤重量水分含量的预测模型，表明实时测量的近红外光谱预测误差增大，但是能够在土壤精确定位应用中提供有价值的信息。刘焕军等（2008）获取了黑土室内、室外的光谱反射率，分析了其光谱特征并建立了土壤水分光谱预测模型，表明土壤光谱存在 5 个吸收谷，光谱与土壤水分含量之间呈线性或指数关系。孙建英等（2006）利用近红外光谱仪获取北方潮土原始状态光谱，建立了 1920 nm 波段光谱的土壤水分含量线性预测模型，表明模型可以进行土壤水分的实时预测。Zhu 等（2010）利用便携式漫反射光谱仪测量 3 种类型土壤光谱，通过 PLS 建立了土壤水分含量反演模型。姚艳敏等（2011）室内利用分析光谱仪器公司（Analytica Spectra Devices. ，Inc，ASD）地物光谱仪获取黑土光谱反射率，对光谱进行多种变换，预测了土壤的含水量，表明微分光谱模型预测效果最好。另外一种方法就是直接利用水分在近红外的吸收波段进行定量估算（Yin et al.，2013；Lobell et al.，2002）。土壤水分的诊断性光谱特征主要表现在 1400 nm、1900 nm 波长附近的光谱吸收（Bowers and Hanks，1965），因此可以提取这些波长处的吸收特征参数进行水分定量反演。有研究表明，以包络线作为背景，去掉包络线，即得到光谱的特征吸收带，从而可以提取光谱吸收特征参数，该方法可以去除那些不感兴趣的吸收特征，孤立单个感兴趣的吸收特征，并且将其归一到一个一致的光谱背景上，从而具有压抑背景光谱，扩大弱吸收特征信息的优势（童庆禧等，2006；张雪红等，2008），因此该方法是提取光谱吸收特征参数的最佳方法。已经有学者研究了包络线消除法用于土壤黏粒含量、总氮等的定量评价和预测以及土壤分类等方面（谢伯承等，2005；徐永明等，2005），但是将包络线消除法用于土壤水分定量反演（何挺等，2006；Yin et al.，2013；刘秀英等，2015a）的研究较少，且主要是应用吸收深度指标，而其他的吸收特征指标进行土壤水分含量反演报道更少。刘秀英等（2015a）提取土壤光谱的水分吸收特征参数及特征波段，结合简单统计回归模型建立了土壤含水率预测模型，经独立样本验证，预测效果较好。

1.4.2　土壤氮素含量的高光谱遥感监测

氮素以两种形态存在于土壤中：无机态氮和有机态氮。土壤中氮的有效性会影响大部分一年生栽培作物的产量及产品品质，另外，土壤中氮的储量经常是有限的，进行氮肥管理时应该调整到满足作物氮的需求来优化作物的产量（Vigneau et al.，2011），因此如何快速、准确地获取田间土壤氮素含量及其变化对农作物的生长及施肥管理极其重要，也是实施精准农业的关键环节之一，对现代农业，特别是精准农业来说，无疑是非常重要的。传统的土壤氮素含量采用实验室化学法测定，此方法存在很大弊端，且难以在野外直接测定，因而无法满足精准农业的要求。高光谱遥感波段多而窄，大量研究证明了这一技术能够定量获取土壤信息（张娟娟等，2011），可以作为传统方法的替代（Ben-Dor et al.，2009）。

许多的学者对可见光—近红外光谱进行土壤属性定量的可行性进行了大量的研究（Summers et al.，2011；Debaene et al.，2014）。Dalal 等（1986）获取了风干土壤 1100～2500 nm 的光谱反射率，利用 3 波段回归分析模型预测土壤水分、总氮和有机碳，表明预测效果较好，近红外光谱技术可以快速、无损地同时估测土壤 3 种成分。Reeves 等（1999）利用近红外光谱技术对大范围采集的土壤样本的碳（C）和氮（N）进行 PLS 校正，表明近红外（near infrared，NIR）进行 N 含量预测时效果受土壤类型影响，种类较少时精度较高，C 含量能进行准确校正。Chang 等（2002）用 NIRS 预测土壤总氮，结果表明，NIRS 能够很好地预测土壤有机层 N 含量，化学测定值和 NIRS 预测值线性相关系数在 0.9 以上。Confalonieri 等（2001）采集土壤的近红外光谱，利用 3 种回归方法建立了土壤全氮的土壤属性的估算模型，结果表明，近红外光谱能够被用来确定全氮含量，并能作为一种常规的估测方法。He 等（2005）利用近红外光谱技术估算土壤中的氮（N）、磷（P）、钾（K）、有机质（OM）含量，结果表明，N 和 OM 的测量值和预测值之间的相关系数为 0.925 和 0.933，证明利用近红外可以准确预测土壤中的这两种成分。He 等（2007）利用近红外光谱技术对土壤氮素等营养成分的预测潜力进行了研究，土壤氮的测量值与预测值之间的相关系数为 0.93，预测标准误差（standard errors of prediction，SEP）为 3.28，证明近红外方法有准确预测土壤氮含量的潜力。大量研究表明，在估算黑土、紫色土、红壤、水稻土和潮土等土壤氮素时，可见光—近红外光谱技术获得了成功，且反演精度较高。如卢艳丽等（2010）利用光谱的不同变换或组合，成功建立了预测黑土土壤全氮的模型，且精度较高。徐丽华等（2013）利用偏最小二乘回归方法成功建立了预测紫色土土壤全氮含量的模型，表明全氮含量的预测具有可行性。吴明珠等（2013）发现，可见光 634～688 nm 和红外 872 nm、873 nm、1414 nm、1415 nm 是亚热带红壤全氮的敏感光谱波段。也有学者对土壤碱解氮含量进行了研究，如陈红艳等（2013）采集土壤光谱，在导数变换的基础上，利用 DWT 去噪，结合遗传算法（genetic algorithm，GA）筛选参数，利用 PLS 建立碱解氮估算模型，效果较好。李伟等（2007）测量了不同种植条件下的耕层土壤光谱，建立了土壤的 3 种有效营养成分定量分析模型，结果表明土壤碱解氮含量的预测是可行的。栾福明等（2013）利用小波分析，结合 PLS 建立了反演精度较高的碱化土壤碱解氮含量高光谱反演模型。刘秀英等（2015b）利用 CA+PLS 方法建立了采取植被恢复措施的生态系统退化区黄绵土土壤全氮和碱解氮含量的预测模型，结果表明，模型能对土壤全氮含量进行快速预测，但是对碱解氮只能进行粗略预测。

综上所述，大量研究证明了土壤全氮含量预测的有效性，但是对碱解氮或碱解氮的预测研究较少，而且碱解氮的预测精度随土壤类型及性质而变化，因此需要加强对土壤碱解氮含量的预测。

1.4.3　土壤磷素含量的高光谱遥感监测

磷是植物必需的三大营养元素之一，通常以有机态和无机态形式存在。为了提高可溶性磷的浓度来提高产量，农民大量施用磷肥。在农业土壤中，土壤表面磷的富集与人类活动密切相关，如含磷酸根的肥料的应用。耕地土壤是对表面水体主要的扩散源，可能加速这些区域周围河流、湖泊的富营养化。因此，为了可持续的土地管理和环境保护，土壤磷浓度的有效成本监测/估计是很关键的。但是，传统的实验室测量通常比较费时、低速，且成本高、劳动强度大，因此需要寻找替代方法。可见/近红外漫反射光谱技术已经在土壤有机质、总氮、水分含量等土壤属性预测表现出强大优势，能够对这些成分进行准确预测。磷是有机化合物的一种主要元素，因此磷含量的高低会对土壤光谱有影响。已有研究表明，土壤磷的光谱测定虽然具有一定的准确性（Ryu et al.，2002），然而，随土壤类型、颗粒大小、测量条件、土壤性质等而变化，很不稳定。因此利用光谱技术进行估算的机理有待进一步研究。

许多学者对土壤中磷含量的光谱预测进行研究。有的研究结果表明，对土壤全磷或有效磷进行光谱预测是可行的。Viscarra Rossel 等（2006）利用可见光、近红外、中红外或组合的漫反射光谱结合偏最小二乘回归法，同时估算多种土壤属性，结果表明，利用中红外（MIR）建立有效磷的校正模型可以获得更高的精度，调整 R^2 为 0.2，RMSE 为 5.24，但是精度远低于有机碳、pH 等土壤属性。Bogrekci 和 Lee 利用紫外/可见/近红外遥感进行了土壤磷含量研究。路鹏等（2009）应用 Lambda950 采集土壤光谱，提取特征波段和反射变形差值进行土壤属性预测研究，结果表明，土壤全磷、全氮的预测结果较理想，但是全钾及速效钾和速效磷的估算不理想。刘燕德等（2013）采用近红外漫反射技术对赣南脐橙园的土壤全磷含量进行预测，结果表明，光谱经过 Savitzky-Golay 平滑后再用一阶微分变换的方法进行预处理，最小二乘支持向量机（least squares-support vector machine，LS-SVM）模型可以对土壤全磷含量进行很好的预测，但是 PLS 和主成分回归（principal component regression，PCR）模型对全磷含量的预测不是很理想。Hu（2013）应用可见/近红外光谱对佛罗里达土壤总磷含量（logTP）建立 PLS 预测模型，结果表明，模型的校正和验证 R^2 分别为 0.69 和 0.65，RPD 为 2.82，表明可见/近红外光谱法可对土壤总磷含量进行预测。吴茜等（2014）利用局部神经网络法建立了土壤有效磷的估算模型，结果优于全局神经网络法建立的模型，能够对土壤有效磷进行快速预测。但是，也有研究表明土壤全磷和有效磷的光谱预测结果并不是很好，精度有待提高。Maleki 等（2006）利用 401～1663 nm 波长的新鲜土壤样本光谱反射率，结合 PLSR 进行土壤有效磷含量预测，经独立样本验证，相对预测偏差（residual prediction deviation，RPD）值均小于2.0。宋海燕和何勇（2008）采集了 4000～12 500 cm 的潮泥土光谱，利用 PLS 建立了吸光度与土壤营养成分的定量模型，表明速效磷、有效钾的预测效果相对较差。徐丽华等（2013）利用偏最小二乘回归方法建立了三峡库区王家沟小流域紫色土全磷含量的预测模型，并用水稻土土壤样本进行验证，结果表明，用高光谱预测全磷含量效果相对较差，并且不同类型土壤之间预测模型不具有很好的通用性。贾生尧等（2015）利用近红外光谱技术结合递归偏最小二乘算法对 4 种土壤的速效磷含量进行了测定研究，结果表明，递归偏最小二乘法能够对土壤速效磷进行粗略预测（$R^2 = 0.61$，$RPD = 1.60$）。

1.4.4　土壤钾素含量的高光谱遥感监测

土壤是农业生产的重要载体，土壤中的钾素主要以无机形态存在。作为植物生长必需的营养元素，钾素在土壤中含量最高（从日环等，2007）。土壤中的速效钾可以被植物直接吸收利用，能直接反映土壤供钾能力和钾肥肥效的高低。因此有必要对土壤中的全钾和速效钾含量进行快速、准确的测量。传统方法一般是在实验室进行化学分析，不但烦琐，而且费时费力，难以满足精细农业变量施肥对土壤信息及其分布快速获取的要求。可见光/近红外分析技术已经被用于进行土壤属性定量分析，此方法快速、简便、可靠，在可接受的精度下，短时间内可同时测得土壤的多种成分信息。

已有研究表明，原生矿物对土壤光谱具有一定影响（Lagacherie，2008），而土壤中的钾元素主要以矿物态形式存在（王璐等，2007），因此可利用可见/近红外光谱反演土壤中钾含量。很多学者通过采用不同的预处理方法和建模方法，建立了土壤全钾和速效钾的预测模型，精度较高。章海亮等（2014）采用连续投影算法，选择 350～1075 nm 波长范围特征波长，结合最小二乘支持向量机建立了土壤 OM 和 K 含量的估算模型，结果表明，连续投影最小二乘支持向量机（successive projection algorithm-least squares-support vector machine，SPA-LS-SVM）模型的预测结果优于 PLSR 模型，但是模型精度总体不高。刘雪梅和柳建设（2012，2013）利用 PLSR、PCR 及 LS-SVM 方法建立了土壤碱解氮和速效钾含量的估算模型，模型的精度较高，可以对土壤碱解氮和速效钾进行精确测定。胡芳等（2012）对土壤光谱进行倒数对数、一阶微分及提取波段深度的基础上，运用 PLSR 方法建立了土壤钾含量的预测模型，结果表明，波段深度是估算土壤钾含量最好的光谱指标。陈红艳等（2012）研究结果表明，利用小波分析结合偏最小二乘回归预测土壤速效钾含量精度极高。但是，由于磷、速效钾在近红外没有特定的吸收波段，有的研究者对土壤全钾及速效钾进行估算时结果并不理想，精度较低。Confalonieri 等（2001）利用近红外光谱结合一阶微分、逐步回归及调整偏最小二乘回归建立土壤属性的估算模型，结果表明，交换性钾和速效磷的估测不成功。Malley 等（2002）利用可见光/近红外光谱获取猪粪土壤的光谱，结合多元线性回归建立土壤成分的校正模型，结果表明，进行钾预测时结果不稳定。He 等（2005）采集浙江、杭州 165 个土壤样本，利用近红外光谱技术估算土壤中的 N、P、K、OM 含量，结果表明，P、K 的预测相关系数较低，结果不理想。Viscarra Rossel 等（2006）利用不同波长光谱结合偏最小二乘回归法，同时估算多种土壤属性，结果表明，近红外（NIR）对于交换性 K 可以获得更高的精度，调整 R^2 为 0.47，RMSE 为 1.84。徐永明等（2006）的研究表明，土壤钾含量可见/近红外光谱估测精度低于土壤氮和磷，相对误差较大。李伟等（2007）利用 NIRS 结合 PLS 和人工神经网络（artificial neural network，ANN）方法建立了土壤中速效营养成分预测模型，表明速效磷、速效钾的误差较大。胡国田等（2015）利用直接正交信号校正（direct orthogonal signal correction，DOSC）方法进行土壤光谱预处理，结合 PLSR 方法建立了美国密苏里州 8 种类型土壤的磷和钾含量估算模型，结果表明，经过直接正交信号校正的模型预测精度显著提高，并且土壤钾含量比土壤磷含量预测精度高；但是土壤 P 和 K 的总体精度不高，只能对 P 和 K 进行粗略估算，模型需要改善。

综合国内外的研究现状来看，对于作物光谱与其生理参数，特别是叶绿素和 LAI 与光谱之间的关系研究较多，但主要是基于叶片级别展开的，而冠层级别的研究相对较少；对单一生育期的作物信息研究较多，而多个生育期的生理参数反演研究相对较少；每种作物构建模型利用的最佳植被指数、光谱特征参数及光谱变换形式没有统一的定论；另外，对于花青素的遥感监测研究极少，高光谱反演土壤磷、钾及碱解氮的精度存在争议。因此有必要针对高光谱遥感在作物理化参数监测及农田土壤营养成分反演中存在的不足进行进一步研究。

第2章 材料与方法

2.1 研究区概况

本研究的试验地点之一为陕西省乾县（108°07′E, 34°38′N），典型的渭北旱源区。乾县地处陕北黄土高原南缘与关中平原过渡地带，是陕西省重要的粮食和水果生产基地。境内水资源极其缺乏，农业生产用水主要靠自然降雨（李岗，1997；权定国，2011）。该地区属于暖温带半干旱大陆性季风气候，年平均气温和降水分别为12.7 ℃和525 mm（权定国，2011），全年降雨分布不均，多集中在6～9月。试验地点之二为西北农林科技大学农业试验站——农作一站。农作一站（108°10′E, 34°10′N）位于陕西省关中地区，属于暖温带大陆性季风气候，年平均气温12～14 ℃，降水量为621.6 mm（贺佳，2015；姚付启，2012）。

2.2 研究目标与内容

2.2.1 研究目标

高光谱遥感具有较高的光谱分辨率，已经成为实践精准农业重要的技术手段。大量研究表明，作物的反射光谱特征与植株的生理参数信息密切相关；而土壤的反射光谱特征是由其组成和结构决定的，因此，探讨作物反射光谱在不同条件下的变化规律及其与生理参数之间的定量关系，建立作物生理参数的估算模型；探讨农田土壤反射光谱与土壤信息的关系，建立农田土壤水分及养分的估算模型，可为农田精准管理提供关键技术支撑。

本研究的目标是以西北旱区的主要粮食作物之一——玉米为研究对象，在不同的肥料处理基础上，借助遥感平台获取高光谱遥感数据，结合玉米的生理参数及土壤信息，明确玉米生理参数、土壤信息的光谱特征变化规律，解析玉米生长过程中生理参数及土壤信息与光谱之间的量化关系，构建高光谱估算模型，实现玉米生理参数、土壤信息的高光谱遥感反演，进而指导玉米农田管理，提高玉米的产量，优化农田环境。

2.2.2 研究内容

(1) 玉米生理参数与高光谱响应特征分析

地物光谱特征分析是进行遥感分析的重要环节。通过研究不同肥料处理条件下玉米不同生理参数水平的光谱变化规律，为玉米高光谱遥感监测提供科学依据。

(2) 基于高光谱遥感的玉米生理参数估算模型构建与评价

主要研究不同肥料处理条件下不同生育期玉米叶片绿度土壤与作物分析仪器开发 (soil and plant analyzer development, SPAD) 值、植株水分含量、单位面积生物量与冠层光谱反射率及其变换形式光谱之间的相关关系，分生育期建立基于特征波段、植被指数、光谱特征参数的玉米生理参数估算模型；研究玉米叶片的花青素含量与成像和非成像叶片光谱之间的关系，建立基于特征波段、植被指数、特征指数的高光谱估算模型，并利用独立样本验证，筛选出最佳的、通用性最好的植被指数、光谱特征参数，对不同模型进行比较，筛选最优估算模型。

(3) 农田土壤信息与高光谱响应特征分析

土壤光谱反射率与其组成、颗粒大小等性状密切相关。通过分析农田土壤信息对高光谱的响应特征，为农田土壤理化性状高光谱估算模型的建立提供参考。

(4) 基于高光谱遥感的农田土壤信息估算模型的构建与评价

主要研究水分、氮、磷、钾含量对土壤光谱反射率的影响，在分析它们之间关系的基础上，建立土壤水分、氮、磷、钾的高光谱估算模型，从而对农田土壤的水分及营养状况进行监测。

2.3 研究方法

2.3.1 技术路线

本研究的技术路线如图 2-1 所示。

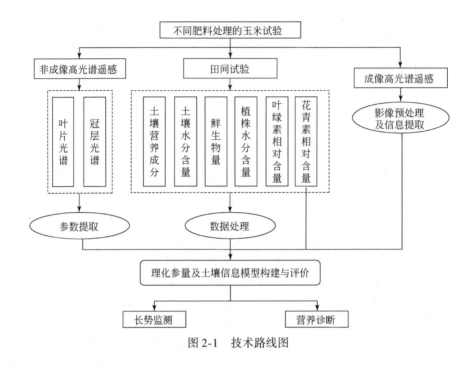

图 2-1 技术路线图

2.3.2 试验设计

2.3.2.1 春玉米田间试验

2014~2019 年 4~9 月，本研究在乾县梁山乡三合村进行春玉米田间试验，试验小区如图 2-2 （a） 所示，供试品种为金稷 3 号。试验设计了氮、磷、钾 3 种肥料处理，6 个施肥水平，2 个重复。氮处理的施氮水平分别为 0 kg/hm²、60 kg/hm²、120 kg/hm²、180 kg/hm²、240 kg/hm² 和 300 kg/hm² 纯氮；磷处理均施 90 kg/hm² 纯氮，施磷 （P_2O_5） 水平分别为 0 kg/hm²、30 kg/hm²、60 kg/hm²、90 kg/hm²、120 kg/hm²、150 kg/hm²；钾处理施纯氮 90 kg/hm²，施钾 （K_2O） 水平分别为 0 kg/hm²、20 kg/hm²、40 kg/hm²、60 kg/hm²、80 kg/hm²、100 kg/hm²，磷、钾一次施入，氮按照 3∶2 分两次施入。小区面积为 69 m²（即 11.5 m×6 m），株行距分别为 50 cm×50 cm。其他管理措施同当地大田高产栽培。

与此同时，在紧邻田间试验小区的同类型耕地上进行大田春玉米种植。供试品种同样为金稷 3 号，共设置 4 个区块，分别为大田 1、2、3、4 区，分别施 0 kg/hm²、30 kg/hm²、75 kg/hm²、120 kg/hm² 纯氮，分两次施入，株行距分别为 50 cm×50 cm。其他管理措施同当地玉米高产栽培模式。

(a) 乾县三合村 (b) 试验农场农作一站

图2-2 玉米试验区

冠层光谱及对应生理参数数据每年观测，采样时间分别对应于玉米生育期的6~8叶期、10~12叶期、开花吐丝期、灌浆期、乳熟期、成熟期。在作物种植前后采集各个试验区耕层（0~20 cm）土壤，带回实验室进行室内光谱及水分、主要营养成分的测定。

2.3.2.2 夏玉米田间试验

2015~2019年6~10月，西北农林科技大学实验农场农作一站进行夏玉米田间试验，如图2-2（b）所示。供试品种为沈玉26号，进行缺肥处理试验。分别设计氮处理和磷处理，6个施肥水平，2个重复。氮处理小区施纯磷 7.5 kg/hm²，施纯氮分别为 0 kg/hm²、15 kg/hm²、30 kg/hm²、45 kg/hm²、60 kg/hm² 和 75 kg/hm²；磷处理小区施纯氮 15 kg/hm²，施纯磷分别为 0 kg/hm²、3.75 kg/hm²、7.5 kg/hm²、11.25 kg/hm²、15 kg/hm² 和 18.75 kg/hm² 纯磷，播种时 1 次施入。2015 年 6 月 20 日播种，10 月 10 日成熟收获。试验小区面积均为 20 m²（5 m×4 m），株行距分别为 30 cm×60 cm。其他管理措施同当地大田高产栽培。

叶片成像和非成像高光谱遥感数据获取时间为 2015 年 9 月 12~23 日，同步测定了玉米叶片的花青素含量。

2.4 高光谱遥感数据获取

2.4.1 地面非成像高光谱遥感数据获取

2.4.1.1 SVC HR-1024i

非成像高光谱数据获取采用美国 SVC 公司于 2013 年全新推出的高性能地物

光谱仪：SVC HR-1024i（该仪器获取的数据简称 SVC 光谱），该仪器由美国 Spectra Vista 公司制造。仪器具有轻便、小巧、高分辨、低噪声、内嵌 GPS 模块及高清晰度电荷耦合器件（charge coupled device，CCD）摄像头等优点。其技术参数及配置如表 2-1 所示。

表 2-1　SVC 仪器参数

型号	光谱范围（nm）	探测器	光谱分辨率（光谱范围）	视场角
SVC HR-1024i	350～2500	512 Si； 256 InGaAs； 256 扩展的 InGaAs	≤3.5 nm（350～1000 nm）； ≤9.5 nm（1000～1850 nm）； ≤6.5 nm（1850～2500 nm）	4°标准； 8°标准； 25°光纤

2.4.1.2　玉米冠层光谱反射率测量

在玉米关键生育期测量其冠层光谱，一般选择晴朗天气进行测量，要求无云、无风，尽量在太阳高度角大于 45°时进行测量，以便减小太阳高度角的影响。测量时 SVC HR-1024i 型光谱仪传感器探头垂直向下观测。测量光谱反射率前后均进行标准白板校正，每个小区选取 2 个采样点，每个采样点获取多条具有代表性的样本光谱反射率，取平均值作为该样点的最终光谱反射值。在玉米生长早期，同步测定对应位置背景光谱。

2.4.1.3　玉米叶片光谱反射率测量

叶片非成像光谱测量选用美国 Spectra Vista 公司生产的 SVC HR-1024i 型便携式光谱仪；利用自带光源型手持叶片光谱探测器直接测定叶片光谱，光源为内置卤钨灯。每次进行光谱测定前，都要利用漫反射参考板进行仪器的优化；将待测叶片中间部位置于探测器直接测定；为了得到具有代表性的光谱，每个叶片测量 6 个位置，每个位置测量 1 条光谱，取 6 条光谱平均值作为 1 个样本光谱（刘秀英等，2015c）。

2.4.1.4　土壤光谱反射率测量

土壤光谱测量同样采用 SVC HR-1024i 便携式光谱仪测定。光源为功率 50 W 卤素灯，入射角为 15°，与土样表面距离约 30 cm；探头视场角为 8°，垂直放置于目标物正上方，距离约 15 cm。土样置于直径 15 cm 的容器中，装满后将土壤表面刮平。同一方向转动 3 次，共采集 12 条光谱，去掉异常线后求平均作为样本光谱。

2.4.2 地面成像高光谱遥感数据获取

2.4.2.1 710 便携式可见/近红外高光谱成像式地物光谱仪

近地面成像高光谱遥感数据获取采用美国 SOC（Surface Optics Corporation）生产的 710 便携式可见/近红外高光谱成像式地物光谱仪（该仪器获取的数据简称 SOC 光谱）。该仪器体积小、性能高，可以随时随地获得光谱影像。其技术参数及配置见表 2-2。

表 2-2 SOC 仪器参数

型号	光谱范围（nm）	动态范围（bit）	光谱分辨率（nm）	焦距（mm）	立方体（pixel）
SOC 710	400~1000	12	4.6875	8；12；17；23；35；70	696×520

2.4.2.2 叶片地面成像高光谱遥感数据获取

将玉米叶片平展摆放在平铺于地面的黑布上，标准灰板平放在黑布上，10 个叶片为一组，叶片与标准灰板同时置于仪器视窗中，然后自然光照条件下进行叶片成像高光谱遥感数据获取。数据获取时将 SOC 710 便携式可见光/近红外高光谱成像式地物光谱仪固定在垂直高度约 3 m 的三脚架上，传感器探头垂直向下观测。

2.5 玉米生理参数及农田土壤信息的测定

2.5.1 生理参数的测定

本次试验主要采集的玉米生理生化参量为：叶片花青素相对含量、冠层叶片 SPAD 值、植株含水量、生物量。与光谱测定同目标、准同步地进行测量或采样，采样后将鲜样迅速送回实验室进行生理参数的分析测定。

2.5.1.1 叶片花青素相对含量测定

采用植物多酚—叶绿素测量计（Dualex Scientific+）测量叶片相对花青素含量。植物多酚—叶绿素测量计可以同时测量叶片的花青素等多个参数。测量时选取叶片的中间部位进行多次测定，取平均值作为叶片的花青素含量，且与光谱测量同步。

2.5.1.2 叶片 SPAD 值测定

使用便携式叶绿素仪 SPAD-502（Soil and Plant Analyzer Development, SPAD, 大阪日本美伦达公司生产）测定玉米冠层叶片的相对叶绿素含量，具体测量 6 ~ 8 叶期上、中、下叶片 SPAD 均值，其他生育期测量上、中层叶片 SPAD 均值。叶绿素仪的读数 SPAD 值表征了叶绿素的相对含量，与许多作物叶片中提取的叶绿素浓度呈线性关系，并被用于监测植物氮的状态。

2.5.1.3 植株含水量的测定

每个观测点采 1 株玉米，将玉米植株分段，迅速称取鲜重，置于烘箱中 105 ℃ 杀青 15 分钟，80 ℃下烘干至恒重，称干重，然后计算植株的含水量（%）。

2.5.1.4 生物量的测定

每个观测点采 1 株完整的玉米植株，将玉米植株分段，迅速称取鲜重，计算单位面积的地上部分鲜重，即得单位面积玉米地上生物量（kg/m^2）。

2.5.2 土壤性质测定

在每个试验小区及大田地块采集 0 ~ 20 cm 耕层土样（多点混合），预处理后在实验室进行土壤理化性质的测定，主要测定以下土壤性质：土壤含水量、全氮及碱解氮、全磷及有效磷、全钾及速效钾含量。

2.5.2.1 土壤样本的采集及处理

2014 ~ 2015 年作物种植前及收获后分别采集小区及大田耕层（0 ~ 20 cm）土样若干，土壤类型为黄绵土。剔除土壤中的侵入体后进行风干，并用木棒将大的土块轻轻敲碎；然后将土样倒在干净的塑料布上，摊成薄薄的一层，室内风干。研磨后过 1 mm 孔筛，采用四分法取样，一式两份，一份用于实验室土壤营养成分的化学测定，另一份用于土壤光谱反射率的测定。

2014 年 4 月和 9 月分两次在乾县作物种植区采集 0 ~ 20 cm 的耕层土样。进行前处理后，将土壤样品倒在干净的塑料布上，摊成薄薄的一层，在土壤样品风干过程中进行土壤光谱反射率及水分含量的测量。

2.5.2.2 土壤含水量的测定

土壤含水量的测定采用经典的烘干称重法（%）。

2.5.2.3　土壤全氮及碱解氮含量的测定

土壤的全氮［total nitrogen（TN），%］及碱解氮［available nitrogen（AN），mg/kg］含量均采用德国 DeChem-Tech 公司生产的全自动间断化学分析仪（型号：CleverChem200）测定。具体检测方法参见土壤农化分析（鲍士旦，1999）。

2.5.2.4　土壤全磷及有效磷含量的测定

土壤全磷［total phosphorus（TP），%］含量采用全自动间断化学分析仪测定，有效磷［available nitrogen（AP），mg/kg］采用紫外分光光度计测定。具体检测方法参见土壤农化分析（鲍士旦，1999）。

2.5.2.5　土壤全钾及速效钾含量的测定

土壤全钾［total potassium（TK），%］及速效钾［available potassium（AK），mg/kg］含量均采用火焰光度计测定。具体检测方法参见土壤农化分析（鲍士旦，1999）。

2.6　数据分析与处理

2.6.1　SVC 数据预处理

为了消除不同探测元件造成的误差，使用 SVC HR-1024i 地物光谱仪自带的软件进行 "Scan Matching/Overlap Correction" 处理，即进行重叠数据剔除及不同探测器的匹配算法。接着执行 "SIG File Merge" 命令，将多个 SIG 文件进行合并，变成一个简单的文本文件，然后对数据进行 "Resample Spectral Date" 处理。接着使用 Unscrambler 9.7 软件的 Smoothing 下的移动均值平滑（Segment size 为 9）进行光谱曲线低通滤波处理，去除包含在光谱数据中的噪声。

2.6.2　SOC 数据预处理

将 SOC 生产的 710 便携式可见光/近红外高光谱成像式地物光谱仪获取的遥感图像在 SOC 自带的分析软件 SRAnal710 中进行一系列预处理，包括波长定标、辐射定标、反射率转换之后，利用 ENVI 软件获取图像上的光谱信息。

2.6.3 高光谱遥感数据处理

2.6.3.1 光谱特征参数选择

由于植被在红光、蓝光、绿光、近红外等位置具有独特的光谱特征，因此可以利用这些特征波段光谱构建参数进行生理参数定量反演。本书使用已经公认的位置变量、面积变量、偏度、峰度等特征参数共 27 个（王秀珍，2001；王秀珍等，2003；姚付启，2012），另外新建了 4 个参数，具体定义见表 2-3。

表 2-3 光谱特征参数的定义

类别	变量	定义
基于光谱位置变量	Db	蓝边（490~530 nm）内一阶微分光谱最大值
	λb	Db 对应的波长
	Dy	黄边（550~582 nm）内一阶微分光谱最大值
	λy	Dy 对应的波长
	Dr	红边（680~780 nm）内一阶微分光谱最大值
	λr	Dr 对应的波长
	Rg	Rg 是波长 510~560 nm 最大的反射率
	λg	Rg 对应的波长
	Ro	波长 640~0680 nm 最小的反射率
	λo	Ro 对应的波长
	Sg	波长 510~560 nm 波段反射率的偏度
	Kg	波长 510~560 nm 波段反射率的峰度
	So	波长 640~680 nm 波段反射率的偏度
	Ko	波长 640~680 nm 波段反射率的峰度
基于光谱面积变量	SDb	蓝边波长范围内一阶微分波段值的总和
	SDy	黄边波长范围内一阶微分波段值的总和
	SDr	红边波长范围内一阶微分波段值的总和
基于高光谱植被指数变量	Rg/Ro	Rg 与 Ro 的比值
	$(Rg+Ro)/(Rg-Ro)$	Rg 与 Ro 的归一化值
	SDr/SDb	SDr 与 SDb 的比值
	SDr/SDy	SDr 与 SDy 的比值
	$(SDr+SDb)/(SDr-SDb)$	SDr 与 SDb 的归一化值
	$(SDr+SDy)/(SDr-SDy)$	SDr 与 SDy 的归一化值

类别	变量	定义
新的植被指数	SDg	波长 510～560nm 一阶微分波段值的总和
	SDo	波长 640～680nm 一阶微分波段值的总和
	SRg/SRo	绿峰反射率之和与红谷反射率之和的比值
	(SRg+SRo)/(SRg-SRo)	绿峰反射率之和与红谷反射率之和的归一化值

2.6.3.2 植被指数

植被指数（vegetation index，VI），是由 2 个或者 3 个特征波段的光谱经过简单组合后构成，能够用于植被生理生态参数的定量分析（陈述彭和赵英时，1990）。本研究选择用于植被冠层参数分析的、较常用的 33 个植被指数［修改自 Mainet 等（2011）和 Hunt Jr 等（2013），表2-4］进行研究，选出进行玉米生理参数反演效果较好、通用性较强的植被指数。另外，对于玉米叶片的花青素含量及土壤营养成分，利用 R 语言编程计算两波段差值指数［$RI(R_i - R_j)$］、比值指数［$DI(R_i / R_j)$］、归一化指数［$NI(R_i - R_j)/(R_i + R_j)$］及倒数差值指数［$RDI(1/R_i - 1/R_j)$］，为了与已经出版的植被指数相区别，这 4 类指数合称为（光谱）特征指数（CI），并计算 4 类指数与叶片花青素含量及土壤营养成分的相关系数（R^2），然后利用 R 语言编程制作 4 类指数的相关等势图。

表 2-4 本研究使用的植被指数

缩写	指标	公式	参考文献
CI	曲率指数 （curvature index）	$R_{675} \times R_{690}/R_{683}^2$	Zarco-Tejada 等（2003）
DD	双差值指数 （double difference index）	$(R_{749} - R_{720}) - (R_{701} - R_{672})$	le Maire 等（2004）
DDn	新双差值指数 （new double difference index）	$2 \times (R_{710} - R_{(710-50)} - R_{(710+50)})$	le Maire 等（2004）
DPI	双峰指数 （double peak index）	$(D_{688} \times D_{710})/D_{697}^2$	Zarco-Tejada 等（2003）
$D1$	差异指数比 1 （rratio of difference index 1）	D_{730}/D_{706}	Zarco-Tejada 等（2003）
$D2$	差异指数比 2 （ratio of difference index 2）	D_{705}/D_{722}	Zarco-Tejada 等（2003）
EVI	增强型植被指数 （enhanced vegetation index）	$2.5 \times ((R_{800} - R_{670})/(R_{800} - (6 \times R_{670}) - (7.5 \times R_{475}) + 1))$	Huete 等（1997）

缩写	指标	公式	参考文献
GI	绿度指数 （greenness index）	R_{554}/R_{677}	Smith 等 （1995）
GNDVI	绿色归一化指数 （green NDVI）	$(R_{800}-R_{550})/(R_{800}+R_{550})$	Gitelson 等 （1996）
MCARI	调整叶绿素吸收比值指数 （modified chlorophyll absorption ratio index）	$((R_{700}-R_{670})-0.2\times(R_{700}-R_{550}))$ $\times(R_{700}/R_{670})$	Daughtry 等 （2000）
MCARI2		$((R_{750}-R_{705})-0.2\times(R_{750}-R_{550}))$ $\times(R_{750}/R_{705})$	Wu 等 （2008）
MSAVI	修正型土壤调节植被指数 （modified soil adjusted vegetation index）	$0.5\times(2\times R_{800}+1-SQRT((2\times R_{800}+$ $1)^2-8\times(R_{800}-R_{670})))$	Qi 等 （1994）
mSR	修正的简单比值 （modified simple ratio）	$(R_{800}-R_{445})/(R_{680}-R_{445})$	Sims 和 Gamon （2002）
mSR2	修正的简单比值2 （modified simple ratio 2）	$(R_{750}/R_{705})-1/SQRT((R_{750}/R_{705})+1)$	Chen（1996）
mSR705		$(R_{750}-R_{445})/(R_{705}-R_{445})$	Sims 和 Gamon （2002）
MTCI	MERIS 陆地叶绿素指数 （MERIS terrestrial chlorophyll index）	$(R_{754}-R_{709})/(R_{709}-R_{681})$	Dash 和 Curran （2004）
MCARI/ OSAVI		MCARI/OSAVI	Daughtry 等 （2000）
MCARI2/ OSAVI2		MCARI2/OSAVI2	Wu 等 （2008）
NDVI	归一化植被指数 （normalised difference vegetation index）	$(R_{800}-R_{670})/(R_{800}+R_{670})$	Tucker （1979）
NDVI3		$(R_{682}-R_{553})/(R_{682}+R_{553})$	Gandia 等 （2004）
OSAVI	最优化土壤调整植被指数 （optimised soil-adjusted vegetation index）	$(1+0.16)(R_{800}-R_{670})/$ $(R_{800}+R_{670+0.16})$	Rondeaux 等（1996）
OSAVI2		$(1+0.16)\times(R_{750}-R_{705})/$ $(R_{750}+R_{705}+0.16)$	Wu 等 （2008）

缩写	指标	公式	参考文献
RDVI	重归一化植被指数 （renormalised difference vegetation index）	$(R_{800}-R_{670})/\mathrm{SQRT}(R_{800}+R_{670})$	Roujean 和 Breon. （1995）
Sum-Dr1		Sum of first derivative reflectance between R_{625} and R_{795}	Elvidge 和 Zhikang（1995）
SPVI	光谱多边形植被指数 （spectral polygon vegetation index）	$0.4\times3.7\times(R_{800}-R_{670})-1.2$ $\times\mathrm{SQRT}((R_{530}-R_{670})^2$	Vincini 等 （2006）
SR	简单比值指数 （simple ratio index）	R_{800}/R_{680}	Jordan （1969）
TCARI	转换型叶绿素吸收反射率指数 （transformed chlorophyll absorption ratio index）	$3\times((R_{700}-R_{670})-0.2$ $\times(R_{700}-R_{550})(R_{700}/R_{670}))$	Haboudane 等（2002）
TCARI2		$3\times((R_{750}-R_{705})-0.2$ $\times(R_{750}-R_{550})(R_{750}/R_{705}))$	Wu 等 （2008）
TCARI/ OSAVI		TCARI/ OSAVI	Haboudane 等（2002）
TCARI2/ OSAVI2		TCARI2/OSAVI2	Wu 等 （2008）
TVI	三角植被指数 （triangular vegetation index）	$0.5\times(120\times(R_{750}-R_{550})-200$ $\times(R_{670}-R_{550}))$	Broge 和 Leblanc（2000）
RTVI		$100\times(R_{750}-R_{730})-10\times(R_{750}-R_{550})$	Chen 等 （2010）
TCI		$1.2\times((R_{700}-R_{550})-1.5\times(R_{670}-R_{550})$ $\times\mathrm{SQRT}(R_{700}/R_{670}))$	Haboudane 等（2008）

注：R_x 表示波长 x nm 的反射率。D_x 表示波长 x nm 的反射率光谱一阶微分。

2.7 玉米生理参数及农田土壤性质估算模型

本研究拟采用的建模方法主要包括简单统计回归（simple statistics regression，SSR）、偏最小二乘回归（partial least squares regression，PLSR）、人工神经网络（artificial neural network，ANN）。

2.7.1　简单的统计回归模型

本研究拟采用的简单回归模型主要有以下 5 个。

线性模型：

$$y = a + bx \tag{2-1}$$

对数模型：

$$y = a + b \times \ln x \tag{2-2}$$

指数模型：

$$y = a \times e^{bx} \tag{2-3}$$

幂函数模型：

$$y = b \times x^{a} \tag{2-4}$$

一元二次模型：

$$y = a_0 + a_1 x + a_2 x^2 \tag{2-5}$$

式中，y 为拟合值；x 为自变量；a、a_0 为常数；b、a_1、a_2 为系数。

2.7.2　偏最小二乘回归模型

偏最小二乘回归模型已经在很多领域得到成功应用，它是一种新型的多元统计回归方法，集典型相关分析、主成分分析、多元线性回归分析方法于一体（李海英，2007）。该方法能够利用所有有效的数据构建模型，提取出反映数据变异的最大信息，具有良好的预测功能（唐启义和冯明光，2007），处理内部相关性较高的变量时具有独特优势。

因此，在高光谱领域 PLSR 也日益受到关注，很多研究者采用此方法构建光谱与作物理化参量及土壤信息的预测模型。本研究的 PLSR 分析在 Unscrambler 9.7 软件中进行，采用"留一法"（Leave-one-out）得到的内部交互验证均方根误差（RMSE）及决定系数（R^2）来优化建模参数，而模型的预测性能通过验证均方根误差、决定系数及预测残差偏差（RPD）来评价，参见本章 2.7.4 模型验证部分。

2.7.3　人工神经网络模型

ANN 是一种非线性数据驱动自适应方法，它们能够识别和学习输入数据集和相应目标值之间的相关模式（图 2-3），即使这种潜在的数据关系未知（Suo et al., 2011）。通过系统的训练，ANN 能够预测新输入变量数据结果。ANN 能够模拟人脑的学习过程，并且能够处理不精确的、包含噪声的、非线性的、复杂的数据问题。ANN 结合光谱分析技术已经被成功用于作物识别、监测作物生长、生理生态参数的评估等农业生产领域。

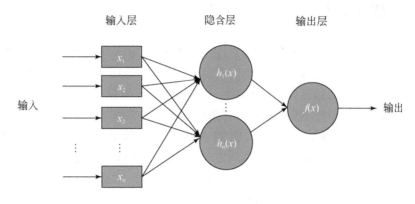

图 2-3　人工神经网络

本研究采用 SAS 公司推出的 JMP 软件自带的神经网络模块进行数据建模，其神经网络结构为 3 层，包含 1 个输入层、1 个隐含层和 1 个输出层。建模过程中选择两种验证方法，包括保留排除法和随机 K 重法（K-fold 法），保留排除法可以预先设定训练和验证的数据集，在建模过程中可以调整隐含层的节点数，本书采用保留排除法设定的训练和验证集与 SSR 和 PLSR 方法的一致，由于隐含层的节点数越少模型越简单，因而在满足精度的情况下，隐含层的节点数尽可能少，本书中隐含层的节点数设置时遵循小于或等于输入层的原则；而 K-fold 法可以设定交叉验证的折数及调整隐含层的节点数，K 值确定后训练集和验证集由系统自行确定，为了保证验证结果的有效，验证集必须保证一定量的样本，因而 K 值不能设置太大，本书中 K 值遵循大于 2 并且小于或等于隐含层的节点数的原则。由于 ANN 校正的主要困难在于建模过程中较长的训练时间及过度匹配，因此，一般选取主成分分析的有效主成分或根据 PLSR 的回归系数选择少数几个潜在变量（latent variables，LVs）作为 ANN 的输入变量，以便减少计算资源及提高 ANN 校正的稳健性（Janik et al., 2007；Mouazen et al., 2010），本书依据 PLSR 的回归系数选择潜在变量作为 ANN 的输入变量。主要是因为 PLSR 得到的每个波段或参数的归一化回归系数表明了波段的重要性，并且为了充分利用不同波段的光谱信息，将根据 PLSR 回归系数选取不同波段范围峰值或波值对应的波段光谱或参数作为 ANN 输入层；玉米的理化参数及土壤信息作为输出层；K-fold 法的折数及隐含层节点数通过多次反复实验确定，同时为了进行比较，单个属性或参数 ANN 建模过程中 K 值和隐含层节点数一般设置相同。由于 BP 神经网络得到的是局部最优解，因此需经过多次反复实验，选择精度较高、稳定性较好的模型作为最终结果。

2.7.4　模型验证

为了提高模型的适用范围及稳定性，将 2014、2015 年的大田和小区的实验数据混合用于建模，建模时校正和验证集的划分根据各属性值的大小进行排序，每隔 2 个取 1 个作为验证样本，因而校正集合的样本数量为总样本的 2/3，验证集合的样本数量为总样本的 1/3；只有采用 K-fold 方法验证时，K 值确定后校正和验证集合由系统确定。模型的预测精度采用预测值和测量值的决定系数（coefficient of determination，R^2）、均方根误差（root mean square error，RMSE）和相对预测偏差（residual prediction deviation，RPD）来衡量，计算公式分别为式（2-6）、式（2-7）和式（2-8）。

计算 RPD 值的目的是解释每一个模型的预测能力，RPD 的评价标准采用 Chang 等（2002）提出的阈值划分方法，当 RPD>2.0 时，表明模型是稳定的、准确的，可以对参量进行准确预测；当 1.4≤RPD≤2.0 时，是可以接受的模型，能对参量进行粗略预测，有待改进；但当 RPD<1.4 时，表明模型的预测能力很差。总之，一个好的预测模型应该有大的 R^2 和 RPD 值，小的 RMSE。模型验证之后进行最优模型选择，遵循建模及验模的各项参数比较接近，并且拟合及验证 R^2 和 RPD 值较大且 RMSE 较小的原则，筛选出稳定性较高，精度较好的模型。

$$R^2 = \sum_{1}^{n} (\hat{y}_i - \bar{y})^2 \Big/ \sum_{1}^{n} (y_i - \bar{y})^2 \tag{2-6}$$

$$RMSE = \sqrt{\sum_{1}^{n} (\hat{y}_i - \bar{y})^2 / n} \tag{2-7}$$

$$RPD = SD_V / RMSE_V \sqrt{n/(n-1)} \tag{2-8}$$

式中，$\hat{y}$ 是预测值；$\bar{y}$ 是观测值的均值；y 是观测值；n 是预测或观测值的样本数，用 $i=1, 2, \cdots, n$ 表示；SD_V 是验证集的标准偏差；$RMSE_V$ 是验证集的均方根误差。

第3章 玉米叶片花青素含量的高光谱监测

花青素是植物叶片色素中第 3 类主要色素，能够提供植物生理状况及对胁迫响应有价值的信息。通常，花青素在植物幼小和衰老叶片中含量丰富。许多的环境胁迫，包括强光、中波紫外线照射、低温、干旱、损伤、细菌及真菌感染、氮和磷的缺乏、某些除草剂及污染物等都会引起花青素含量的有效积累（Gitelson et al.，2001），从而对环境胁迫产生抵抗。花青素具有光保护的功能（Close and Beadle，2003），能提高植物抗冰冻与抗干旱胁迫的能力（Chalker-Scott，1999），具有抗氧化特性，有助于叶片损伤后的修复（Gould et al.，2002）等。

传统花青素含量的测定主要采用湿化学方法，然而实验室测量劳动强度大，费时费力并易损坏叶片，不能进行原位重复测量及大区域监测，因此需要一种精确、高效、实用的方法来估计花青素含量（刘秀英等，2015c）。已经有学者利用光谱指数法无损估测叶片中的花青素含量（Gitelson et al.，2001；Steele et al.，2009；Gamon and surfus，1999；Van Den Berg and perkins，2005；Gitelson et al.，2006）。由于不同的物种具有不同的色素含量及冠层和叶片结构，因此已经出版的光谱指数对于其他不同种类植物叶片花青素含量的估计是否具有普适性仍需进一步验证（刘秀英等，2015c）。

处于特殊情况下，如缺磷、缺氮、低温、病菌感染等，玉米叶片或植株可能会在苗期或者生长过程中变红，因此，对玉米叶片或植株进行花青素含量监测，是了解玉米缺肥或病菌感染、实施科学田间管理的重要环节。农作一站的玉米进行了缺肥处理，而且 2015 年 9～10 月气温变化比较剧烈，加上玉米感染了玉米螟，造成部分植株的叶片及茎秆变红，甚至整株枯萎，这为进行玉米花青素含量监测研究提供了条件，由于只有部分玉米茎秆和叶片变红，所以本书尝试对玉米叶片的花青素含量进行研究。

目前没有普通玉米叶片花青素含量光谱无损估测方面的研究报道，因此本章利用 SVC 和 SOC 两种仪器，在不同光源条件下获取玉米叶片的光谱，在分析玉米叶片光谱特征的基础上，利用特征波段光谱、植被指数、新构建的特征指数，结合一元线性回归、PLSR 和 ANN 方法建立估算模型，并用独立样本验证，得到稳定性较好、精度较高的玉米叶片花青素含量估算模型，并筛选出最优模型，为监测玉米缺肥、病菌感染提供技术支持，为科学的田间管理提供参考。

3.1 材料与方法

3.1.1 数据获取

2015 年 9 月 12 日、23 日在西北农林科技大学试验站——农作一站基于可视化特征，共采集了 83 个不同颜色的玉米叶片（颜色从绿、微红到紫红），随机将 10 个叶片分为一组，平铺在黑布上，自然光照条件下，采用 SOC 仪器获取叶片的地面成像高光谱遥感数据（具体测量方法参见 2.4.2.2 节）；同时，利用 SVC HR-1024i 进行叶片光谱反射率测量（具体测量方法参见 2.4.1.2 节），并利用植物多酚—叶绿素测量计测量叶片的花青素相对含量（具体的测量方法参见 2.5.1.1 节），光谱测量位置与花青素含量测量位置均为叶片中间部位。

3.1.2 数据处理与模型建立

SVC HR-1024i 采集的玉米叶片光谱反射率（简称 SVC 光谱）的预处理方法参见 2.6.1 节，利用地物光谱仪自带的软件进行重叠数据剔除及不同探测器的匹配算法、SIG 文件合并，然后将光谱反射率重采样到 3 nm 间隔（350～1000 nm 传感器光谱分辨率≤3.5 nm）。由于叶片花青素主要在可见光波段对光谱具有响应，因此，本章主要选择 350～1001 nm 波段范围光谱反射率进行研究。

SOC 生产的 710 便携式可见光/近红外高光谱成像式地物光谱仪获取的玉米叶片遥感图像的处理方法参见 2.6.2 节，利用 SOC 自带的分析软件 SRAnal710 进行波长定标、辐射定标、反射率转换，然后在 ENVI 软件对每个叶片进行光谱信息获取，从每个叶片中间部位采集均值光谱（简称为 SOC 光谱）。从图 3-1 可以看出，虽然遥感图像经过了一系列的校正，但是由于大气中的水汽及氧气吸收的影响，在近红外波段，玉米叶片光谱噪声仍然较大，因此，随后在 Unscrambler 软件中进行 9 点移动平滑处理 [图 3-1（b）]。从图 3-1（b）可以看出近红外波段光谱噪声明显减小，曲线平滑，数据质量得到改善，因此后面的处理均基于平滑后的数据。

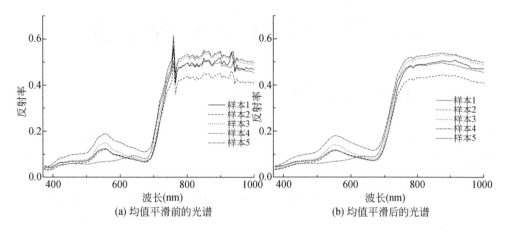

(a) 均值平滑前的光谱　　　　　　(b) 均值平滑后的光谱

图 3-1　SOC 光谱仪获取的玉米叶片光谱

　　由于数据测量过程中难免存在系统误差和人为操作误差，因此，首先利用拉依达准则法（3δ）进行花青素异常值剔除，剔除与平均值的偏差超过两倍标准差的测定值，共剔除 5 组样本数据，余下 78 组样本数据。按照 2.7.4 节的方法进行校正集和验证集分组；采用 R^2、RPD、RMSE 对模型的建模及验模效果进行评价，R^2 和 RPD 值越大，RMSE 越小，建模和验模效果越好，并且建模及验模 R^2、RPD、RMSE 越接近，模型越稳定。

　　采用其他学者已经报道的叶片花青素含量指数进行玉米叶片花青素含量估算，具体的计算公式详见表 3-1。通过比较可知，依据分段相关系数的大小设置波段取值，精度略高于参考其他文献所提供的值，因此，表 3-1 中各波段的取值依据分段相关系数的大小确定，仅花青素含量指数（ACI）的波长参照文献进行选取（λgreen 和 λNIR 分别为 530 nm、940 nm），因为其效果优于参照相关系数选取的结果。

表 3-1　本研究使用的植被指数

植被指数	缩写	计算公式	参考文献
红/绿指数	Red/Green	$\rho_{\lambda Red}/\rho_{\lambda green}$	Gamon 和 Surfus（1999）
花青素含量指数	ACI	$\alpha_{\lambda green}/\alpha_{\lambda NIR}$	Van Den Berg 和 Perkins（2005）
调整花青素含量指数	MACI	$\rho_{\lambda NIR}/\rho_{\lambda green}$	Steele 和 Gitelson（2009）
花青素反射指数	ARI	$\rho_{\lambda green}{}^{-1}-\rho_{\lambda red\ edge}{}^{-1}$	Gitelson 等（2001）
调整花青素反射指数	MARI	$(\rho_{\lambda green}{}^{-1}-\rho_{\lambda red\ edge}{}^{-1})\rho_{\lambda NIR}$	Gitelsoon 等（2006）

3.2 玉米叶片花青素及其光谱特征

3.2.1 叶片花青素含量基本特征

表 3-2 为玉米叶片花青素含量校正集、验证集和全集的统计特征。由表 3-2 可知，研究样本叶片的花青素含量变化为 0.104 ~ 0.878，标准差为 0.223，均值为 0.338。校正集和验证集的花青素含量变化范围分别为 0.104 ~ 0.861 和 0.116 ~ 0.878，标准差分别为 0.221 和 0.231，均值分别为 0.333 和 0.348，通过比较可知，玉米叶片花青素含量的变化范围、标准差、均值与全集一致，差异非常小，说明校正集和验证集的样本均能代表总体样本。

表 3-2 玉米叶片花青素含量的统计描述

样本数	均值	标准差	最小值	最大值	峰度系数	偏度系数	变异系数（%）
78	0.338	0.223	0.104	0.878	−0.234	1.002	65.98
52	0.333	0.221	0.104	0.861	−0.144	1.030	66.37
26	0.348	0.231	0.116	0.878	−0.222	1.004	66.38

3.2.2 玉米叶片光谱特征

图 3-2（a）和（b）分别展示了 350 ~ 1000 nm 具有代表性的不同花青素含量玉米叶片的 SVC 和 SOC 光谱。从图 3-2 可以看出，不同花青素含量的玉米叶片光谱变化趋势基本一致，400 ~ 680 nm 波段范围，光谱反射率差异较大，其次为 715 ~ 1000 nm，红边位置附近差异相对较小。与 SVC 光谱相比，SOC 光谱的红边位置差异明显增大；可见光范围，随花青素含量增加，光谱反射率的值变化范围更大。原因可能是不同的光源、传感器获取的光谱有差异。在 400 ~ 680 nm 波段范围，550 nm 附近的光谱反射率差异最大。随叶片花青素含量增加，玉米叶片对绿光的吸收增大，550 nm 附近的光谱反射率急剧减小，当花青素含量大于 0.66 时，可见光波段的光谱反射率几乎成直线。随着花青素含量增加，550 nm 处的峰值朝长波方向偏移。在 715 ~ 1000 nm 波段范围，随着叶片花青素含量增加，光谱反射率有减小的趋势；当花青素含量较少时，光谱反射率差异变小，这与牡丹叶片的光谱特征是类似的（刘秀英等，2015c）。对于 SOC 光谱，当花青素含量大于 0.664 时，550 nm 附近峰值不明显，而小于 0.664 时峰值较明

显。总之，利用 SVC 获取的玉米叶片光谱由于影响因素较少，规律性比较强；而 SOC 获取的遥感图像提取的玉米叶片光谱受大气中水汽及氧气吸收及其他因素影响较大，规律性不是很强，有待在控制条件下进一步研究。

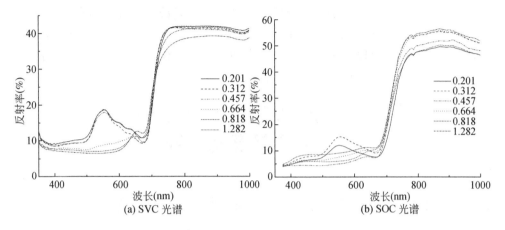

图 3-2　不同花青素含量下的玉米叶片光谱

3.2.3　红边位置特征

图 3-3 显示了玉米叶片花青素含量与红边位置的关系。从图 3-3（a）可以看出，随着花青素含量增加，红边位置具有朝短波方向移动的趋势，即红移。但是图 3-3（b）并不完全遵循与图 3-3（a）类似的红移规律；另外比较红边位置波

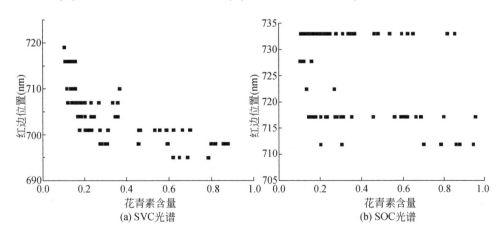

图 3-3　玉米叶片花青素含量与红边位置的关系

长的大小可以发现，SOC 光谱的红边位置比 SVC 光谱的红边位置波长值更大一些，这一结果有待将来进一步验证。两种仪器获取的光谱红边位置存在差异，可能有以下三个原因：第一，由于两种仪器使用的光源不同，SVC 使用的是内置卤钨灯，受外界因素影响较小；而 SOC 利用的是自然光源，受外界因素影响较大。第二，两种仪器获取的光谱有差异，SVC 获取的是很小的面源光谱信息，而 SOC 获取的遥感图像，可以利用 ENVI 软件的 ROI 工具，获取较大的面源光谱信息。第三，两种仪器使用的传感器有差异。

3.3 基于 SVC 光谱的玉米叶片花青素含量高光谱监测

3.3.1 SVC 光谱与玉米叶片花青素含量的相关性

3.3.1.1 SVC 光谱反射率与玉米叶片花青素含量的相关分析

图 3-4 为玉米叶片花青素含量与 SVC 光谱反射率的相关系数变化曲线。由图 3-4 可以看出，除 620~650 nm、716~734 nm 波段光谱反射率与叶片花青素

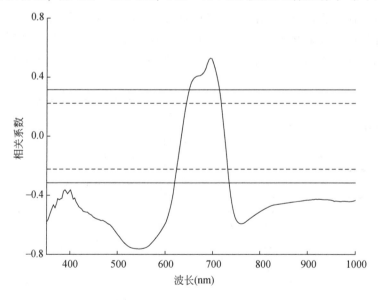

图 3-4 花青素含量与 SVC 光谱反射率的相关系数
图中实线和虚线分别为相关性 0.01 和 0.05 水平，本书后同

含量的相关性没有达到 0.01 极显著相关外，其余波段两者之间的相关性均达到了 0.01 极显著相关，且最大相关系数为−0.761，位于 548 nm 处，这与牡丹叶片花青素含量略有差异，牡丹叶片花青素含量最大相关系数对应的波段为 544 nm（刘秀英等，2015），说明不同的植物叶片由于其内部结构及色素含量不同，可能引起花青素含量对应的敏感波段略有差异。图 3-5 为 548 nm 处光谱反射率与叶片花青素含量的散点图，从图 3-5 可以看出，随着花青素含量增加，548 nm 处的光谱反射率有减小的趋势，因此，可以利用 548 nm 处的光谱反射率进行玉米叶片花青素含量估算研究。

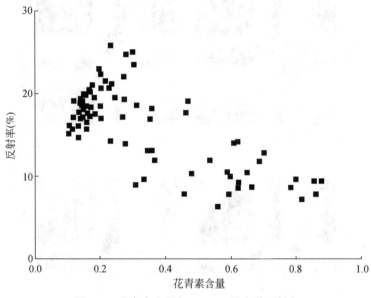

图 3-5　花青素含量与 548 nm 处光谱反射率

3.3.1.2　SVC 光谱指数与玉米叶片花青素含量的相关分析

利用 R 语言编程计算玉米叶片 SVC 光谱反射率两波段的差值指数（DI）、比值指数（RI）、归一化指数（NI）及倒数差值指数（RDI），然后计算 4 类指数与玉米叶片花青素含量的相关系数（R^2），作出相关系数等势图（图 3-6）（具体参见 2.6.3.2 节）。从图 3-6 可以看出，差值指数［图 3-6（b）］、归一化植被指数［图 3-6（c）］、倒数差值指数的相关系数［图 3-6（d）］沿对角线对称，而比值指数的相关系数沿对角线不对称［图 3-6（a）］。4 类指数相关系数较大的波段区域基本一致，位于 500～720 nm 波段范围，4 类指数与玉米叶片花青素含量之间的相关系数（R^2）较大，很多都大于或等于 0.7。其中，698 nm 和 521 nm 光谱反射率组成的比值指数［RI(521，698)］与玉米叶片花青素含量相关性最大，相关系数为

0.771；倒数差值指数与玉米叶片花青素含量的最大相关系数为 0.738，是由 593 nm 和 596 nm 的波段反射率组成 [RDI(593, 596)]；由 554 nm 和 704 nm 波段反射率组成的差值指数 [DI(554, 704)] 与玉米叶片花青素含量相关性较强，相关系数为 0.758；557 nm 和 701 nm 组成的归一化差值指数 [NI(557, 701)] 与玉米叶片花青素含量的相关系数也较大，其值为 0.769。将以上相关性较大的 4 个指数作为特征指数 (CI)，用于玉米叶片花青素含量估算模型构建。

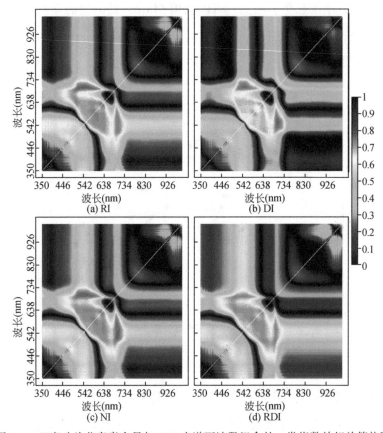

图 3-6　玉米叶片花青素含量与 SVC 光谱两波段组合的 4 类指数的相关等势图

3.3.2　基于 SVC 光谱的玉米叶片花青素含量高光谱监测

3.3.2.1　玉米叶片花青素含量普通回归估算模型

基于植被指数建立的玉米叶片花青素含量简单统计回归模型的拟合及验证结

果列于表3-3。对表3-3中单个植被指数的拟合及验证结果进行比较可以发现，不同的回归模型进行叶片花青素含量估算时其精度有差异，如Red/Green指数，其拟合和验证结果最好的为对数模型和一元二次模型，预测 R^2 分别为0.806和0.801，经独立样本验证，验证 R^2 均为0.669，RPD均为1.716，大于其他模型同类指标；RMSE均为0.132，小于其他模型同类指标。虽然Red/Green的建模效果较好，但是拟合和验证的 R^2 相差较大，说明模型不是很稳定，需要进一步检验。对表3-4中不同植被指数的估算模型进行比较可知，估算效果最好的均为一元二次模型，仅Red/Green的结果中对数模型的估算效果略优于一元二次模型。综合各项指标来看，估算效果最好的植被指数是ARI和MARI，一元二次模型的拟合和验证 R^2 是最高的，拟合 R^2 分别为0.786和0.789，验证 R^2 分别为0.697和0.686，其RMSE是最小的，分别为0.125和0.127，RPD值最大，分别为1.812和1.784，说明这两个植被指数建立的玉米叶片花青素含量模型精度最高，这与其他研究者的结论一致。但是由于RPD值小于2.0，仍然只能对玉米叶片花青素含量进行粗略预测，并且拟合及验证 R^2 相差较大，模型同样不够稳定。而基于ACI和MACI建立的模型拟合和验证结果均较差，不能进行玉米叶片花青素含量监测。

表3-3 基于植被指数的玉米叶片花青素含量简单统计回归模型结果

植被指数	方程	拟合	验证		
		R^2	R^2	RMSE	RPD
Red/Green	$y=0.3293x-0.0688$	0.785	0.626	0.143	1.584
	$y=-0.1014x^2+0.6635x-0.2907$	0.801	0.669	0.132	1.716
	$y=0.0948e^{0.8676x}$	0.677	0.532	0.174	1.302
	$y=0.4943\ln x+0.2789$	0.806	0.669	0.132	1.716
	$y=0.2361x^{1.3338}$	0.729	0.601	0.155	1.461
ACI	$y=0.1598x-0.1791$	0.629	0.442	0.171	1.325
	$y=-0.0157x^2+0.2782x-0.3799$	0.638	0.453	0.169	1.340
	$y=0.0693e^{0.4282x}$	0.550	0.385	0.187	1.211
	$y=0.5565\ln x-0.2878$	0.603	0.447	0.169	1.340
	$y=0.0526x^{1.4765}$	0.528	0.430	0.178	1.273
MACI	$y=0.1595x-0.16$	0.629	0.477	0.165	1.373
	$y=-0.0172x^2+0.2864x-0.3677$	0.638	0.484	0.164	1.381
	$y=0.0731e^{0.4265x}$	0.560	0.429	0.179	1.263
	$y=0.5407\ln x-0.2481$	0.618	0.474	0.165	1.373
	$y=0.0586x^{1.4329}$	0.539	0.470	0.173	1.309

植被指数	方程	拟合	验证		
		R^2	R^2	RMSE	RPD
ARI	$y = 6.4055x + 0.2615$	0.763	0.647	0.135	1.678
	$y = -49.304x^2 + 9.2954x + 0.2791$	0.786	0.697	0.125	1.812
	$y = 0.225e^{17.42x}$	0.701	0.550	0.166	1.365
MARI	$y = 0.1531x + 0.262$	0.774	0.637	0.137	1.653
	$y = -0.0231x^2 + 0.2088x + 0.2775$	0.789	0.686	0.127	1.784
	$y = 0.2252e^{0.4164x}$	0.712	0.535	0.169	1.340

表 3-4 列出了基于特征指数建立的玉米叶片花青素含量简单统计回归模型的拟合及验证结果。由表 3-4 可知,基于 RI 的一元线性和一元二次回归模型及基于 DI 的一元二次回归模型的拟合及验证结果均比较好,拟合 R^2 分别为 0.789 和 0.790,而验证 R^2 介于 0.730 和 0.741 之间,RMSE 小于 0.12,介于 0.117 和 0.119 之间,验证的 RPD 值大于 1.9,特别是 RI 建立的一元线性估算模型的 RPD 值为 1.94,说明基于 RI 和 DI 的简单统计回归模型的拟合及验证精度比较高,但是验证的 RPD 值仍然小于 2.0,说明可以进行玉米叶片花青素含量的粗略估算,要进行实际监测,精度仍然有待提高。基于 NI 和 RDI 建立的玉米叶片花青素含量的估算模型精度略低。总之,4 类指数建立的简单统计回归模型均能进行玉米叶片花青素含量的粗略估算,精度明显高于基于植被指数和特征光谱建立的模型。综合比较拟合及验证的各项参数可知,基于 4 类特征指数建立的一元二次模型的拟合及验证精度均最高,预测效果最好,这与植被指数及特征光谱的结果一致。

表 3-4　基于特征指数的玉米叶片花青素含量简单统计回归模型结果

特征指数	方程	拟合	验证		
		R^2	R^2	RMSE	RPD
RI(521, 698)	$y = -0.902x + 1.032$	0.789	0.741	0.117	1.940
	$y = 0.233x^2 - 1.216x + 1.124$	0.790	0.735	0.118	1.917
	$y = 1.899e^{-2.50x}$	0.754	0.690	0.131	1.729
	$y = -0.56\ln x + 0.160$	0.787	0.711	0.123	1.839
	$y = 0.171x^{-1.52}$	0.718	0.634	0.146	1.552

特征指数	方程	拟合	验证		
		R^2	R^2	RMSE	RPD
DI(554, 704)	$y=-0.029x+0.149$	0.783	0.716	0.121	1.866
	$y=-0.0005x^2-0.0393x+0.1281$	0.789	0.730	0.119	1.900
	$y=0.166e^{-0.08x}$	0.708	0.655	0.137	1.655
NI(557, 701)	$y=-1.054x+0.211$	0.797	0.719	0.121	1.872
	$y=-0.224x^2-1.151x+0.211$	0.798	0.724	0.120	1.889
	$y=0.196e^{-2.85x}$	0.726	0.659	0.137	1.649
RDI(593, 596)	$y=220.3x+0.337$	0.760	0.694	0.125	1.811
	$y=-55\,851x^2+277.3x+0.380$	0.777	0.707	0.123	1.848
	$y=0.276e^{589.6x}$	0.677	0.645	0.137	1.656

3.3.2.2 玉米叶片花青素含量 PLSR 估算模型

本章以 350~1001 nm 波段的玉米叶片光谱反射率为自变量，花青素含量为因变量，建立玉米叶片花青素含量 PLSR 估算模型，建模和验模参数详见表 3-5。由表 3-5 可知，建模仅选择了 2 个主成分，模型的拟合和交叉验证 R^2 分别为 0.801 和 0.776，交叉验证 RPD 为 2.084，RMSE 为 0.105，说明 PLSR 模型的建模效果较好。经独立样本验证，验证 R^2 为 0.691，RPD 为 1.842，RMSE 为 0.123，说明模型的验证结果比拟合结果差，模型不太稳定，只能进行玉米叶片花青素含量粗略估算。

表 3-5　基于光谱的玉米叶片花青素含量 PLSR 估算模型结果

主成分数	拟合	交叉验证			验证		
	R^2	R^2	RMSE	RPD	R^2	RMSE	RPD
2	0.801	0.776	0.105	2.084	0.691	0.123	1.842

以已经确定的 5 类植被指数为自变量，玉米叶片花青素含量为因变量，建立 PLSR 估算模型，其结果见表 3-6。由表 3-6 可知，建模时选择的主成分为 2 个，建模 R^2 为 0.790，交叉验证 R^2 为 0.761，RMSE 为 0.109，RPD 值为 2.008，说明建模的精度比较高，模型的拟合效果较好。独立样本验证后可知，验证 R^2 为 0.650，RMSE 为 0.134，但是 RPD 值仅为 1.690，比较可知，验证 R^2 和 RPD 值远小于拟合及交叉验证的值，而 RMSE 明显高于交叉验证的值，说明基于植被指

数建立的 PLSR 模型的预测结果比较差，模型不稳定，同样只能对玉米叶片花青素含量进行粗略估算。

表 3-6 基于植被指数的玉米叶片花青素含量 PLSR 估算模型结果

主成分数	拟合	交叉验证			验证		
	R^2	R^2	RMSE	RPD	R^2	RMSE	RPD
2	0.790	0.761	0.109	2.008	0.650	0.134	1.690

以 SVC 特征指数作为自变量，玉米叶片花青素含量作为因变量，建立玉米叶片花青素含量的 PLSR 估算模型，其结果见表 3-7。由表 3-7 可知，建模选择的主成分数目仅为 1 个，拟合 R^2 为 0.783，交叉验证 R^2 为 0.772，RMSE 为 0.106，RPD 值为 2.065，说明建模的精度比较高。经独立样本验证，R^2 为 0.706，RMSE 为 0.123，RPD 为 1.842，与建模结果相比，验模结果明显差一些，说明模型的稳定性有待提高，同样只能对玉米叶片花青素含量进行粗略估算。与植被指数和光谱建立的 PLSR 估算模型相比，基于特征指数建立的 PLSR 模型精度明显提高；建模选择的主成分更少，模型更简单，说明采用 PLSR 方法建模时，特征指数优于全波段光谱及已经出版的植被指数。

表 3-7 基于特征指数的玉米叶片花青素含量 PLSR 估算模型结果

主成分数	拟合	交叉验证			验证		
	R^2	R^2	RMSE	RPD	R^2	RMSE	RPD
1	0.783	0.772	0.106	2.065	0.706	0.123	1.842

3.3.2.3 玉米叶片花青素含量 ANN 估算模型

ANN 是一种模仿人脑神经网络行为特征来进行分布式的并行信息处理算法的数学模型。本研究尝试利用 ANN 模型对玉米叶片花青素含量进行估算。依据 2.6.3 节的方法，根据 PLSR 建模时的回归系数确定 539 nm 和 701 nm 的光谱反射率作为输入层，隐含层的节点数设置为 2，采用保留排除法确定训练集和验证集。玉米叶片花青素含量的 ANN 模型的训练和验证结果见表 3-8。其训练和验证 R^2 分别为 0.758 和 0.753，RMSE 分别为 0.108 和 0.112，RPD 分别为 2.027 和 2.005，训练和验证结果均较好，稳定性较高，可以进行玉米叶片花青素含量的实际监测。图 3-7 和图 3-8 分别展示了 ANN 估算模型的网络结构及训练和验证结果。由图 3-7 可以看出，ANN 模型的网络结构较简单，输入层和隐含层均只有 2 个节点。由图 3-8 可以看出，训练和验证集的预测值和测量值大多分布在 1：1

线周围，仅有少数点离散性较大，说明模型总体精度较高。

表 3-8　基于光谱的玉米叶片花青素含量 ANN 估算模型结果

波段 （nm）	网络 结构	验证 方法	训练			验证		
			R^2	RMSE	RPD	R^2	RMSE	RPD
539，701	2-2-1	保留排除法	0.758	0.108	2.027	0.753	0.112	2.005

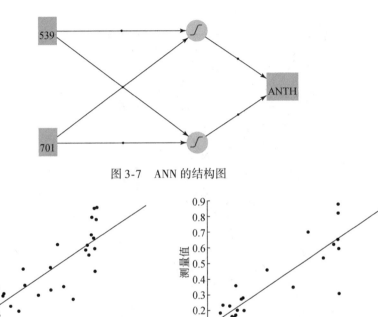

图 3-7　ANN 的结构图

图 3-8　ANN 模型的训练和验证结果

以 5 个植被指数作为输入层，玉米叶片花青素含量作为输出层，隐含层的节点数设置为 5，采用保留排除法进行验证，建立 ANN 估算模型，其训练和验证结果见表 3-9。由表 3-9 可知，训练和验证的 R^2 均较高，分别为 0.813 和 0.756，RMSE 分别为 0.095 和 0.112，RPD 值分别为 2.304 和 2.022，训练和验证结果均较好，模型精度较高，能对玉米叶片的花青素含量进行实际监测。图 3-9 和图 3-10 分别展示了 ANN 估算模型的网络结构及训练和验证结果。从图 3-9 可以看出，基于植被指数建立的 ANN 模型的网络结构比基于光谱的复杂，输入层和隐含层均为 5 个节点，模型的精度略有提高。由图 3-10 可以看出，训练和验证集的预测值和测量值除少数点外，大部分都靠近 1∶1 线，说明基于植被指数建立的 ANN

模型能进行玉米叶片的花青素含量监测。

表3-9 基于植被指数的玉米叶片花青素含量的 ANN 估算模型结果

植被指数	网络结构	验证方法	训练			验证		
			R^2	RMSE	RPD	R^2	RMSE	RPD
VI	5-5-1	保留排除法	0.813	0.095	2.304	0.756	0.112	2.022

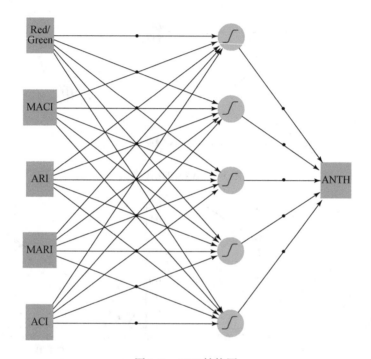

图3-9 ANN 结构图

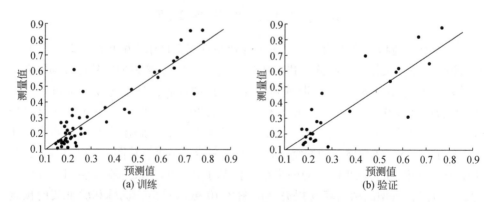

图3-10 ANN 模型的训练和验证结果

以 4 个特征指数作为输入层，玉米叶片花青素含量作为输出层，隐含层的节点数设置为 4，采用保留排除法进行验证，建立 ANN 估算模型，其训练和验证结果见表 3-10。由表 3-10 可知，训练和验证的 R^2 分别为 0.776 和 0.759，RMSE 分别为 0.104 和 0.111，RPD 值分别为 2.104 和 2.041，训练和验证结果均较好，模型精度和稳定性较高，能对玉米叶片的花青素含量进行实际预测。图 3-11 和图 3-12 分别展示了 ANN 估算模型的网络结构及训练和验证结果。由图 3-11 可以看出，基于特征指数建立的 ANN 模型的网络结构为 4-4-1。由图 3-12 可以看出，训练和验证集的预测值和测量值除少数点外，大部分都靠近 1∶1 线。比较不同 SVC 光谱参数建立的玉米叶片 ANN 估算模型的训练和验证结果及网络结构可知，以特征指数建立的 ANN 估算模型，网络结构复杂程度中等，训练及验证精度较高，模型最稳定。比较 SSR、PLSR、ANN 方法建立的估算模型的建模和验模结果可知，基于特征指数建立的 ANN 模型是监测玉米叶片花青素含量的最优模型。

表 3-10　基于特征指数的玉米叶片花青素含量 ANN 估算模型结果

特征指数	网络结构	验证方法	训练			验证		
			R^2	RMSE	RPD	R^2	RMSE	RPD
CI	4-4-1	保留排除法	0.776	0.104	2.104	0.759	0.111	2.041

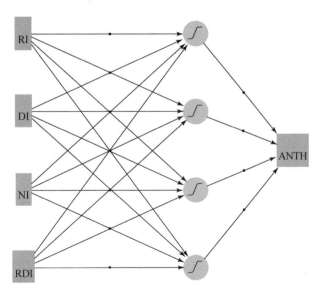

图 3-11　ANN 结构图

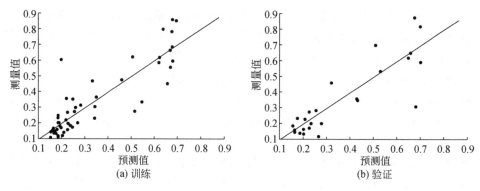

图 3-12　ANN 模型的训练和验证结果

3.4　基于 SOC 光谱的玉米叶片花青素含量高光谱监测

3.4.1　SOC 光谱与玉米叶片花青素含量的相关性

3.4.1.1　SOC 光谱反射率与玉米叶片花青素含量的相关分析

图 3-13 展示了 SOC 光谱与玉米叶片花青素含量的相关系数。通过比较可知，

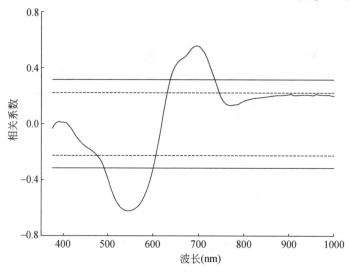

图 3-13　花青素含量与 SOC 光谱反射率相关系数

两种仪器获取的光谱与花青素含量的相关系数变化趋势基本一致，从 375 nm 开始，相关系数先增大，在 540.73 nm 达到最大值，相关系数为 -0.661，然后由小增大，由负相关变成正相关，到 696.12 nm 达到正的最大值，随后相关系数减小，到 786.11 nm 之后相关系数变化很小。而图 3-14 显示了花青素含量与 540.73 nm 处光谱反射率的关系，随花青素含量增加，该波长处反射率有减小的趋势，这与 SVC 光谱的规律一致。

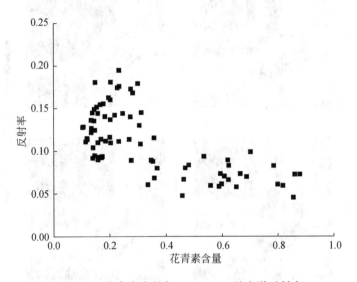

图 3-14　花青素含量与 540.73 nm 处光谱反射率

3.4.1.2　SOC 光谱指数与玉米叶片花青素含量的相关分析

利用 R 语言编程计算玉米叶片 SOC 光谱反射率两波段的差值指数、比值指数、归一化指数及倒数差值指数，然后计算 4 类指数与玉米叶片花青素含量的相关系数，并制作相关系数等势图（图 3-15）（具体参见 2.6.3.2 节）。由图 3-15 可知，除比值指数图 3-15（a）外，差值指数、归一化植被指数、倒数差值指数 ［图 3-15（b）~（d）］与玉米叶片花青素含量的相关系数沿对角线对称；4 类指数与玉米叶片花青素含量相关性最强的波段为 450~740 nm，与 SVC 光谱指数的范围基本一致，但是 SOC 光谱指数与玉米叶片花青素含量的相关系数大于 SVC 光谱指数，说明两者的相关性更强。其中，与玉米叶片花青素含量相关性最大的比值指数由 515 nm 和 628 nm 波段光谱反射率组成 ［RI(515，628)］，相关系数为 0.820；倒数差值指数与玉米叶片花青素含量的最大相关系数为 0.788，由 520 nm 和 628 nm 的波段反射率组成 ［RDI(628，520)］；由 550 nm 和 706 nm 波段反射率组成的差值指数 ［DI(550，706)］与玉米叶片花青素含量相关系数较大，相关系数为 0.809；由 515 nm 和 696 nm 光谱组成的归一化差值指数 ［NI（520，696）］ 与玉米叶片花青素含量的相关系数最大，其值为 0.824。由这 4 个指数组成特征指数，用于叶片花青素含量估算模型构建。

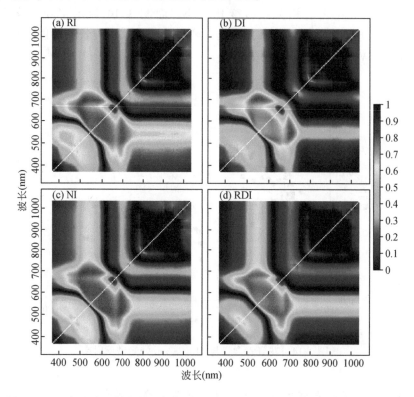

图 3-15　玉米叶片花青素含量与 SOC 光谱两波段组合的 4 类指数的相关等势图

3.4.2　基于 SOC 光谱的玉米叶片花青素含量高光谱监测

3.4.2.1　SOC 光谱玉米叶片花青素含量普通回归估算模型

利用简单的统计回归模型建立 540.73 nm 波段光谱反射率与玉米叶片花青素含量的估算模型，其拟合及验证结果见表 3-11。只有指数模型和幂函数模型的拟合 R^2 大于 0.5，其他模型的 R^2 均小于 0.5，因此其他拟合模型没有列出。经独立样本验证，指数模型和幂函数模型的验证 R^2 小于 0.5，RPD 值小于 1.4（未列出），说明模型验证结果较差，不够稳定。因此利用 SOC 特征波段光谱建立的玉米叶片花青素含量估算模型精度不高，不能实际应用，需要进一步研究。

表 3-11　基于 540.73 nm 处光谱反射率的玉米叶片花青素含量简单统计回归模型结果

方程	拟合	验证
	R^2	R^2
$y=0.162\mathrm{e}^{-1.29x}$	0.574	0.340
$y=0.059x^{-0.43}$	0.541	0.427

表 3-12 列出了基于植被指数建立的简单统计回归模型结果。对表 3-12 中单个植被指数的拟合和验证结果进行比较可以发现，不同的回归模型其精度有差异，比如 MARI 指数，其拟合和验证结果最好的为一元二次模型，拟合 R^2 为 0.821，验证 R^2 为 0.775，RPD 为 2.015，均大于其他模型同类指标；RMSE 为 0.112，小于其他模型同类指标，说明 MARI 的拟合及验证结果均较好，模型比较稳定，预测精度较高，能对玉米叶片的花青素含量进行监测。另外基于 Red/Green 的一元线性模型的拟合及验证 R^2 大于 0.72，验证 RPD 值为 1.948，相对来说估算效果也较好，但是仍然只能对玉米叶片的花青素含量进行粗略估算。基于 MACI 建立模型的拟合及验证结果与其他同类模型相比都是最差的。对表 3-12 中各类指数的估算模型之间的指标进行比较可以发现，估算效果较好的多为一元二次模型和一元线性模型，其次为指数模型。与前文基于 SVC 植被指数的简单统计回归模型相比，SOC 植被指数建立的模型的验证 R^2 和 RPD 值更大，估算效果更优，模型更稳定。

表 3-12　基于植被指数的玉米叶片花青素含量简单统计回归模型结果

植被指数	方程	拟合	验证		
		R^2	R^2	RMSE	RPD
	$y=0.394x-0.069$	0.729	0.757	0.116	1.948
	$y=-0.296x^2+1.180x-0.497$	0.731	0.707	0.124	1.826
Red/Green	$y=0.091\mathrm{e}^{1.069x}$	0.770	0.668	0.139	1.626
	$y=0.484\ln x+0.365$	0.666	0.749	0.116	1.948
	$y=0.298x^{1.319}$	0.710	0.747	0.121	1.879
	$y=0.097x-0.152$	0.677	0.625	0.149	1.523
	$y=-0.006x^2+0.170x-0.343$	0.686	0.591	0.151	1.499
ACI	$y=0.073\mathrm{e}^{0.262x}$	0.612	0.662	0.157	1.440
	$y=0.527\ln x-0.482$	0.663	0.559	0.157	1.446
	$y=0.030x^{1.418}$	0.598	0.644	0.156	1.450

植被指数	方程	拟合	验证		
		R^2	R^2	RMSE	RPD
MACI	$y=0.097x-0.152$	0.677	0.625	0.156	1.451
	$y=-0.006x^2+0.170x-0.343$	0.686	0.594	0.153	1.484
	$y=0.073e^{0.262x}$	0.612	0.662	0.177	1.278
ARI	$y=0.527\ln x-0.482$	0.663	0.559	0.157	1.442
	$y=0.030x^{1.418}$	0.598	0.644	0.170	1.330
	$y=0.046x+0.143$	0.750	0.735	0.128	1.773
	$y=-0.002x^2+0.084x+0.086$	0.789	0.721	0.122	1.864
	$y=0.162e^{0.127x}$	0.701	0.725	0.141	1.606
MARI	$y=0.185\ln x+0.163$	0.715	0.584	0.147	1.544
	$y=0.170x^{0.519}$	0.695	0.689	0.137	1.648
	$y=0.098x+0.140$	0.783	0.812	0.122	1.855
	$y=-0.013x^2+0.181x+0.081$	0.821	0.775	0.112	2.015
	$y=0.161e^{0.266x}$	0.722	0.809	0.143	1.579

　　表3-13 列出了特征指数建立的玉米叶片花青素含量简单统计回归模型的拟合及验证结果。由表3-13 可知，基于 RI 建立的一元线性、一元二次、指数和对数模型的拟合 R^2 均大于0.82，说明这 4 类模型的拟合结果较好；经独立样本验证，4 类模型的验证 R^2 均大于等于 0.76，验证 RPD 值均大于 2.0，而 RMSE 均小于0.12，说明模型的验证结果也较好，预测精度较高，能对玉米叶片的花青素含量进行监测。仅幂函数模型的验证 R^2 为 1.807，小于 2.0，能对玉米叶片花青素含量进行粗略估算，精度有待提高。基于 NI 和 DI 的一元线性、一元二次模型和基于 NI 的指数模型的拟合及验证 R^2 均大于0.75，RMSE 均小于0.12，RPD 值均大于2.0，说明这些模型的拟合及验证结果均较好，能对玉米叶片的花青素含量进行准确估算。然而基于 RDI 的简单统计回归模型的拟合及验证结果稍差一些，验证 RPD 小于2.0，仅能对玉米叶片花青素含量进行粗略估算。综合各类指数建立的简单统计回归模型参数可知，一元线性和一元二次模型的拟合及验证结果均比较好；与特征波段及植被指数建立的简单统计回归模型比较，特征指数建立的玉米叶片花青素含量估算模型的拟合及验证结果更好，预测精度更高，其中基于 NI（515，696）建立的模型最优。

表 3-13　基于特征指数的玉米叶片花青素含量简单统计回归模型结果

特征指数	方程	拟合	验证		
		R^2	R^2	RMSE	RPD
RI(515，628)	$y=-1.044x+1.306$	0.845	0.773	0.108	2.063
	$y=-0.484x^2-0.214x+0.972$	0.848	0.763	0.110	2.052
	$y=4.363e^{-2.97x}$	0.851	0.761	0.113	2.007
	$y=-0.85\ln x+0.252$	0.828	0.775	0.107	2.107
	$y=0.217x^{-2.40}$	0.813	0.718	0.125	1.807
DI(550，706)	$y=-3.781x+0.012$	0.817	0.798	0.105	2.118
	$y=-10.39x^2-6.135x-0.084$	0.826	0.797	0.105	2.166
	$y=0.113e^{-10.3x}$	0.757	0.737	0.122	1.858
NI(515，696)	$y=-1.329x-0.010$	0.824	0.836	0.098	2.275
	$y=0.104e^{-3.70x}$	0.796	0.842	0.099	2.279
	$y=-1.055x^2-2.017x-0.094$	0.829	0.817	0.100	2.256
RDI(628，520)	$y=-0.061x+0.280$	0.810	0.756	0.115	1.928
	$y=-0.005x^2-0.087x+0.315$	0.848	0.727	0.119	1.905
	$y=0.236e^{-0.17x}$	0.779	0.751	0.121	1.874

3.4.2.2　SOC 光谱玉米叶片花青素含量 PLSR 估算模型

以 SOC 光谱反射率作为自变量，花青素含量作为因变量，建立玉米叶片花青素含量估算的 PLSR 模型，拟合和验证参数详见表 3-14。由表 3-14 可知，建模选择了 3 个主成分，模型的拟合和交叉验证 R^2 分别为 0.829 和 0.799，均比较大，而交叉验证 RPD 为 2.265，交叉验证 RMSE 为 0.100，说明 PLSR 的建模效果较好。经独立样本验证，R^2 为 0.798，RPD 为 2.221，RMSE 为 0.102，说明模型验证结果也较好，预测精度较高，并且建模和验证的 R^2、RPD 及 RMSE 相差很小，说明模型的稳健性较好，总之，该模型可以用于实际玉米叶片花青素含量的无损估测。

表 3-14　基于光谱的玉米叶片花青素含量 PLSR 估算模型结果

主成分数	拟合	交叉验证			验证		
	R^2	R^2	RMSE	RPD	R^2	RMSE	RPD
3	0.829	0.799	0.100	2.265	0.798	0.102	2.221

基于植被指数建立的 PLSR 估算模型拟合及验证结果见表 3-15。由表 3-15 可知，模型的拟合及交叉验证 R^2 分别为 0.824 和 0.773，交叉验证 RMSE 为 0.106，RPD 为 2.065，说明模型的建模结果较好，经独立样本验证，R^2 为 0.748，RMSE 为 0.113，RPD 为 2.005，说明模型验证结果较好，精度较高，能用于玉米叶片花青素含量监测。与 SVC 植被指数建立的 PLSR 估算模型相比，建模及验证 R^2 均增大，而 RMSE 减小，说明基于 SOC 植被指数建立的玉米叶片花青素含量 PLSR 估算模型结果更优。

表 3-15   基于植被指数的玉米叶片花青素含量 PLSR 估算模型结果

主成分数	拟合	交叉验证			验证		
	R^2	R^2	RMSE	RPD	R^2	RMSE	RPD
3	0.824	0.773	0.106	2.065	0.748	0.113	2.005

基于 SOC 特征指数建立的 PLSR 估算模型结果见表 3-16。由表 3-16 可知，建模选择的主成分为 2 个，拟合模型的 R^2 为 0.855，交叉验证的 R^2 为 0.815，RMSE 较小，为 0.096，RPD 为 2.280，说明建模结果较好，精度较高。经独立样本验证，R^2 为 0.790，RMSE 为 0.104，RPD 值为 2.178，说明验证集的测量值与预测值之间线性关系较好，误差较小，精度较高，模型较稳定，可用于实际玉米叶片花青素含量监测。与植被指数建立的 PLSR 模型相比，基于特征指数建立的 PLSR 模型的预测精度更高，效果更好，模型更简单。

表 3-16   基于特征指数的玉米叶片花青素含量 PLSR 估算模型结果

主成分数	拟合	交叉验证			验证		
	R^2	R^2	RMSE	RPD	R^2	RMSE	RPD
2	0.855	0.815	0.096	2.280	0.790	0.104	2.178

3.4.2.3   SOC 光谱玉米叶片花青素含量 ANN 估算模型

依据 2.7.3 节的方法，根据 PLSR 建模时的回归系数确定 540.73 nm、643.84 nm 和 706.64 nm 的光谱反射率作为输入变量，隐含层的节点数设置为 3，采用保留排除法确定拟合集和验证集，建立玉米叶片花青素含量的 ANN 估算模型，模型的训练和验证结果见表 3-17。由表 3-17 可知，模型训练和验证 R^2 分别为 0.863 和 0.830，RMSE 分别为 0.081 和 0.093，RPD 分别为 2.702 和 2.436，说明 ANN 模型的训练和验证结果均较好，精度较高，稳健性较好，可以进行玉米叶片花青素含量监测。图 3-16 展示了 ANN 估算模型的训练和验证结果。

表 3-17　基于光谱的玉米叶片花青素含量 ANN 估算模型结果

波段 （nm）	网络结构	验证方法	训练			验证		
			R^2	RMSE	RPD	R^2	RMSE	RPD
540.73； 643.84； 706.64	3-3-1	保留排除法	0.863	0.081	2.702	0.830	0.093	2.436

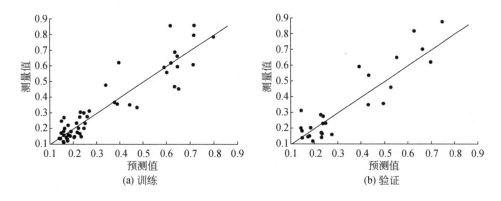

图 3-16　ANN 估算模型的训练和验证结果

以植被指数作为输入层，玉米叶片花青素含量作为输出层，隐含层的节点数设置为 5，采用保留排除法进行验证，建立 ANN 估算模型，其训练和验证结果见表 3-18。由表 3-18 可知，训练和验证 R^2 非常高，分别为 0.907 和 0.858，RMSE 分别为 0.067 和 0.085，RPD 值分别为 3.267 和 2.665，训练和验证结果均较好，模型精度较高，能对玉米叶片花青素含量进行监测。图 3-17 展示了 ANN 估算模型的训练和验证结果。

表 3-18　基于植被指数的玉米叶片花青素含量 ANN 估算模型结果

植被指数	网络结构	验证方法	训练			验证		
			R^2	RMSE	RPD	R^2	RMSE	RPD
VI	5-5-1	保留排除法	0.907	0.067	3.267	0.858	0.085	2.665

以特征指数作为输入层，玉米叶片花青素含量作为输出层，隐含层的节点数设置为 4，同样采用保留排除法进行验证，建立 ANN 估算模型，训练和验证结果见表 3-19。由表 3-19 可知，训练和验证 R^2 分别为 0.875 和 0.851，RMSE 分别为

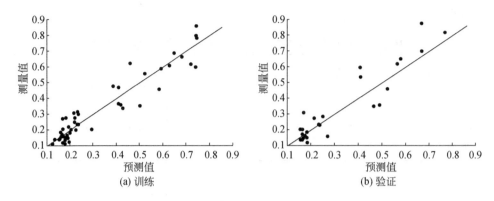

图 3-17　ANN 估算模型的训练和验证结果

0.077 和 0.087，RPD 分别为 2.842 和 2.604，训练和验证结果均较好，模型精度较高，能对玉米叶片的花青素含量进行监测。通过比较可知，模型的训练和验证结果相差很小，说明模型比较稳定，图 3-18 展示了 ANN 估算模型的训练和验证结果。

表 3-19　基于特征指数的玉米叶片花青素含量的 ANN 估算模型结果

特征指数	网络结构	验证方法	训练			验证		
			R^2	RMSE	RPD	R^2	RMSE	RPD
CI	4-4-1	保留排除法	0.875	0.077	2.842	0.851	0.087	2.604

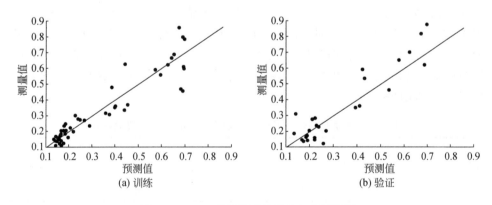

图 3-18　ANN 估算模型的训练和验证结果

比较不同 SOC 光谱参数建立的玉米叶片花青素含量估算模型可知，ANN 方法建立的模型最优，预测效果最好；而比较 3 个 ANN 估算模型的训练和验证结果及网络结构可知, 基于光谱建立的模型网络结构最简单, 但是精度最低; 以植被指数建立的模型网络结构最复杂, 但精度最高; 以特征指数建立的模型结构复杂程度中等, 模型的精度较高, 稳定性也比较好, 因此综合各项参数可知, 基于 SOC 特征指数建立的 ANN 模型是监测玉米叶片花青素含量的最优模型。

3.5 讨论与结论

3.5.1 讨论

通过分析不同花青素含量玉米叶片光谱可知, 光谱反射率差异较大的波段为480 ~ 680 nm 和 715 ~ 1000 nm。其中, 480 ~ 680 nm 光谱差异, 主要是由于叶片中不同色素含量 (主要是叶绿素和花青素) 对绿光波段的吸收不同引起的; 715 ~ 1000 nm 的光谱差异, 主要是由于植株冠层结构及叶片内部细胞结构差异造成的 (林辉等, 2011)。玉米叶片光谱与牡丹叶片有小的差异, 特别是可见光范围, 随着花青素含量变化, 玉米叶片光谱反射率变化范围更大, 原因可能同样是不同品种植物的叶片色素含量、植株冠层结构、叶片内部细胞结构差异所致。通过对叶片花青素含量与光谱反射率进行相关分析可知, 玉米叶片花青素的特征波长分别为 548 nm 和 540.73 nm, 这与前人的研究结论 "在活体内, 叶片花青素吸收峰最大值大约位于 550 nm" 一致 (Gitelson et al., 2001; Merzlyak et al., 2008a)。

基于特征波段光谱建立的简单统计回归模型, 利用了叶片花青素的吸收特征波段光谱, 使建立的模型简单易用。但是也正因如此, 本书建立的简单统计回归模型的精度均有待提高。原因可能有两方面: 其一, 利用的波段单一, 包含的信息量有限; 其二, 简单统计回归模型比较简单, 不能很好地拟合两者之间的关系。光谱植被指数是不同光谱波段的数学组合, 它们的目的是增强反射光谱数据包含的信息, 如叶片色素含量, 并且最小化由于叶片和冠层结构等产生的复杂散射模式的影响及其他噪声来源 (Viña and Gitelson, 2011), 因此利用光谱植被指数预测叶片或冠层色素含量及其他生化成分, 有其独特的优势。本书的研究结果表明, 以植被指数 ARI 和 MARI 为自变量建立的模型预测效果相对较好, 尤其以SOC 光谱构建的 MARI 的一元二次模型, 预测精度较高, 能够进行玉米叶片花青素含量监测。主要由于 ARI 和 MARI 在预测花青素含量时考虑了叶片叶绿素含量及叶片厚度、密度的影响 (Gitelson and Merzlyak, 2001; Gitelson et al., 2006), 因而预测效果更佳, 这与刘秀英等 (2015c) 对牡丹叶片花青素高光谱遥感估测研究的结论一致；另外，ACI、MACI 的预测效果最差，可能是由于玉米叶片的花青素含量相对较低，叶绿素含量较高，绿光波段反射率受叶绿素的影响较大，从而降低了花青素含量预测的精度；当叶片中花青素含量较低时，Red/Green 值的预测效果同样受叶片中色素组成干扰较大，从而降低了叶片花青素含量的预测效果，这与其他研究者的结论一致（Gitelson and Merzlyak，2001；Gitelson et al.，2009）。因此，ARI 和 MARI 进行不同品种植物的叶片花青素含量预测时通用性较好，而 Red/Green 值、ACI、MACI 在某些情况下可以用于叶片花青素含量的预测。

通过 R 语言编程计算了两波段差值指数、比值指数、归一化指数及倒数差值指数，然后计算 4 类指数与玉米叶片花青素含量的相关系数，作出相关系数等势图。通过比较可知，与玉米叶片花青素含量相关性最高的指数均为比值指数，其次为归一化指数，最差的为倒数差值指数；基于特征指数建立的玉米叶片花青素含量简单统计回归模型，同样预测精度最高的为归一化指数和比值指数，最差的为倒数差值指数。以 SOC 构建的 NI（515，696）建立的模型的拟合及验证精度均较高，能对玉米叶片的花青素含量进行监测。与已出版的植被指数相比较，新构建的特征指数预测精度更高，说明新构建的特征指数更适合进行玉米叶片花青素含量监测。

已有研究表明，偏 PLSR 方法建立的模型预测叶片色素含量时效果较好（邹小波等，2012）。分别基于光谱、植被指数和特征指数为自变量建立了玉米叶片花青素含量 PLSR 估算模型。通过比较可知，以 SVC 光谱及参数为自变量建立的 PLSR 估算模型选择的主成分均比较少，分别为 1 个或者 2 个，建模的精度均比较高，但是独立样本验证后，模型的预测精度较低，说明模型不够稳定。而以 SOC 光谱参数为自变量建立的 PLSR 估算模型选择的主成分分别为 2 个或者 3 个，建模和验证精度均比较高，能对玉米叶片花青素含量进行监测。PLSR 模型的整体效果优于特征光谱和植被指数建立的简单统计回归模型，原因可能是 PLSR 模型可以利用所有有效波段的光谱信息构建模型，从而较大提高了玉米叶片花青素含量的预测精度；基于特征光谱和植被指数建立的简单统计回归模型仅利用了 1 个或 2~3 个波段光谱信息，模型的精度可能受到限制，但是简单统计回归模型比较简单、实用。本研究基于植被指数建立的玉米叶片花青素含量模型预测效果比其他研究者对其他植物叶片的预测效果略差（Gitelson et al.，2001；Steele et al.，2009；Gamon and surfus，1999；Van Den Berg and perkins，2005；Gitelson et al.，2006），原因可能是不同植物叶片的结构及色素含量不同。已有研究表明，在绿光范围内，叶绿素和花青素对绿光吸收的重叠是解决花青素含量无损估计算法的主要问题，对于叶绿素干扰作用的排除还有待进一步研究。但是基于新构建的 RI、NI 和 DI 建立的一元线性和一元二次模型的拟合及验证结果均较好，更适合进行玉米叶片花青素含量监测。

ANN 具有较强的非线性处理能力，能够处理变量之间的非线性问题。利用 SVC 和 SOC 光谱、植被指数和特征指数作为输入变量，建立玉米叶片花青素含量 ANN 估算模型。通过分析 ANN 模型的训练和验证结果可知，所有光谱参数建立的 ANN 模型的训练和验证精度均比较高，模型比较稳定，能进行玉米叶片花青素含量监测。通过与光谱参数建立的简单统计回归估算模型和 PLSR 估算模型各项参数比较可知，基于 SVC 和 SOC 光谱参数建立的 ANN 估算模型的预测精度更高。其中，基于 SVC 和 SOC 光谱特征指数建立的 ANN 模型是估算玉米叶片花青素含量的最优模型。其原因可能是光谱参数与玉米叶片花青素含量之间的非线性关系较强，而 ANN 模型具有较强的非线性处理能力，并且 ANN 模型建立过程中增加了测试环节，提高了模型预测性能的稳定性。

从 SVC 和 SOC 数据提取玉米叶片各类光谱参数，并建立玉米叶片花青素含量估算模型，比较模型的建模及验模参数可知，除了通过相关分析提取的特征光谱构建的模型外，基于 SOC 光谱参数建立的玉米叶片花青素含量估算模型整体优于 SVC 光谱参数。其原因可能有以下两个方面：①SOC 获取的成像高光谱遥感图像不仅具有光谱信息，同时具有纹理和结构信息，在进行光谱数据提取时，可以有针对性地获取较大面源光谱信息，更具有代表性；②SVC 获取的是极小区域的光谱信息，可能与仪器获取的花青素含量的位置较难一一对应，从而造成建模时存在误差。两种仪器获取的数据各有优势，因此应该结合应用，以便进行叶片花青素含量的精确监测。

3.5.2 结论

本章通过利用两种仪器（SVC 和 SOC 光谱仪）获取不同来源的玉米叶片光谱信息，构建两波段指数，提取特征波段、植被指数、特征指数，利用简单统计回归方法、PLSR、ANN 方法建立玉米叶片花青素含量估算模型，采用独立样本验证，主要得到以下结果。

1）随花青素含量增加，玉米叶片 550 nm 处吸收峰增大；SVC 光谱与玉米叶片花青素含量的最大相关系数为-0.761，位于 548 nm；SOC 光谱与玉米叶片花青素含量的最大相关系数为-0.661，位于 540.73 nm。

2）以 SVC 两波段组合构建的 4 类指数与玉米叶片花青素含量相关系数较大的波段区域为 500 ~ 720 nm。其中比值指数［RI(521, 698)］、倒数差值指数［RDI(593, 596)］、差值指数［DI(554, 704)］、归一化差值指数［NI(557, 701)］

与玉米叶片花青素含量的相关性最强。以 SOC 两波段组合构建的 4 类指数与玉米叶片花青素含量相关性最强的波段范围为 450~740 nm，相关性大于 SVC 光谱指数。其中，比值指数［RI(515，628)］、倒数差值指数［RDI(628，520)］、差值指数［DI(550，706)］、归一化差值指数［NI(515，696)］与玉米叶片花青素含量的相关性最强。

3）通过比较基于植被指数构建的玉米叶片花青素含量估算模型可知，均以 ARI、MARI 为自变量建立的预测模型稳定性和精度最好，说明这两个指数通用性比较强。以 SOC 光谱提取的 MARI 建立的一元二次模型，拟合及验证精度较高，能够进行玉米叶片花青素含量的准确估算。

4）SVC 和 SOC 两波段光谱构建的特征指数与玉米叶片花青素含量相关性最高的为比值指数和归一化指数，最差的为倒数差值指数。并且以 SOC 光谱构建的 RI(515，628)、DI(550，706) 和 NI(515，696) 建立的一元线性和一元二次模型，拟合及验证精度均较高，能对玉米叶片花青素含量进行准确估算，并且估算精度优于已出版的植被指数。

5）以 PLSR 建立的玉米叶片花青素含量估算模型精度高于简单统计回归模型。以 SOC 光谱及参数为自变量建立的 PLSR 模型选择的主成分分别为 2 个或者 3 个，建模和验模精度均比较高，能对玉米叶片花青素含量进行监测。

6）以 SVC 和 SOC 光谱参数建立的 ANN 模型，训练和验证结果均较好，能对玉米叶片花青素含量进行监测；与其他方法建立的估算模型相比较，ANN 模型的拟合及验证结果最好，预测效果最佳。基于 SVC 和 SOC 光谱特征指数建立的 ANN 模型，验证 R^2 分别为 0.759 和 0.851，RMSE 为 0.111 和 0.087，RPD 值为 2.041 和 2.604，是监测玉米叶片花青素含量的最优模型。

7）以 SVC 和 SOC 两种仪器获取的光谱参数为自变量，采用不同的建模方法建立玉米叶片花青素含量估算模型，比较各类型估算模型的建模及验模参数可知，基于 SOC 光谱参数建立的模型反演效果整体优于 SVC 光谱参数建立的模型。

|第4章| 玉米叶片叶绿素含量的高光谱监测

植物叶片的群体叶绿素含量是一种重要的植物群体特征指数,可以直接反映植被的健康状态。叶片叶绿素含量的变化与植物营养水平、水分变化、植物病害及衰老直接相关。及时获取叶绿素含量信息对于作物生长管理及病害诊断非常有参考价值(Song et al., 2010)。在采用实验室化学分析的传统方法中,一些仪器也被开发用来进行叶片叶绿素含量测量,常规方法均无法满足精准农业多次重复及大面积监测的要求,不能很好地用于生产实践。而植被独特的光谱特征,使得利用可见/近红外光谱技术定量植物中叶绿素含量成为可能(Thomas et al., 1977)。

国外开展植被叶绿素含量研究相对较早,并取得了较好的结果(Horler et al., 1983;Curran et al., 1990;Broge and Lebianc, 2000;Broge, 2002;Russell Main et al., 2011;Raymond Hunt Jr et al., 2013;Horler et al., 1983)。国内学者(吴长山等, 2000;刘伟东等, 2000;唐延林等, 2004;董晶晶等, 2009;孙红等, 2010;吴见等, 2014)对作物的叶绿素含量高光谱监测也进行了大量卓有成效的研究。

综上所述,高光谱遥感在叶绿素反演方面取得了较多成果,但是植被指数及光谱参数均是在特定的条件下提出来的,对不同的作物是否具有普适性需要检验或者拟合(姚付启, 2009),且特定条件下建立的估算模型很难推广应用(贺佳, 2014),因此针对不同生态环境下的作物有必要进行进一步的研究。许多研究表明,叶片的 SPAD 值可较好地反映植物叶片的叶绿素浓度。因此,本书以不同肥料处理下的小区和大田玉米为研究对象,在相关分析的基础上,利用特征波段、植被指数、光谱特征参数结合(simple linear regression, SLR)、PLSR 和 ANN 方法,建立了不同生育期玉米叶片 SPAD 值估算模型,并比较各模型的估算精度,为玉米冠层叶片叶绿素含量的实时、无损监测提供方法,为科学的田间管理提供依据。

4.1 材料与方法

4.1.1 数据获取

试验地的概况和试验设计参见 2.1 和 2.3.2 节。分别于 2014 年和 2015 年 6 ~

10月在春玉米（金稽3号）不同生育时期，利用SVC HR-1024i获取玉米冠层光谱，同步获取冠层叶片SPAD的平均值，具体测量方法参见2.4.1.2和2.5.1.2节。

4.1.2 数据处理与模型建立

SVC获取的玉米冠层光谱反射率的预处理方法参见2.6.1节，利用SVC HR-1024i地物光谱仪自带的软件进行重叠数据剔除及不同探测器的匹配算法、将多个SIG文件进行合并、平滑处理，将光谱反射率重采样到3 nm间隔（350～1000 nm传感器光谱分辨率≤3.5 nm）。由于叶片叶绿素主要在可见光波段对光谱具有响应，因此本章主要选择350～1001 nm波段范围的光谱反射率进行研究。

对不同生育期玉米冠层光谱及一阶微分光谱与叶片SPAD值进行相关分析的基础上，提取特征波段光谱进行线性拟合，然后结合PLSR和ANN方法建立不同生育期玉米叶片SPAD值估算模型；提取植被指数和光谱特征参数，在相关分析的基础上，结合SLR、PLSR和ANN方法建立玉米叶片不同生育期SPAD值的估算模型，并用独立样本进行验证，具体方法参见2.7节。

4.2 玉米冠层光谱特征

4.2.1 不同生育期玉米冠层光谱特征

由于叶片结构、冠层结构及生长环境发生变化，不同生育期玉米冠层光谱存在明显差异，通过光谱特征分析，可以监测玉米的生长状况。图4-1为正常施肥水平下，不同生育期玉米冠层光谱及土壤背景光谱，由图4-1可知，不同时期玉米的冠层光谱特征基本相似，均具有典型绿色植被的光谱特征，与土壤背景完全不同。由于叶绿素强烈吸收作用，在蓝紫光及红光波段形成吸收低谷；而绿光波段，由于吸收较少，形成反射峰，所以叶片呈绿色。700 nm后进入近红外波段，由于叶片结构及冠层结构影响产生多次反射和散射，形成一个高的反射平台，而从"红谷"到高的反射平台之间反射率急剧增加，这个波段范围称为"红边"。

不同时期的玉米冠层光谱特征存在明显的差异（图4-1）。在可见光区，玉米在6～8叶期、10～12叶期，随着玉米植株增长、叶片伸长、变宽，郁闭度增大，玉米群体的光合能力不断增加，叶绿素对蓝光和红光吸收增加，这两个位置的反射率减小，突出了绿光位置的反射峰。在后期，叶片的养分向穗部转移，冠

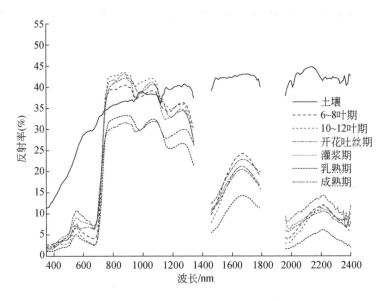

图 4-1　不同生育期玉米冠层光谱

层的反射率减小，蓝光和红光波段反射率增大，叶绿素含量减小，光合作用能力下降，特别是到了成熟期，叶片变黄，内部结构发生变化。但是冠层反射率在后期可能受背景因素影响增大，特别是杂草的影响，可能造成实际反射率比玉米本身的冠层光谱反射率要高。图 4-1 中乳熟期冠层光谱在可见光波段，特别是红光波段的反射率较低，可能主要是杂草影响所致。总之，作物冠层光谱由于受大气、太阳辐射、生长环境（特别是杂草）、本身结构等多种因素影响，不同生育期冠层光谱特征的规律不如叶片光谱明显。

4.2.2　不同 SPAD 值的玉米冠层光谱特征

当叶片叶绿素含量不同时，叶片或冠层的光谱特征存在明显差异，因而可以通过对不同叶绿素含量的叶片或冠层光谱特征进行分析，以了解作物的健康状态，及时进行施肥管理。图 4-2 为玉米不同 SPAD 值的典型冠层光谱，叶片 SPAD 值不同时，玉米冠层光谱特征类似，存在"反射峰""吸收谷"的特征。在可见光区，随着叶片 SPAD 值增加，蓝紫光和红光区的叶绿素吸收谷增大，这两个区域的光谱反射率值明显减小，绿光区由于吸收较小，存在一个小小的反射峰。但是当叶绿素含量较低时，红光区的反射率明显增大，与绿光区的反射率差异较小，因而绿光区仅存在弱反射峰，"绿峰"特征不太明显。而在近红外 710 ~

1000 nm，随着冠层叶片 SPAD 值的增大，光谱反射率值增大，其他波段光谱反射率变化规律不明显。

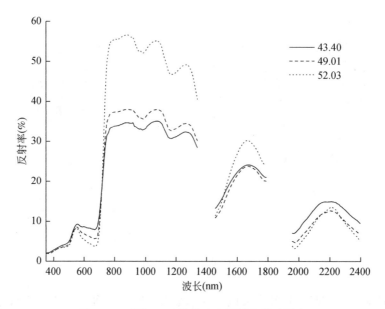

图 4-2　不同 SPAD 值的玉米冠层光谱反射率

4.3　玉米冠层光谱与叶片 SPAD 值的相关性

4.3.1　冠层反射率及其微分光谱与 SPAD 值的相关性

进行相关分析，可以了解不同生长阶段玉米叶片叶绿素含量的差异等生理特征，确定玉米 SPAD 值的特征波段。本章对玉米 6 个生育期的光谱与 SPAD 值进行了相关分析，图 4-3 展示了 6 个时期光谱与 SPAD 值相关性的变化。从图 4-3 可知，6～8 叶期、10～12 叶期和乳熟期，光谱反射率与 SPAD 值负相关；灌浆期及开花吐丝期叶片的 SPAD 值与原始光谱反射率正相关；成熟期两者呈正、负相关关系。而一阶微分光谱与 SPAD 值均呈正、负交替变化。6～8 叶期的原始光谱与 SPAD 值最大相关波段为 680 nm，相关系数为 -0.810；而相应一阶微分与玉米叶片 SPAD 值最大相关波段为 467 nm，相关系数为 -0.681；10～12 叶期，原始光谱与 SPAD 值的最大相关波段为 716 nm，相关系数为 -0.790，相应一阶微分与 SPAD 值最大相关波段为 650 nm，相关系数为 0.807。开花吐丝期的原始光谱反射率与 SPAD 值在 488 nm 相关性最大，相关系数为 0.766，而一阶微分与 SPAD 值的最大相关出现在 470 nm，为 0.613；灌浆期原始光谱反射率、一阶微分光谱与 SPAD 值的最大相关分别出现在 779 nm 和 731 nm，相关系数分别为 0.738 和 0.545；乳熟期的原始光谱反射率、一阶微分光谱与 SPAD 值的最大相关

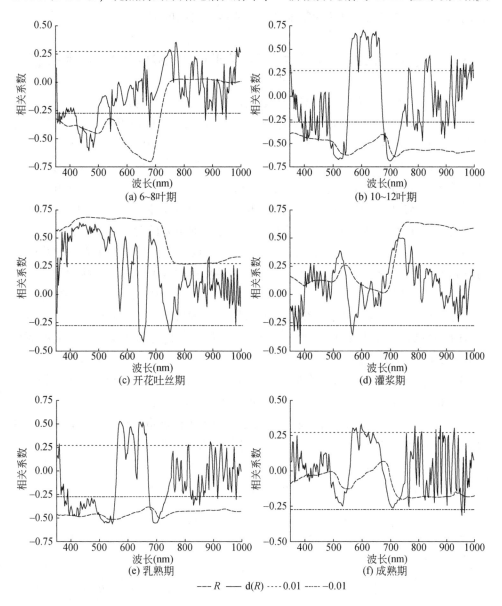

图 4-3　冠层光谱与不同生长阶段玉米叶片 SPAD 值的相关系数

分别出现在 560 nm 和 545 nm，相关系数分别为－0.517 和－0.563；成熟期的原始光谱、一阶微分光谱与 SPAD 的相关性较小，仅微分光谱在少数波段达到了极显著相关，因此，不宜在成熟期建立玉米叶片 SPAD 值与光谱的定量关系。综上所述，通过玉米关键生育期的光谱与冠层叶片 SPAD 值进行相关分析，确定了各生育期的最大相关波段，以此为特征波段建立两者之间的定量关系。

4.3.2 植被指数与不同生育期玉米叶片 SPAD 值的相关性

根据表 2-4 计算不同生育期玉米冠层的植被指数，并与冠层叶片 SPAD 值进行相关分析，其结果见表 4-1（表中仅列出了达到 0.01 极显著相关的结果）。分析表 4-1 参数可知，从不同生育期冠层光谱植被指数与 SPAD 值的整体相关性来看，10～12 叶期与冠层叶片 SPAD 值达到极显著相关的植被指数最多，有 23 个，相关系数为 0.358～0.807，因而这个时期两者之间的相关性最好；开花吐丝期与冠层叶片 SPAD 值达到极显著相关的植被指数有 22 个，相关系数低于 10～12 叶期，为 0.360～0.737，两者之间的相关性次之；而最差的为乳熟期，只有 8 个植被指数与 SPAD 值的相关系数达到极显著相关。从单个植被指数来看，通用性最好的植被指数有 3 组，均在 4 个生育期与冠层叶片 SPAD 值的相关性达到了极显著相关。第 1 组为 D2、GNDVI、MSAVI、NDVI、OSAVI 和 OSAVI2，除乳熟期外，这些植被指数与其他 4 个生育期的冠层叶片 SPAD 值极显著相关。第 2 组为 TCARI2/OSAVI2 和 TCARI2，除灌浆期外，这两个指数与其他 4 个生育期的冠层叶片 SPAD 值的极显著相关。第 3 组 TCARI，除 6～8 叶期外，TCARI 与冠层叶片 SPAD 值的相关性在另外 4 个生育期达到了极显著相关。虽然以上 3 组植被指数均在玉米 4 个不同的生育期与冠层叶片 SPAD 值的相关性较好，但是在不同的生育期，不同的植被指数相关性差异较大；并且没有 1 个植被指数在 4 个生育期相关性都最大。如 TCARI2/OSAVI2，在 6～8 叶期和开花吐丝期与冠层叶片 SPAD 值的相关性最大，但在 10～12 叶期和乳熟期与冠层叶片 SPAD 值的相关性比其他指数差，说明不同的生育期应该选择不同的植被指数进行冠层叶片 SPAD 值估算。

表 4-1　植被指数与不同生育期玉米叶片 SPAD 值之间的相关系数

生育期	植被指数							
	DPI	D1	D2	GI	GNDVI	MSAVI	Msr2	MTCI
6～8 叶期	0.389	0.460	−0.454	0.474	0.639	0.603	0.591	0.436
	NDVI	NDVI3	OSAVI	SR	OSAVI2	TCARI2	TCARI2/OSAVI2	
	0.612	−0.465	0.607	0.611	0.596	−0.626	−0.686	

生育期	植被指数							
	DD	DDn	NDVI	$D1$	$D2$	GNDVI	MCARI	MSAVI
	−0.379	0.644	0.366	0.665	−0.634	0.626	−0.683	0.361
	MTCI	TCI	OSAVI	OSAVI2	RDVI	SPVI	SR	TCARI
10～12 叶期	0.654	−0.734	0.358	0.556	−0.541	−0.631	0.358	−0.790
	TCARI2	Msr2	TVI	Sum-Dr1	TCARI/OSAVI		MCARI/OSAVI	
	−0.513	0.549	−0.695	−0.637	−0.807		−0.726	
	TCARI2/OSAVI2							
	−0.516							
	DD	NDVI	$D1$	$D2$	GI	GNDVI	MCARI2	MSAVI
	−0.448	−0.713	−0.604	0.598	−0.541	−0.737	−0.558	−0.713
	Msr2	MTCI	TCARI2	NDVI3	OSAVI	OSAVI2	RDVI	CI
开花吐丝期	−0.709	−0.599	0.703	0.584	−0.712	−0.722	−0.360	−0.470
	SR	TCARI	MCARI2/OSAVI2		TCARI2/OSAVI2		MCARI/OSAVI	
	−0.682	0.379	−0.443		0.732		0.437	
	TCARI/OSAVI							
	0.548							
	DD	DDn	TCI	$D2$	GNDVI	MCARI	MCARI2	MSAVI
	0.615	−0.659	0.452	−0.367	0.387	0.443	0.517	0.360
灌浆期	Msr2	NDVI	OSAVI	OSAVI2	RDVI	SPVI	TCARI	TVI
	0.346	0.356	0.359	0.357	0.592	0.634	0.443	0.623
	Sum-Dr1	MCARI2/OSAVI2						
	0.649	0.593						
	MCARI	MTCI		TCARI	TCARI2	TCI	TCARI2/OSAVI2	
乳熟期	−0.505	0.474		−0.539	−0.471	−0.513	−0.463	
	TCARI/OSAVI			MCARI/OSAVI				
	−0.556			−0.546				

对单个生育期进行分析可知，6～8 叶期，与冠层叶片 SPAD 值相关系数大于 0.6 的植被指数有 7 个，其中相关性最高的植被指数为 TCARI2/OSAVI2，两者之间呈负相关关系，相关系数为 0.686，其次为 TCARI2。10～12 叶期，与冠层叶片 SPAD 值的相关系数大于 0.6 的植被指数远多于 6～8 叶期，有 13 个，其中有

4 个与 SPAD 值的相关系数大于 0.7，而相关系数最大的指数为 TCARI/OSAVI，与 SPAD 值呈负相关，相关系数为 0.807，其次为 TCARI，与 SPAD 值的相关系数也达到了−0.790。开花吐丝期的植被指数与冠层叶片 SPAD 值的相关性仅次于 10 ~ 12 叶期，有 10 个植被指数与 SPAD 值的相关系数大于 0.6，其中有 7 个指数的相关系数达到了 0.7，相关性最大的指数为 GNDVI，两者之间的相关系数为 −0.737。灌浆期只有 5 个植被指数与冠层叶片 SPAD 值的相关系数大于 0.6，乳熟期的植被指数与冠层叶片 SPAD 值的相关系数均小于 0.6，有 5 个植被指数与 SPAD 值的相关系数大于 0.5。通过比较可知，10 ~ 12 叶期的植被指数与叶片 SPAD 值的相关性最强，相关系数最大，而乳熟期由于冠层叶片开始衰老，叶片的色素含量降低，从而两者之间的相关性下降，因而该时期的植被指数与冠层叶片 SPAD 值之间的相关性较差。

4.3.3 光谱特征参数与不同生育期玉米叶片 SPAD 值的相关性

根据表 2-3 计算出 6 ~ 8 叶期、10 ~ 12 叶期、开花吐丝期、灌浆期和乳熟期的光谱特征参数，然后分析光谱特征参数与 SPAD 值的相关性，达到极显著相关的特征参数列于表 4-2。由表 4-2 可知，10 ~ 12 叶期和开花吐丝期与玉米叶片 SPAD 值达到极显著相关的特征参数最多，特别是 10 ~ 12 叶期，各特征参数与 SPAD 值的相关系数相对较高；而 6 ~ 8 叶期、灌浆期的特征参数与 SPAD 值之间的相关性次之，最差的为乳熟期，仅有 4 个参数与 SPAD 值极显著相关。6 ~ 8 叶期，红谷反射率（Ro）与 SPAD 值的相关性最大，相关系数达到了−0.803，其次为绿峰反射率与红谷反射率的比值（Rg/Ro），相关系数为 0.502。10 ~ 12 叶期，各特征参数与 SPAD 值的相关性明显增强，特别是绿光反射率（Rg）、绿峰偏度（Sg）、红谷一阶微分总和（SDo）、绿峰一阶微分总和（SDg）、蓝边内最大一阶微分（Db）、蓝边内最大一阶微分总和（SDb）与 SPAD 值的相关性较好，相关系数大于 0.75。其中，红谷一阶微分总和（SDo）与 SPAD 值的相关系数达到了−0.806，是相关性最好的参数；其次为蓝边内最大一阶微分总和（SDb），与 SPAD 值的相关系数为−0.789。而开花吐丝期，与 SPAD 值相关性最好的参数为红谷反射率（Ro），相关系数为 0.763；其次为红谷反射率总和（SRo），相关系数为 0.761；另外，绿峰反射率（Rg）和绿峰反射率总和（SRg）与 SPAD 值的相关系数也大于 0.7，相关性较好。灌浆期各特征参数与 SPAD 值之间的相关性整体降低，达到极显著相关的特征参数明显减少。其中，红边内最大的一阶微分（Dr）、红边内最大一阶微分总和（SDr）与 SPAD 值的相关性较高，相关系数分别为 0.647 和 0.641，而其他参数与 SPAD 值的相关性虽然达到了极显著水平，但是大多相关系数值较小。而乳熟期仅有绿峰反射率（Rg）、绿峰反射率总和（SRg）和红谷反射率（Ro）及红谷反射率总和（SRo）与 SPAD 值极显著相关。此外，对于光谱特征参数的通用性分析可以发现，SDr/SDb 和 Sg 在 6~8 叶期、10~12 叶期、开花吐丝期和灌浆期与叶片 SPAD 值均达到了极显著相关；Ro与 6~8 叶期、10~12 叶期、开花吐丝期和乳熟期的叶片 SPAD 值达到了极显著相关；其他光谱特征参数的通用性差一些。总之，特征参数与 SPAD 值进行相关分析可知，总体相关性较高的生育期为 10~12 叶期，其次为开花吐丝期，而 6~8叶期和灌浆期次之，乳熟期最差，因此，可以在 10~12 叶期进行 SPAD 值的监测，进而进行玉米健康状况及缺肥诊断，对田间进行科学管理。通用性最好的光谱特征参数为 SDr/SDb、Sg 和 Ro，这 3 个参数在 4 个生育期均与玉米叶片 SPAD值达到了极显著相关。

表 4-2　特征参数与不同生长阶段玉米叶片 SPAD 值的相关系数

生育期	特征参数							
	λr	SDg	Sg	Kg	Ro	SDr/SDb	SDg/SDo	Rg/Ro
6~8 叶期	0.375	−0.313	−0.443	0.350	−0.803	0.454	0.432	0.502
	(SDr+SDb)/(SDr−SDb)			(Rg+Ro)/(Rg−Ro)				
	−0.481			−0.421				
	Rg	Ro	Sg	So	SDo	SDg	Db	Dy
	−0.780	−0.580	−0.766	−0.610	−0.806	−0.788	−0.780	−0.660
10~12 叶期	SDg/SDo	SDy	Dr	λr	SDr	SDr/SDb	SDr/SDy	SDb
	0.526	−0.706	−0.532	0.402	−0.645	0.631	0.527	−0.789
	（SDg+SDo)/(SDg−SDo)			(SDr+SDb)/(SDr−SDb)			（SDr+SDy)/(SDr−SDy)	
	−0.504			−0.657			−0.557	
	Rg	λg	Sg	SRg	Ro	SRo	Db	λb
	0.714	0.521	0.519	0.725	0.763	0.761	0.351	−0.408
	(Rg+Ro)/(Rg−Ro)		SDg	SDo	Rg/Ro	SDr/SDb	SDb	SDg
	0.578		0.521	0.454	−0.527	−0.683	0.518	0.593
开花吐丝期	(SDg+SDo)/(SDg−SDo)			SRg/SRo			(SRg+SRo)/(SRg−SRo)	
	0.308			−0.550			0.62	
	(SDr+SDb)/(SDr−SDb)							
	0.673							

生育期	特征参数							
灌浆期	Sg	Kg	Db	SDb	Dy	SDy	Dr	SDr
	−0.359	0.297	0.530	0.452	0.376	0.476	0.647	0.641
	SDg	SDo	SDr/SDb					
	0.407	0.339	0.348					
乳熟期	Rg	SRg	Ro	SRo				
	−0.515	−0.506	−0.380	−0.398				

4.4 不同生育期玉米叶片 SPAD 值的一元线性监测

4.4.1 基于特征光谱的 SPAD 值一元线性估算模型

通过单变量相关分析确定不同生育期玉米叶片 SPAD 值的特征波段光谱，以特征波段光谱反射率为自变量，SPAD 值为因变量，建立各生育期叶片 SPAD 值的线性估算模型，模型的拟合及验证结果见表 4-3。分析表 4-3 各参数可知，以原始光谱反射率为自变量时，拟合效果较好的为 6～8 叶期、10～12 叶期、开花吐丝期，拟合模型的 R^2 大于 0.68，而灌浆期和乳熟期的拟合效果差一些，拟合模型的 R^2 低于 0.6；而以一阶微分光谱为自变量时，拟合效果较好的为 10～12 叶期、开花吐丝期、灌浆期和乳熟期，拟合模型的 R^2 大于 0.5，而 6～8 叶期的拟合效果略差，拟合模型的 R^2 低于 0.5。而对拟合的模型进行验证后可知，验证效果较好的模型为 6～8 叶期、10～12 叶期的原始光谱及一阶微分光谱，开花吐丝期的原始光谱为自变量建立的模型，这些模型的 RMSE 小于 1.0，而 RPD 值都大于 1.6，能对玉米叶片 SPAD 值进行粗略估算。其中，6～8 叶期一阶微分光谱为自变量建立的模型拟合效果较差，验证结果较好，说明模型不稳定，可能与数据获取时天气状况的稳定性有关。另外，以开花吐丝期和灌浆期的一阶微分光谱为自变量，建立的线性模型验证效果也较好，RPD 值大于 1.5，而其他模型验证效果均较差。综上所述，基于特征光谱建立的 SPAD 值一元线性估算模型，以 10～12 叶期的拟合效果最好，模型最稳定，而 6～8 叶期和开花吐丝期，虽然也能进行 SPAD 值的粗略估算，但模型的稳定性或拟合效果相对略差；灌浆期和乳熟期的估算模型精度最差。

表 4-3　基于特征光谱的不同生长阶段玉米叶片 SPAD 值线性估算模型结果

生育期	光谱变换	波段（nm）	方程	拟合	验证		
				R^2	R^2	RMSE	RPD
6~8 叶期	R	680	$y=-1.732x+58.42$	0.780	0.722	0.967	1.612
	$d(R)$	467	$y=-230.5x+53.29$	0.476	0.809	0.707	2.246
10~12 叶期	R	719	$y=-0.584x+61.16$	0.711	0.746	0.953	1.858
	$d(R)$	650	$y=98.26x+60.15$	0.765	0.734	0.843	1.934
开花吐丝期	R	488	$y=2.048x+44.64$	0.680	0.653	0.977	1.644
	$d(R)$	470	$y=185.8x+47.43$	0.585	0.607	0.114	1.550
灌浆期	R	779	$y=0.716x+11.75$	0.480	0.562	3.374	1.351
	$d(R)$	731	$y=10.47x+19.64$	0.510	0.569	3.573	1.502
乳熟期	R	560	$y=-0.776x+53.63$	0.533	0.217	1.597	1.259
	$d(R)$	545	$y=-38.11x+53.03$	0.552	0.376	1.453	1.383

4.4.2　基于植被指数的 SPAD 值一元线性估算模型

　　分别以各生育期与叶片 SPAD 值相关性较好的植被指数作为自变量，SPAD 值作为因变量，进行简单线性关系拟合，然后以独立样本进行验证，其结果见表 4-4。由表 4-4 可知，6~8 叶期，TCARI2/OSAVI2 与冠层叶片 SPAD 值的线性关系相对较好，拟合 R^2 为 0.570，经独立样本验证结果较好，验证 R^2 为 0.718，RMSE 为 0.910，但是 RPD 值为 1.820，验证结果明显优于拟合结果；GNDVI 拟合的线性模型效果次之。以上分析结果表明，6~8 叶期的植被指数建立的线性估算模型仅能对叶片 SPAD 值进行粗略估算。10~12 叶期，估算效果最好的植被指数为 TCARI/OSAVI 和 TCARI，它们与冠层叶片 SPAD 值的线性拟合结果较好，拟合 R^2 分别为 0.747 和 0.736，经独立样本验证，验证 R^2 分别为 0.779 和 0.767，与拟合的 R^2 比较接近，说明模型较稳定，预测效果较好；验证 RMSE 分别为 0.837 和 0.851，比较小，说明模型预测精度较高；验证 RPD 值分别为 2.074 和 2.039，大于 2.0，说明这两个植被指数建立的线性模型均能对叶片 SPAD 值进行有效预测，其预测模型拟合效果见图 4-4，由图 4-4 可以看出，SPAD 预测值与实测值的点沿 1∶1 线分布，预测效果较好。而 TCI 和 MCARI/OSAVI 与叶片 SPAD 值的线性拟合和验证效果差一些，RPD 值分别为 1.628 和 1.528，只能对该时期叶片 SPAD 值进行粗略估算；TVI 的拟合效果最差，不能进行叶片 SPAD 值的估算。开花吐丝期，与叶片 SPAD 值拟合效果最好的植被指数为 GNDVI，拟合 R^2 为 0.659，验证 R^2 为 0.773，RPD 值为 1.887。其次为 TCARI2/OSAVI2、OSAVI2，这两个指数的拟合 R^2 分别为 0.596 和 0.586，验证 R^2 分别为 0.720 和 0.709，而 RPD 值大于 1.8，均能对叶片 SPAD 值进行粗略估算；其他指数拟合的线性模型结果略差，但都能进行 SPAD 值的粗略估算。然而灌浆期和乳熟期的植被指数与叶片 SPAD 值的线性拟合效果较差，RPD 值均小于 1.4，不能进行 SPAD 值的估测。综合以上分析可知，10～12 叶期的植被指数进行玉米叶片 SPAD 值估测效果最佳，其中，TCARI/OSAVI 和 TCARI 建立的线性模型可对该时期玉米冠层叶片 SPAD 值进行监测；其次为开花吐丝期和 6～8 叶期，多个植被指数建立的线性模型均能对叶片 SPAD 值进行粗略估测；但是灌浆期和乳熟期的植被指数建立的线性模型不能对叶片 SPAD 值进行估测。

表 4-4　基于植被指数的不同生育期玉米叶片 SPAD 值一元线性估算模型结果

生育期	植被指数	方程	拟合	验证		
			R^2	R^2	RMSE	RPD
6～8 叶期	TCARI2/OSAVI2	$y=-0.133x+53.58$	0.570	0.718	0.910	1.820
	GNDVI	$y=41.01x+23.45$	0.526	0.609	1.072	1.517
10～12 叶期	TCARI/OSAVI	$y=-0.698x+59.75$	0.747	0.779	0.837	2.074
	TCARI	$y=-0.719x+60.08$	0.736	0.767	0.851	2.039
	TCI	$y=-0.861x+59.25$	0.683	0.676	0.995	1.628
	MCARI/OSAVI	$y=-0.861x+58.68$	0.696	0.622	1.060	1.528
	TVI	$y=-0.004x+63.35$	0.562	0.611	1.294	1.252
开花吐丝期	TCARI2/OSAVI2	$y=0.093x+50.33$	0.596	0.720	0.974	1.805
	GNDVI	$y=-40.39x+80.34$	0.659	0.773	0.921	1.887
	OSAVI2	$y=-19.57x+65.35$	0.586	0.709	0.978	1.840
	NDVI	$y=-26.15x+72.26$	0.596	0.583	1.074	1.533
	MSAVI	$y=-37.53x+84.74$	0.574	0.579	1.074	1.534
	OSAVI	$y=-21.66x+71.46$	0.567	0.581	1.070	1.539
	TCARI2	$y=0.158x+50.33$	0.505	0.532	1.129	1.458
灌浆期	Sum-Dr1	$y=0.792x+15.39$	0.535	0.480	3.729	1.220
	DDn	$y=-0.475x+10.77$	0.512	0.610	3.294	1.384
乳熟期	MCARI/OSAVI	$y=-0.747x+52.65$	0.501	0.216	1.534	1.127
	TCARI/OSAVI	$y=-0.503x+53.26$	0.525	0.215	1.554	1.099

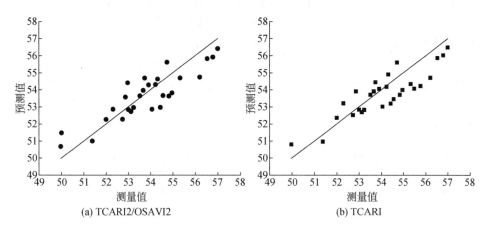

(a) TCARI2/OSAVI2   (b) TCARI

图 4-4　叶片 SPAD 值的测量值和预测值之间的关系

实线为 1∶1 线

4.4.3　基于光谱特征参数的 SPAD 值一元线性估算模型

利用各生育期相关性较好的特征参数与叶片 SPAD 值进行线性拟合，并利用独立样本进行验证，拟合及验证结果见表 4-5。由表 4-5 可知，10~12 叶期玉米叶片 SPAD 值与光谱特征参数之间的拟合效果及验证结果最好，其次为开花吐丝期。10~12 叶期的 SDo、SDb、SDg、Db、Rg 与玉米叶片 SPAD 值的线性拟合效果较好，拟合 R^2 大于 0.7，经独立样本验证后，除 Rg 外，其他 4 个特征参数与叶片 SPAD 值拟合的线性方程预测效果较好，验证 R^2 均大于 0.72，RMSE 均较小，RPD 值大于 2.0，能够用于玉米叶片 SPAD 值监测。同时期其他的光谱特征参数与 SPAD 值的拟合效果相对差一些。开花吐丝期的光谱特征参数与玉米叶片 SPAD 值的线性拟合效果次之，其中，SRo、Ro、SRg 与玉米叶片 SPAD 值的拟合效果较好，拟合 R^2 大于 0.6；通过独立样本检验可知，除 SRg 外，SRo 和 Ro 的线性方程验证 R^2 均为 0.760，RPD 值分别为 1.686 和 1.695，只能对叶片 SPAD 值进行粗略估算。虽然，6~8 叶期的 Ro 与叶片 SPAD 值的相关性较高，拟合和验证 R^2 均大于 0.7，但是该时期叶片 SPAD 值的标准差较小，RMSE 较大，RPD 值仅为 1.578，因此该模型仅能对 6~8 叶期叶片 SPAD 值进行粗略估算，精度有待提高。灌浆期和乳熟期的光谱特征参数与该时期叶片 SPAD 值的线性拟合及验证结果相对较差，RPD 值均小于 1.4，不能对叶片 SPAD 值进行估测。新的特征参数 SRo 和 SRg 分别在开花吐丝期和乳熟期与玉米叶片 SPAD 值的线性关系较好，说明这两个参数在中后期玉米叶片 SPAD 值的估算中比较重要，值得进一步研究。总之，10～12 叶期，玉米冠层光谱特征参数与叶片 SPAD 值的线性拟合及验证结果均较好，其中，SDo、SDb、SDg 和 Db 可用于玉米冠层叶片 SPAD 值的监测；其次开花吐丝期的冠层高光谱参数的拟合及验证结果次之，能对叶片 SPAD 值进行粗略估算；新的特征参数 SRo 和 SRg 分别在开花吐丝期和乳熟期表现较好，说明这两个参数在中后期玉米叶片 SPAD 值的估测中相对比较重要。

表 4-5　基于光谱特征参数的不同生育期玉米叶片 SPAD 值一元线性估算模型结果

生育期	特征参数	方程	拟合	验证		
			R^2	R^2	RMSE	RPD
6～8 叶期	Ro	$y=-1.743x+58.09$	0.738	0.779	1.042	1.578
	Rg/Ro	$y=2.889x+44.72$	0.239	0.260	1.459	1.127
10～12 叶期	SDo	$y=-9.027x+59.88$	0.775	0.768	0.875	2.052
	SDb	$y=-2.787x+61.25$	0.729	0.779	0.765	2.119
	SDg	$y=-2.318x+61.49$	0.718	0.795	0.816	2.113
	Rg	$y=-1.341x+61.96$	0.707	0.768	0.929	1.946
	Db	$y=-22.56x+61.64$	0.702	0.725	0.826	2.188
	Sg	$y=-0.088x+61.76$	0.685	0.759	0.950	1.903
	SDy	$y=-4.101x+60.62$	0.626	0.625	1.161	1.558
开花吐丝期	SRo	$y=0.068x+46.85$	0.648	0.760	1.053	1.686
	Ro	$y=0.987x+46.93$	0.654	0.760	1.047	1.695
	SRg	$y=0.07x+44.40$	0.607	0.627	1.156	1.536
	Rg	$y=1.050x+44.52$	0.593	0.652	1.167	1.521
	SDr/SDb	$y=-0.809x+63$	0.564	0.626	1.150	1.544
	（SDr+SDb）/（SDr–SDb）	$y=45.58x-0.940$	0.542	0.613	1.221	1.454
灌浆期	Dr	$y=9.696x+21.33$	0.509	0.534	3.553	1.268
	SDr	$y=0.735x+17.56$	0.521	0.462	3.824	1.178
乳熟期	Rg	$y=-0.743x+53.24$	0.486	0.214	1.551	1.101
	SRg	$y=-0.050x+53.38$	0.484	0.209	1.581	1.010

4.5 不同生育期玉米叶片 SPAD 值的 PLSR 监测

4.5.1 基于光谱的 SPAD 值 PLSR 估算模型

以 350～1000 nm 波长范围的玉米冠层光谱反射率及其一阶微分光谱为自变量，叶片 SPAD 值为因变量，建立 SPAD 值的 PLSR 估算模型，并以独立样本进行验证，其结果见表 4-6。由表 4-6 可知，10～12 叶期的光谱反射率及其一阶微分光谱为自变量建立的 PLSR 估算模型精度最高，建模 R^2 分别为 0.825 和 0.714，RMSE 分别为 0.736 和 0.996，而交叉验证 R^2 分别为 0.723 和 0.648，建模选择的主成分数目分别为 5 个和 2 个，说明建模效果较好。其次为开花吐丝期的一阶微分光谱建立的 SPAD 值的 PLSR 估算模型建模效果也较好，R^2 和 RMSE 分别为 0.738 和 0.889。而乳熟期两种形式光谱建立的 PLSR 模型效果相对较差。以独立样本对建立的 PLSR 模型进行验证可知，同样以 10～12 叶期建立的 PLSR 模型验证效果最佳，精度最高，验证 R^2 分别为 0.797 和 0.831，RMSE 分别为 0.851 和 0.696，说明模型预测精度较高，RPD 分别为 2.219 和 2.431，表明模型可以进行叶片 SPAD 值监测。另外，开花吐丝期的一阶微分光谱建立的 PLSR 模型，验证 R^2 为 0.749，RMSE 较小，为 1.006，说明模型的预测精度也较高，RPD 值为 2.003，说明模型可以进行叶片 SPAD 值的估测。除乳熟期外，其他时期光谱建立的 PLSR 估算模型均可进行冠层叶片 SPAD 值的粗略估算。在建模过程中可以发现，对于同一时期相同形式的光谱，如果建模过程和验证过程选择的样本不同，可能影响参与建模的主成分数目的选择，从而影响模型的拟合及验证精度。

表 4-6 基于光谱的不同生育期玉米叶片 SPAD 值 PLSR 估算模型结果

生育期	光谱变换	主成分数	拟合		交叉验证	验证		
			R^2	RMSE	R^2	R^2	RMSE	RPD
6～8 叶期	R	2	0.671	1.026	0.644	0.611	0.775	1.603
	d(R)	6	0.735	0.873	0.468	0.686	0.708	1.784
10～12 叶期	R	5	0.825	0.736	0.723	0.797	0.851	2.219
	d(R)	2	0.714	0.996	0.648	0.831	0.696	2.431
开花吐丝期	R	4	0.672	0.855	0.573	0.686	1.237	1.785
	d(R)	6	0.738	0.889	0.476	0.749	1.006	2.003

生育期	光谱变换	主成分数	拟合		交叉验证	验证		
			R^2	RMSE	R^2	R^2	RMSE	RPD
灌浆期	R	5	0.657	3.031	0.512	0.528	2.706	1.455
	$d(R)$	3	0.627	2.978	0.502	0.554	2.724	1.496
乳熟期	R	2	0.255	1.754	0.161	0.383	1.887	1.274
	$d(R)$	3	0.587	1.513	0.304	0.392	1.218	1.282

4.5.2　基于植被指数的 SPAD 值 PLSR 估算模型

表4-7列出了基于不同相关级别植被指数的不同生育期玉米叶片 SPAD 值的 PLSR 估算模型的各项参数。由表4-7可以看出，10～12叶期，选择与叶片 SPAD 值相关系数大于0.5的18个植被指数建立 PLSR 估算模型时，建模的 R^2 为 0.710，建模选择的主成分数目为4个，建模 RMSE 为0.881。利用独立样本进行验证，验证 R^2 为0.757，RMSE 为0.789，分别高于或低于拟合模型，说明模型预测效果较好，精度较高；验证 RPD 值为2.029，表明该模型可以对叶片 SPAD 值进行预测。而其他时期的植被指数建立的估算模型仅能对叶片 SPAD 值进行粗略估算。不同生育期、选择不同相关级别的植被指数进行建模，选择的主成分数目有差异，并且建模及验模精度均不同，由此说明不同的输入变量、选择不同的主成分数目对估算模型的精度影响较大。

表 4-7　基于植被指数的不同生育期玉米叶片 SPAD 值 PLSR 估算模型结果

生育期	相关系数	主成分数	拟合		交叉验证	验证		
			R^2	RMSE	R^2	R^2	RMSE	RPD
6～8叶期	0.6	6	0.793	0.627	0.699	0.627	1.347	1.637
	0.5	1	0.635	0.757	0.619	0.392	1.823	1.282
10～12叶期	0.7	2	0.709	0.888	0.687	0.729	0.883	1.923
	0.6	3	0.705	0.888	0.664	0.692	0.797	1.803
	0.5	4	0.710	0.881	0.644	0.757	0.789	2.029
开花吐丝期	0.7	1	0.587	1.204	0.573	0.690	0.801	1.794
	0.6	1	0.589	1.204	0.574	0.668	2.874	1.735
灌浆期	0.6	2	0.467	3.163	0.427	0.689	2.788	1.793
	0.5	3	0.462	3.174	0.390	0.657	1.588	1.708
乳熟期	0.4	1	0.328	1.871	0.259	0.195	1.950	1.115

4.5.3 基于光谱特征参数的 SPAD 值 PLSR 估算模型

利用不同相关级别的光谱特征参数建立玉米叶片 SPAD 值的 PLSR 估算模型，其结果见表4-8。由表4-8可知，10~12叶期和开花吐丝期的光谱特征参数建立的 PLSR 估算模型效果较好。10~12叶期，与叶片 SPAD 值相关系数大于0.7的特征参数有7个，建模时选择的主成分数为2个，建模 R^2 为0.677，RMSE 为0.907；而与叶片 SPAD 值相关系数大于0.6的特征参数有12个，建模时选择的主成分数目为5个，建模 R^2 为0.779，RMSE 为0.864，分别大于或小于前一个模型，说明该模型的建模精度高于前一个模型。独立样本进行验证可知，两个模型 R^2 分别为0.772和0.794，RMSE 分别为0.795和0.769，而 RPD 值分别为2.091和2.202，两个模型的预测精度均较高，能对叶片 SPAD 值进行估测，但前一个模型稳定性较差，有待进一步验证；进一步比较可知，后一个模型 R^2 和 RPD 值均高于前一个模型，而 RMSE 均小于前一个模型，说明后一个模型的预测精度高于前一个模型；而且后一个模型的建模和验证 R^2 和 RMSE 均比较接近，其稳定性高于前一个模型，说明10~12叶期以相关系数大于0.6的特征参数建立的 PLSR 模型精度较高，稳定性较好，能对该时期的叶片 SPAD 值进行监测。开花吐丝期，以相关系数大于0.6的7个特征参数为输入变量时，选择的主成分数目为1个，建模和验证 R^2 分别为0.627和0.765，RMSE 分别为1.062和0.910，验证 RPD 值为2.062，说明模型的预测精度较高，但是建模和验证 R^2 相差较大，说明该模型不是很稳定，不能用于 SPAD 值的监测，需要进一步验证。而其他时期特征参数建立的 PLSR 模型，验证 RPD 值为1.4~2.0，只能对叶片 SPAD 值进行粗略估算。灌浆期和乳熟期的特征参数与叶片 SPAD 值的相关性相对较小，建立的 PLSR 估算模型精度较低。

表4-8　基于光谱特征参数的不同生育期玉米叶片 SPAD 值 PLSR 估算模型结果

生育期	相关系数	主成分数	拟合		交叉验证	验证		
			R^2	RMSE	R^2	R^2	RMSE	RPD
6~8叶期	0.4	4	0.751	0.902	0.671	0.713	0.769	1.865
10~12叶期	0.7	2	0.677	0.907	0.652	0.772	0.795	2.091
	0.6	5	0.779	0.864	0.711	0.794	0.769	2.200
开花吐丝期	0.6	1	0.627	1.062	0.607	0.765	0.910	2.062
灌浆期	0.4	1	0.412	3.536	0.393	0.565	2.871	1.517
乳熟期	0.3	1	0.251	1.723	0.225	0.547	1.755	1.487

4.6　不同生育期玉米叶片 SPAD 值的 ANN 监测

4.6.1　基于光谱的 SPAD 值 ANN 估算模型

依据 2.7.3 节的方法，按照 PLSR 回归系数选择不同波段范围内的波峰或波谷作为 ANN 模型的输入层。通过分析表 4-6 可知，PLSR 方法建模过程中选择的主成分数目最多为 6 个，因此，基于光谱建立 ANN 模型时选择的潜在变量数目为 6 个，经过多次试验，隐含层的节点数目确定为 5 个。当采用保留排除法进行验证时，训练和验证的样本与其他建模方法一致，而采用 K-fold 法进行验证时，多次实验后设置折数为 5 折，因此，网络结构均为 6-5-1。以不同生育期玉米叶片 SPAD 值作为输出层，建立不同生育期玉米叶片 SPAD 值的 ANN 估算模型，并以独立样本进行验证，根据训练和验证的 R^2、RMSE 和 RPD 值大小确定各生育期最优模型，其结果列于表 4-9。

由表 4-9 的训练和验证结果可知，采用保留排除法进行验证时，10~12 叶期的原始光谱（R）及一阶微分光谱 [d(R)] 的训练和验证结果均较好。以 d(R)为例，其训练和验证的 R^2 分别为 0.830 和 0.823，均大于 0.8，说明模型的精度较高；RMSE 均较小，分别为 0.769 和 0.712，说明训练和验证的误差均较小；而训练和验证的 RPD 值分别为 2.422 和 2.376，大于 2.0，说明模型可以进行该时期叶片 SPAD 值的估算。当采用 K-fold 法验证时，基于 d(R) 的 ANN 估算模型精度也非常高。图 4-5 和图 4-6 分别展示了 10~12 叶期基于一阶微分光谱建立 ANN 估算模型的神经网络结构和两种验证方法建立的叶片 SPAD 值的训练及验证结果。综合训练和验证的各项参数来看，10~12 叶期的玉米叶片 ANN 估算模型精度较高，而且比较稳定。开花吐丝期的原始光谱反射率，采用保留排除法验证，建立的 ANN 模型预测效果也较好，能进行叶片 SPAD 值反演。而其他时期的原始光谱和一阶微分光谱作为输入变量，采用保留排除法进行验证时，建立的 ANN 估算模型效果均差一些，训练和验证结果均不能同时达到最优，有待进一步验证；当采用 K-fold 法进行验证时建立的 ANN 估算模型的训练和验证结果均较好。所有模型的训练和验证 R^2 介于 0.760~0.943，而 RMSE 均较小，RPD 值均大于 2.0，为 2.043~4.197，说明基于原始光谱反射率及一阶微分光谱建立的 ANN 估算模型均能对不同生育期玉米叶片 SPAD 值进行监测。与表 4-6 基于光谱的 PLSR 估算模型结果相比较，ANN 结合光谱潜在变量的方法建立的 ANN 估算模型预测精度更高，适用性更强，结果更优。

表 4-9 基于光谱的不同生育期玉米叶片 SPAD 值 ANN 估算模型结果

生育期	光谱变换	验证方法	网络结构	训练			验证		
				R^2	RMSE	RPD	R^2	RMSE	RPD
6~8 叶期	R	保留排除法	6-5-1	0.718	0.950	1.883	0.726	0.650	1.911
		K-fold 法	6-5-1	0.788	0.772	2.132	0.816	0.606	2.486
	$d(R)$	保留排除法	6-5-1	0.694	0.942	1.807	0.589	0.801	1.561
		K-fold 法	6-5-1	0.859	0.573	2.668	0.785	0.787	2.154
10~12 叶期	R	保留排除法	6-5-1	0.787	0.812	2.166	0.868	0.686	2.753
		K-fold 法	6-5-1	0.857	0.696	2.642	0.876	0.592	3.031
	$d(R)$	保留排除法	6-5-1	0.830	0.769	2.422	0.823	0.712	2.376
		K-fold 法	6-5-1	0.813	0.738	2.310	0.943	0.512	4.197
开花吐丝期	R	保留排除法	6-5-1	0.744	0.800	1.979	0.763	1.004	2.056
		K-fold 法	6-5-1	0.764	0.851	2.059	0.826	0.701	2.398
	$d(R)$	保留排除法	6-5-1	0.692	0.964	1.838	0.660	1.174	1.678
		K-fold 法	6-5-1	0.761	0.842	2.043	0.838	0.920	2.484
灌浆期	R	保留排除法	6-5-1	0.655	3.042	1.702	0.675	2.245	1.754
		K-fold 法	6-5-1	0.763	2.370	2.055	0.814	0.818	2.319
	$d(R)$	保留排除法	6-5-1	0.814	2.105	2.318	0.648	2.308	1.686
		K-fold 法	6-5-1	0.795	2.069	2.210	0.913	1.461	3.383
乳熟期	R	保留排除法	6-5-1	0.638	1.149	1.663	0.745	1.316	1.982
		K-fold 法	6-5-1	0.785	1.054	2.155	0.760	0.774	2.078
	$d(R)$	保留排除法	6-5-1	0.674	1.300	1.756	0.729	0.828	1.921
		K-fold 法	6-5-1	0.816	0.931	2.330	0.898	0.681	3.127

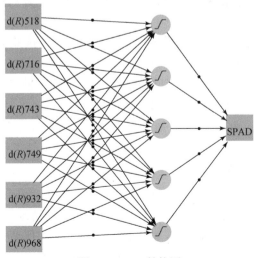

图 4-5 ANN 结构图

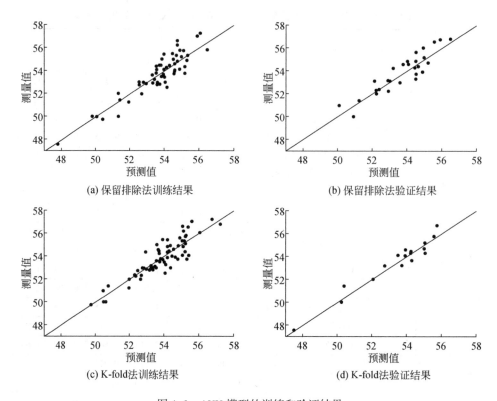

(a) 保留排除法训练结果   (b) 保留排除法验证结果

(c) K-fold法训练结果   (d) K-fold法验证结果

图 4-6   ANN 模型的训练和验证结果

4.6.2   基于植被指数的 SPAD 值 ANN 估算模型

以植被指数作为变量时，同样依据 2.7.3 的方法，按照 PLSR 的回归系数确定 6 个潜在变量（当变量数目少于或等于 6 个时，选择所有变量）作为 ANN 的输入层。隐含层的节点数目设置为 5 个，采用两种方法进行验证，以叶片 SPAD 值作为输出层，建立不同生育期玉米叶片 SPAD 值的 ANN 估算模型，其训练和验证结果见表 4-10。由表 4-10 可知，6~8 叶期，以相关系数大于 0.5 的植被指数作为输入变量，采用 K-fold 法进行验证，训练和验证结果均较好。训练和验证 R^2 分别为 0.781 和 0.806，RMSE 分别为 0.784 和 0.750，而 RPD 值分别为 2.133 和 2.272，均大于 2.0，训练和验证的各参数相差较小，并且 R^2 和 RPD 值均较大，RMSE 均较小，说明 ANN 估算模型稳定性较好，精度较高，能对该时期叶片 SPAD 值进行监测；而相同的变量作为输入层，采用保留排除法进行验证时，虽然训练结果较好，但是验证结果略差，验证的 RPD 值为 1.873，小于 2.0，只能对叶片 SPAD 值进行粗略估算；以相关系数大于 0.6 的植被指数作为输入变量时，两种验证方法建立的 ANN 模型均能对叶片 SPAD 值进行粗略估算。10 ~ 12 叶期，3 个相关级别的植被指数作为输入变量，采用两种方法进行验证，建立的 ANN 模型的训练和验证 R^2 为 0.752 ~ 0.844，而 RMSE 为 0.640 ~ 0.878，RPD 值为 2.008 ~ 2.860，各项参数均较优，说明该时期以植被指数作为输入变量，采用 ANN 方法可以进行叶片 SPAD 值的准确估算，并且模型的适用性较强。开花吐丝期和灌浆期，以不同相关级别的植被指数作为输入变量时，只有采用 K-fold 法进行验证，建立的 ANN 估算模型能对叶片 SPAD 值进行估测，采用保留排除法，建立的 ANN 估算模型精度有待提高。乳熟期，由于植被指数与叶片 SPAD 值的相关性较小，无论采用哪种方法进行验证，建立的 ANN 估算模型均只能对该时期叶片 SPAD 值进行粗略估算。

表 4-10　基于植被指数的不同生育期玉米叶片 SPAD 值 ANN 估算模型结果

生育期	相关系数	验证方法	网络结构	训练			验证		
				R^2	RMSE	RPD	R^2	RMSE	RPD
6 ~ 8 叶期	0.6	保留排除法	6-5-1	0.698	0.976	1.819	0.678	0.832	1.762
		K-fold 法	6-5-1	0.725	0.922	1.908	0.745	0.684	1.983
	0.5	保留排除法	6-5-1	0.792	0.572	2.191	0.715	1.249	1.873
		K-fold 法	6-5-1	0.781	0.784	2.133	0.806	0.750	2.272
10 ~ 12 叶期	0.7	保留排除法	4-5-1	0.762	0.802	2.053	0.782	0.793	2.141
		K-fold 法	4-5-1	0.815	0.700	2.296	0.815	0.878	2.860
	0.6	保留排除法	6-5-1	0.757	0.806	2.028	0.752	0.797	2.008
		K-fold 法	6-5-1	0.788	0.731	2.174	0.842	0.677	2.518
	0.5	保留排除法	6-5-1	0.758	0.805	2.030	0.783	0.746	2.146
		K-fold 法	6-5-1	0.768	0.780	2.075	0.844	0.640	2.530
开花吐丝期	0.7	保留排除法	6-5-1	0.703	1.021	1.837	0.749	0.720	1.996
		K-fold 法	6-5-1	0.770	0.860	2.088	0.763	0.818	2.054
	0.6	保留排除法	6-5-1	0.703	1.021	1.837	0.723	0.757	1.899
		K-fold 法	6-5-1	0.806	0.719	2.274	0.822	0.846	2.374
灌浆期	0.6	保留排除法	6--5-1	0.687	2.422	1.789	0.743	2.530	1.971
		K-fold 法	6-5-1	0.680	2.410	1.767	0.763	2.720	2.053
	0.5	保留排除法	6-5-1	0.597	2.748	1.575	0.744	2.529	1.976
		K-fold 法	6-5-1	0.754	2.267	2.014	0.810	1.831	2.294
乳熟期	0.4	保留排除法	5-5-1	0.361	1.614	1.251	0.607	1.680	1.595
		K-fold 法	5-5-1	0.602	1.250	1.578	0.465	2.085	1.486

4.6.3 基于光谱特征参数的玉米叶片 SPAD 值 ANN 估算模型

以光谱特征参数作为变量时，同样依据 2.7.3 的方法，按照 PLSR 的回归系数确定 6 个潜在变量（当变量数目少于或等于 6 个时，选择所有变量）作为 ANN 的输入层。隐含层的节点数目设置为 5 个，采用两种方法进行验证，以叶片 SPAD 值作为输出层，建立不同生育期玉米叶片 SPAD 值的 ANN 估算模型，其训练和验证结果见表4-11。由表4-11可知，6~8叶期，以相关系数大于0.5的植被指数作为输入变量，采用两种方法验证，训练和验证的 R^2 均较高，为 0.770 ~ 0.845，而 RMSE 均较小，为 0.677 ~ 0.830，RPD 值为 2.068 ~ 2.845，均大于 2.0，说明模型的训练及验证结果均较好，精度较高，可以对该时期叶片 SPAD 值进行监测。另外，比较训练及验证参数可知，采用 K-fold 法验证（K=5）建立的 ANN 模型结果优于保留排除法验证建立的模型，精度更高。10~12叶期，以相关系数大于 0.7 和 0.6 的光谱特征参数作为输入变量，采用保留排除法和 K-fold 法进行验证时，建立的 ANN 估算模型各项参数更优，精度更高。训练和验证的 R^2 为 0.774 ~ 0.919，模型的精度较高；而 RMSE 为 0.454 ~ 0.872，说明测量值和预测值之间的误差较小，模型较稳定，预测精度较高；RPD 值为 2.105 ~ 3.455，大于 2.0，说明 ANN 模型能够对该时期叶片 SPAD 值进行有效监测。而开花吐丝期，两种方法的验证结果均较好，但是训练结果有待改善，说明模型的稳定性有待提高。灌浆期、乳熟期及开花吐丝期的 ANN 估算模型均只能对叶片 SPAD 值进行粗略估算。

比较不同光谱参数、不同建模方法建立的不同生育期玉米叶片 SPAD 值的估算模型可知，以6~8叶期、10~12叶期的光谱特征参数，开花吐丝期的植被指数，灌浆期、乳熟期的原始光谱建立的 ANN 模型训练和验证结果较好，训练 R^2 分别为 0.845、0.880、0.806、0.763、0.785，经独立样本验证，R^2 分别为 0.820、0.919、0.822、0.814、0.760，RMSE 分别为 0.677、0.454、0.846、0.818、0.774，RPD 值分别为 2.358、3.455、2.374、2.319、2.078，说明上述模型能对玉米叶片 SPAD 值进行监测，并且精度较高，模型较稳定，是各个生育期玉米叶片 SPAD 值监测的最优模型。

表 4-11　基于光谱特征参数的不同生育期玉米叶片 SPAD 值 ANN 估算模型结果

生育期	相关系数	验证方法	网络结构	训练			验证		
				R^2	RMSE	RPD	R^2	RMSE	RPD
6~8 叶期	0.4	保留排除法	6-5-1	0.789	0.830	2.164	0.770	0.689	2.068
		K-fold 法	6-5-1	0.845	0.677	2.845	0.820	0.677	2.358

续表

生育期	相关系数	验证方法	网络结构	训练			验证		
				R^2	RMSE	RPD	R^2	RMSE	RPD
10~12叶期	0.7	保留排除法	6-5-1	0.796	0.720	2.215	0.820	0.705	2.358
		K-fold 法	6-5-1	0.845	0.652	2.545	0.885	0.498	2.951
	0.6	保留排除法	6-5-1	0.774	0.872	2.105	0.823	0.714	2.375
		K-fold 法	6-5-1	0.880	0.638	2.945	0.919	0.454	3.455
开花吐丝期	0.6	保留排除法	6-5-1	0.688	0.971	1.791	0.759	0.920	2.039
		K-fold 法	6-5-1	0.712	0.951	1.978	0.840	0.735	2.350
灌浆期	0.4	保留排除法	6-5-1	0.504	3.247	1.420	0.545	2.936	1.483
		K-fold 法	6-5-1	0.619	2.903	1.621	0.620	2.411	1.623
乳熟期	0.3	保留排除法	4-5-1	0.651	1.175	1.695	0.630	1.587	1.644
		K-fold 法	4-5-1	0.742	1.135	1.969	0.746	0.994	1.982

4.7　讨论与结论

4.7.1　讨论

由于作物在生长过程中叶片结构、冠层结构及背景信息都会发生变化，因此不同生育期作物的冠层光谱会发生变化（姚付启，2012），有必要对作物不同生育期的光谱信息进行分析，以便对作物的生长状况进行更加精细的监测。通过对玉米6个典型生育期的冠层光谱特征进行分析发现，除6~8叶期和成熟期外，其他4个时期玉米的冠层光谱特征基本相似，均具有典型绿色植被的光谱特征，从700 nm进入近红外波段，反射率急剧增加，形成高的反射平台；在蓝紫光和红光区有两个吸收谷，550 nm附近，有一小的反射峰，这些特征有别于土壤背景的光谱特征。而不同时期玉米冠层光谱的区别，主要是由于玉米不断生长，郁闭度增大，而到了后期，叶片开始枯萎，LAI减小，不同生长阶段光合作用能力不同，引起冠层光谱反射率随生育期推进而不断变化（谭昌伟等，2008）。但是，玉米冠层光谱除了冠层结构变化影响外，还受大气、太阳辐射、生长环境、人工操作等多种因素影响，因此在获取冠层光谱时应尽可能地减小外部因素的影响，以便获取高质量的光谱数据精确反演作物生化参量。作物叶片叶绿素含量是其营养状况、发育阶段的指示器，因此对其进行快速、无损的实时监测非常重要。

通过对玉米冠层光谱及一阶微分光谱与叶片SPAD值进行相关分析，可以确定不同生育期玉米叶片SPAD值的特征波段。通过分析可知，玉米在不同生长阶段叶片SPAD值的敏感波段差异较大，其原因主要是随着生育期的推进，玉米叶片SPAD值含量、叶片的内部结构、冠层结构及生长环境发生变化，从而导致玉米的冠层光谱发生变化，不同生育期两者的相关性发生变化。在成熟期，由于玉米叶片叶绿素含量降低，叶黄素增加，从而叶片开始变黄并枯萎，因此该时期叶片SPAD值与冠层光谱的相关性较差，不宜在成熟期建立叶片SPAD值与光谱的定量关系。其他研究者进行小麦叶片SPAD值研究时也得出了类似的结论（姚付启，2012）。比较各生育期玉米叶片SPAD值与冠层光谱的相关性可知，10~12叶期玉米冠层光谱与叶片SPAD值的相关性最好，因此可以利用该时期的光谱建立叶片SPAD值的精确估算模型，对玉米的营养状况，特别是含氮量进行诊断，可为玉米的及时追肥及科学的田间管理提供参考。

由于玉米冠层光谱受叶片内部结构、外部冠层结构、气候状况、生长环境和人工操作等多种因素影响，因而叶片SPAD值与特征波段光谱之间的线性关系并不是很好，基于特征光谱建立的线性估算模型仅在前3个时期可以对玉米叶片SPAD值进行粗略估算。对已经出版的多种植被指数与玉米叶片SPAD值进行相关分析可知，10~12叶期，与叶片SPAD值达极显著相关的植被指数最多，其次为开花吐丝期，而最差的为乳熟期。从植被指数的通用性来看，$D2$、GNDVI、MSAVI、NDVI、OSAVI和OSAVI2与6~8叶期、10~12叶期、开花吐丝期、灌浆期的叶片SPAD值的相关性达到极显著相关；TCARI2/OSAVI2和TCARI2与除灌浆期外的其他4个生育期的叶片SPAD值极显著相关；TCARI与除6~8叶期外的其他4个生育期的叶片SPAD值极显著相关。说明这些植被指数的通用性较好，但是在不同的生育期，不同的植被指数与玉米叶片SPAD值的相关性差异较大，没有1个植被指数在4个生育期相关性都最大。因此，玉米处于不同生育期时，应该选择不同的植被指数进行叶片SPAD值反演。在相关分析的基础上，基于植被指数建立了叶片SPAD值的一元线性回归模型。通过分析可知，玉米不同生育阶段，植被指数对叶片SPAD值的反演效果差异较大，其中10~12叶期的叶片SPAD值与TCARI/OSAVI、TCARI之间的线性拟合及验证结果均较好，这两个指数能对该时期叶片SPAD值进行准确估测。但是利用单个植被指数建立一元线性回归模型进行不同生育期玉米叶片SPAD值的反演存在局限性。

在前人研究的基础上，从高光谱反射率及其一阶微分光谱提取了27个光谱特征参数，然后对光谱特征参数和叶片SPAD值进行相关分析可知，10~12叶期，与玉米叶片SPAD值之间达极显著相关的光谱特征参数最多，而且相关性较强，其次为开花吐丝期，最差的为乳熟期。并且与不同生育期叶片SPAD值达到最大相关的光谱特征参数均不相同，说明由于受各种因素影响，在玉米不同生育阶段应该选择不同的光谱特征参数进行叶片 SPAD 值的反演。利用各生育期与玉米叶片 SPAD 值相关性较大的光谱特征参数建立一元线性估算模型可知，10~12叶期玉米冠层光谱特征参数与叶片 SPAD 值的线性拟合及验证结果均较好，其中，SD_o、SD_b、SD_g 和 Db 可用于玉米冠层叶片 SPAD 值的估算；开花吐丝期有6 个特征参数可对玉米叶片 SPAD 值进行粗略估算；6~8叶期 Ro 可对该时期叶片 SPAD 值进行粗略估算；而灌浆期和乳熟期的特征参数对叶片 SPAD 值的估算效果较差。通用性最好的光谱特征参数为 SD_r/SD_b、Sg 和 Ro，这 3 个参数在4 个生育期均与玉米叶片 SPAD 值的相关性达到了极显著相关。但是可以发现在不同的生育期，与玉米叶片 SPAD 值相关性最强的光谱特征参数均不相同，因而对于不同生育期的叶片 SPAD 值需要选择不同的光谱特征参数进行反演。利用一元线性回归方法建立叶片 SPAD 值与光谱特征参数之间的线性关系可以发现，10~12叶期的 SD_o、SD_b、SD_g 和 Db 与玉米冠层叶片 SPAD 值的拟合效果较好，经独立样本验证后可知，其预测效果也较好，因此基于这 4 个光谱特征参数建立的一元线性回归模型可以对该时期的玉米叶片 SPAD 值进行监测；而开花吐丝期的光谱特征参数仅能对叶片 SPAD 值进行粗略估算；灌浆期和乳熟期的光谱特征参数不能对叶片 SPAD 值进行估算，说明利用单个光谱特征参数建立一元线性回归模型进行不同生育期玉米叶片 SPAD 值的反演同样存在局限性。

以玉米冠层光谱及其一阶微分为自变量建立叶片 SPAD 值的 PLSR 估算模型可知，10~12叶期的原始光谱及其一阶微分光谱建立的 PLSR 估算模型、开花吐丝期的一阶微分光谱建立的 PLSR 估算模型，均能对叶片 SPAD 值进行估算；除乳熟期外，其他时期的光谱建立的 PLSR 估算模型均能对叶片 SPAD 值进行粗略估算。与一元线性回归模型相比较，PLSR 能够利用所有波段的有用信息进行建模，从而提高了估算模型的精度。当选择不同的拟合样本和验证样本时，建立的PLSR 估算模型的预测效果差异较大。在对叶片 SPAD 值与植被指数、光谱特征参数进行相关分析的基础上，根据相关系数的大小，选择不同级别的植被指数和光谱特征参数建立叶片 SPAD 值的 PLSR 估算模型。10~12叶期，相关系数大于0.5 的植被指数和相关系数大于 0.6 的光谱特征参数建立的 PLSR 估算模型均可以对叶片 SPAD 值进行准确估算；相关系数大于 0.7 和 0.6 的植被指数及相关系数大于 0.7 的光谱特征参数建立的 PLSR 估算模型均能对叶片 SPAD 值进行粗略估算；开花吐丝期，相关系数大于 0.7 和 0.6 的植被指数及相关系数大于 0.6 的光谱特征参数建立的 PLSR 估算模型仅能对叶片 SPAD 值进行粗略估算。虽然PLSR 方法建立估算模型时在某种程度上对模型的估算精度有较大提高，但是仅对 10~12叶期玉米叶片 SPAD 值的反演效果较好，因此仍然存在较大的局限性。

主要是由于 PLSR 方法表达的仍然是自变量和因变量之间的线性关系，但是不同时期叶片 SPAD 值和光谱特征变量之间可能存在较强的非线性关系。

在相关分析和 PLSR 分析的基础上，依据 PLSR 的回归系数确定潜在变量作为 ANN 的输入层，在多次实验的基础上设置隐含层节点数为 5 个，以叶片 SPAD 值为输出层，建立基于光谱、植被指数和光谱特征参数的叶片 SPAD 值的 ANN 估算模型。对训练和验证结果进行分析可知，10～12 叶期的原始光谱和一阶微分光谱为输入变量时，无论采用哪种验证方法，建立的 ANN 估算模型均能对叶片 SPAD 值进行精确估算，预测效果非常好。而其他 4 个生育期，采用 K-fold 法验证（K=5）时，建立的 ANN 估算模型精度较高，预测效果较好。以不同相关级别的植被指数作为输入变量时，10～12 叶期各个级别的植被指数采用两种验证方法建立的 ANN 估算模型，均能对叶片 SPAD 值进行精确估算。6～8 叶期相关系数大于 0.5 的植被指数作为输入变量，采用 K-fold 法进行验证时建立的 ANN 估算模型能够对叶片 SPAD 值进行有效估算。开花吐丝期和灌浆期不同相关级别的植被指数作为输入变量，采用 K-fold 法进行验证时建立的 ANN 估算模型均能对叶片 SPAD 值进行预测。以不同相关级别的光谱特征参数作为输入变量，采用两种方法进行验证建立的 ANN 估算模型均能对 6～8 叶期和 10～12 叶期玉米叶片 SPAD 值进行有效估测。与 PLSR 方法建立的估算模型相比较，ANN 方法建立的估算模型在各个生育期的估算精度明显提高，说明叶片 SPAD 值与各种特征变量间存在明显的非线性关系。另外，利用 PLSR 回归系数确定的潜在变量对 ANN 估算模型的估算效果影响较大。综合来看，10～12 叶期玉米叶片 SPAD 值与植被指数和特征参数之间的相关性最大，无论采用哪种方法均能对该时期叶片的 SPAD 值进行估算。

4.7.2　结论

以不同肥料处理的小区及大田春玉米为研究对象，获取不同生育期玉米的冠层光谱反射率及冠层叶片 SPAD 值，在分析冠层光谱反射率及其一阶微分光谱、植被指数、光谱特征参数与叶片 SPAD 值相关性的基础上，采用 SLR、PLSR 和 ANN 方法建立叶片 SPAD 值的估算模型，并用独立样本进行验证，主要得出以下结果。

1）不同生育期玉米的冠层光谱特征基本一致，与土壤背景光谱存在明显差异；6～8 叶期、乳熟期和成熟期，玉米冠层光谱受生长环境影响较大；当叶片的 SPAD 值较小时，550 nm 附近的"绿峰"特征不太明显。通过相关分析可知，不同生育期玉米 SPAD 值的敏感波段如下：6～8 叶期为 680 nm 和 467 nm；10～12

叶期为 650 nm 和 716 nm；开花吐丝期为 470 nm 和 488 nm；灌浆期为 731 nm 和 779 nm；乳熟期为 560 nm 和 540 nm。特征波段光谱与叶片 SPAD 值的线性关系不是很强，6～8 叶期、10～12 叶期和开花吐丝期的特征波段光谱拟合的线性模型仅能对叶片 SPAD 值进行粗略估算。

2）植被指数 D2、GNDVI、MSAVI、NDVI、OSAVI、OSAVI2、TCARI2/OSAVI2、TCARI2、TCARI 与玉米 4 个生育期的叶片 SPAD 值极显著相关，通用性较好。10～12 叶期，基于 TCARI/OSAVI、TCARI 建立的线性估算模型能对玉米叶片 SPAD 值进行准确估算。

3）光谱特征参数 SDr/SDb、Sg 和 Ro 与玉米 4 个生育期的叶片 SPAD 值极显著相关，通用性较好。10～12 叶期，基于 SDo、SDb、SDg 和 Db 建立的一元线性回归模型能对玉米叶片 SPAD 值进行监测。

4）10～12 叶期，原始光谱及其一阶微分光谱建立的 PLSR 估算模型、开花吐丝期的一阶微分光谱建立的 PLSR 估算模型均能对玉米叶片 SPAD 值进行准确估算；除乳熟期外，其他时期的光谱建立的 PLSR 估算模型均能对叶片 SPAD 值进行粗略估算。10～12 叶期，相关系数大于 0.5 的植被指数和相关系数大于 0.6 的光谱特征参数建立的 PLSR 估算模型均可对叶片 SPAD 值进行准确估算；相关系数大于 0.7 和 0.6 的植被指数及相关系数大于 0.7 的光谱特征参数建立的 PLSR 估算模型均能对叶片 SPAD 值进行粗略估算；开花吐丝期，相关系数大于 0.7 和 0.6 的植被指数及相关系数大于 0.6 的光谱特征参数建立的 PLSR 估算模型仅能对叶片 SPAD 值进行粗略估算。

5）10～12 叶期，以原始光谱和一阶微分光谱为变量时，采用两种验证方法，建立的 ANN 估算模型均能对叶片 SPAD 值进行监测；而其他 4 个生育阶段，采用 K-fold 法验证（K = 5），建立的 ANN 模型也能对叶片 SPAD 值进行监测。10～12 叶期，以 3 个相关级别的植被指数作为输入变量，采用两种验证方法建立的 ANN 估算模型，均能对叶片 SPAD 值进行监测。6～8 叶期，以相关系数大于 0.5 的植被指数、开花吐丝期和灌浆期以不同相关级别的植被指数作为输入变量，采用 K-fold 法进行验证时建立的 ANN 估算模型均能对叶片 SPAD 值进行估算。以不同相关级别的光谱特征参数作为输入变量，采用两种方法进行验证建立的 ANN 估算模型均能对 6～8 叶期和 10～12 叶期玉米叶片 SPAD 值进行监测。开花吐丝期，相关系数大于 0.6 的光谱特征参数作为输入变量，K-fold 法验证，建立的 ANN 估算模型能对叶片 SPAD 值进行反演。

6）比较不同光谱参数、不同建模方法建立的不同生育期玉米叶片 SPAD 值的估算模型建模及验模参数可知，以 6～8 叶期、10～12 叶期的光谱特征参数，开花吐丝期的植被指数，灌浆期、乳熟期的原始光谱建立的 ANN 模型估算效果较好，模型较稳定，是监测各生育期玉米叶片 SPAD 值的最优模型。训练 R^2 分别为 0.845、0.880、0.806、0.763、0.785，经独立样本验证，R^2 分别为 0.820、0.919、0.822、0.814、0.760，RMSE 分别为 0.677、0.454、0.846、0.818、0.774，RPD 值分别为 2.358、3.455、2.374、2.319、2.078。以 3 种方法建立的模型均能对玉米叶片 SPAD 值进行有效预测，对玉米叶片 SPAD 进行监测最适合的生育期为 10 ~ 12 叶期。

|第 5 章|　　玉米生物量的高光谱监测

作物地上生物量是反映作物生长状况的重要指标，准确估测作物生物量可以指导田间早期的施肥管理及后期的产量预测（Clevers et al.，2007）。传统的作物生物量诊断以破坏性取样结合实验室常规分析为基础，不仅耗时费力，且有破坏性，而且时效性较弱，而遥感技术特别是高光谱遥感技术为快速、非接触式判定作物生物量提供了有效的途径（付元元等，2013），从而弥补了上述不足。绿色植物在可见/近红外波段具有独特的光谱特征，因此可以利用两个或三个反射率组成光谱参数，定量估测生理参数（黄春燕等，2007）。

作物生物量是反映作物生长状况的重要指标，可用于诊断作物氮素营养状况；并且与作物的产量和品质形成有密切的关系。国外学者很早就开始借助高光谱遥感技术对作物生物量进行研究（Gilabert，1994；Casanova et al.，1998；Prasad et al.，2000；Hansen et al.，2003；Mutanga et al.，2004；Nguyen et al.，2006）。近年来，国内学者也陆续开展了高光谱遥感技术监测作物生物量的研究（唐延林等，2004；黄春燕等，2007；王大成等，2008；陈鹏飞等，2010；付元元等，2013；武婕等，2014）。以上研究表明，利用可见光/近红外光谱技术建立植物生物量的估算模型，进而对生物量进行反演是完全可行的。

由于作物在不同的施肥条件下生长状况存在明显差异；而且随着生育期的推进，作物的冠层结构和背景信息的变化均导致冠层光谱反射率不断变化，从而使所构建的植被指数对生物量的敏感程度产生差异。由于特定条件下构建的作物生物量反演模型受诸多因素控制，导致高光谱遥感估算模型的适应性较差，不能很好地推广应用，值得进一步研究。因此，本章采用不同施肥条件下的小区和大田玉米作为实验材料，获取玉米冠层光谱反射率和地上生物量，分析不同生育期玉米生物量与植被指数、光谱特征参数之间的相关关系，建立基于各种特征参量的不同生育期玉米生物量高光谱遥感估算模型，旨在监测不同生长阶段的玉米群体长势状况，探索不同生育期适合玉米生物量监测的特征参量，提高玉米生物量高光谱遥感监测的精度，为不同生育期玉米长势精确监测和诊断提供方法，为田间早期的施肥管理及后期的产量预测提供指导。

5.1 材料与方法

5.1.1 数据获取

试验地的概况和试验设计参见 2.1 和 2.3.2 节。2014、2015 年的 6～10 月在春玉米（金稔 3 号）不同生育时期，获取玉米冠层光谱反射率，同步进行破坏性取样，得到玉米单位面积的地上生物量（kg/m²）数据。冠层光谱及生物量的测定方法参见 2.4.1.2 及 2.5.1.4 节。

5.1.2 数据处理与模型建立

冠层光谱的预处理方法参见 2.6.1 节，并将光谱反射率重采样到 5 nm 间隔。根据实测玉米冠层光谱反射率，参考相关文献，剔除后得到 400～1340 nm、1460～1790 nm 和 1960～2400 nm 的光谱数据用于后续研究（刘秀英等，2015）。

在相关分析的基础上，提取特征波段光谱进行线性拟合，然后结合 PLSR 和 ANN 方法建立不同生育期玉米生物量估算模型；提取植被指数和光谱特征参数，在相关分析的基础上，结合 SLR、PLSR 和 ANN 方法建立不同生育期玉米生物量的估算模型，并用独立样本进行验证，具体方法参见 2.7 节。

5.2 玉米生物量与冠层光谱的相关性

5.2.1 不同生物量玉米冠层光谱特征

图 5-1 为不同生物量水平下的玉米冠层高光谱反射率。由图 5-1 可知，不同的生物量水平下，玉米冠层高光谱特征类似，均具有"峰""谷"特征，随着生物量的增加，在不同的波段范围玉米冠层光谱反射率具有不同的变化规律。400～700 nm 波段，随着生物量的增加，玉米冠层的光谱反射率减小，红谷深度增加；700～740 nm 波段范围，玉米的冠层光谱反射率差异非常小，几乎不变；740～1340 nm 波段范围，随着生物量的增加，玉米冠层光谱反射率整体增大；850～1790 nm 和 1960～2400 nm 波段范围，随生物量的增加玉米冠层光谱反

射率变化规律不是很明显。但是，由于野外测量玉米冠层光谱、获取生物量数据时受多种因素影响，并且不同的生育期，玉米冠层结构、形态特征、环境背景均发生变化，可能不同条件下玉米冠层光谱反射率随生物量变化的规律不明显或存在差异。

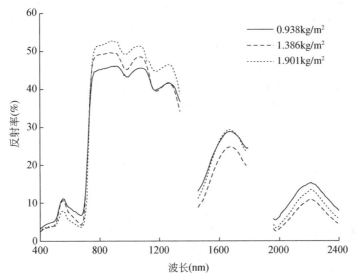

图 5-1　不同生物量的玉米冠层光谱

5.2.2　冠层反射率及其一阶微分光谱与生物量的相关性

不同生长阶段的玉米具有不同的生物量，随着生育期的推进，玉米生物量呈递增趋势，这些差异将反映在冠层光谱反射率的变化上。基于此，本章分别对玉米 6~8 叶期、10~12 叶期、开花吐丝期和乳熟期的原始光谱反射率、一阶微分光谱与生物量的相关性进行了分析，图 5-2 展示了 4 个时期原始光谱反射率和一阶微分光谱与玉米生物量相关系数的变化。

由图 5-2 可以看出，6~8 叶期和 10~12 叶期原始光谱反射率与生物量的相关系数图形状相似，而开花吐丝期和乳熟期两者的相关系数图形状相似。6~8 叶期，735~1340 nm 和 1580~1745 nm 波段光谱反射率与玉米生物量呈正相关，而其他波段两者均呈负相关关系；10~12 叶期、开花吐丝期和乳熟期两者均呈负相关关系。整个波段范围，4 个生育期的一阶微分光谱与生物量的相关系数变化均比较剧烈，并且呈正负交替变化。相比 6~8 叶期、10~12 叶期和开花吐丝期，乳熟期两者之间的相关性降低，主要是生长后期玉米的冠层光谱信息可能存在失真现象。

由图5-2（a）可知，6~8叶期原始光谱反射率与生物量的最大相关系数为−0.711，出现在660 nm；而一阶微分光谱与生物量的最大相关系数为−0.715，出现在485 nm。由图5-2（b）可知，10~12叶期的原始光谱反射率和一阶微分光谱与生物量的最大相关系数分别为−0.812和−0.636，分别位于675 nm和430 nm。由图5-2（c）可知，开花吐丝期的原始光谱反射率和一阶微分光谱与生物量的最大相关系数分别为−0.620和0.698，分别位于945 nm和1720 nm。由图5-2（d）可知，乳熟期的原始光谱反射率和一阶微分光谱与生物量的最大相关系数分别为−0.409和0.481，出现在1255 nm和1705 nm。这些相关性最大的波段可以作为表征玉米生物量的特征波段。

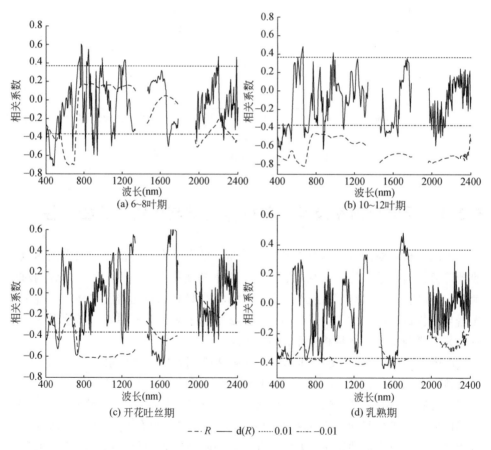

图5-2　冠层光谱与不同生育期玉米生物量的相关系数

5.2.3　植被指数与生物量的相关性

　　根据表 2-4 计算不同生育期的植被指数，并分析两者的相关性，挑选通用性较好的指数。表 5-1 列出了不同生育期光谱提取的植被指数与玉米生物量之间的相关系数（仅列出了达到 0.01 极显著水平的植被指数）。由表 5-1 可知，6~8 叶期、10~12 叶期的植被指数与玉米生物量之间的相关性较高，达到极显著水平的相关系数较多，而开花吐丝期次之，乳熟期没有达到极显著水平的植被指数。可能主要是因为乳熟期处于玉米生育后期，叶片已经开始衰老、变黄，叶片的叶绿素含量减少，并且受背景影响开始增大，所以乳熟期玉米冠层光谱反射率的信息出现失真，而且玉米棒的重量在生物量总重中占的比重很大，势必也会影响两者之间的相关关系。分析各植被指数的通用性可知，没有植被指数在 3 个生育期与玉米的生物量均达到极显著相关；6~8 叶期和 10~12 叶期与玉米生物量均达到极显著相关的植被指数共有 12 个，分别为 GI、GNDVI、MSAVI、MTCI、NDVI、NDVI3、OSAVI、SR、OSAVI2、TCARI2、TCARI2/OSAVI2、MCARI2，尤其是 GNDVI、MSAVI、NDVI、OSAVI、SR、OSAVI2、TCARI2、TCARI2/OSAVI2，它们在 6~8 叶期和 10~12 叶期与玉米生物量之间的相关系数均大于 0.5；10~12 叶期和开花吐丝期与玉米生物量均达到极显著相关的植被指数共 3 个，分别为 DDn、SPVI 和 TVI，但是这 3 个指数与 10~12 叶期的玉米生物量之间的相关系数均小于 0.5；另外，6~8 叶期和 10~12 叶期与玉米生物量均达到极显著相关的植被指数只有 RTVI。

表 5-1　植被指数与不同生育期玉米生物量之间的相关系数

生育期	植被指数							
6~8 叶期	DPI	D1	D2	GI	GNDVI	MSAVI	Msr2	DPI
	0.574	0.623	−0.622	0.394	0.715	0.545	0.682	0.574
	MTCI	NDVI	NDVI3	OSAVI	SR	OSAVI2	TCARI2	DD
	0.642	0.560	−0.378	0.556	0.627	0.655	−0.720	0.432
	TCARI2/OSAVI2		MCARI2/OSAVI2		RTVI		MCARI2	
	−0.760		0.428		0.438		0.511	
10~12 叶期	GI	DDn	NDVI	NDVI3	TVI	GNDVI	MCARI2	MSAVI
	0.536	0.450	0.767	−0.594	−0.368	0.670	0.389	0.771
	Msr2	OSAVI	OSAVI2	SR	SPVI	TCARI2	RTVI	
	0.678	0.764	0.711	0.610	−0.369	−0.648		

续表

生育期	植被指数							
10 ~ 12 叶期	TCARI2/OSAVI2		MTCI		TCARI/OSAVI			
	-0.662		0.460		-0.442			
开花 吐丝期	DD	DDn	SPVI	MCARI	TCI	TVI	TCARI	RDVI
	-0.450	0.714	-0.686	-0.382	-0.418	-0.623	-0.427	-0.533
	MCARI2/OSAVI2		RTVI					
	-0.411		-0.501					

5.2.4　光谱特征参数与生物量的相关性

根据表 2-3 计算各生育期玉米的特征参数，分析两者之间的相关性，并将达到极显著相关的结果列于表 5-2。由表 5-2 可知，6~8 叶期有 9 个光谱特征参数与玉米生物量达到了极显著相关，相关系数为 0.368 ~ 0.703，其中，SRo 与生物量的相关系数为 0.703，负相关；10 ~ 12 叶期有 17 个光谱特征参数与玉米生物量达到了极显著相关，相关系数为 0.384 ~ 0.812，其中，Ro 和 SRo 与生物量之间的相关系数大于 0.8；开花吐丝期有 8 个光谱特征参数与玉米生物量达到了极显著相关，相关系数为 0.384 ~ 0.655；而乳熟期仅 2 个光谱特征参数与玉米的生物量达到了极显著相关，相关系数分别为 -0.435 和 -0.425，相关系数相对较小。以上分析说明光谱特征参数与 10 ~ 12 叶期玉米生物量之间的相关性最好，并且极显著相关的光谱特征参数最多，其次为 6~8 叶期和开花吐丝期，最差的为乳熟期。从光谱特征参数的通用性来看，Rg 和 SRg 在 6~8 叶期、10~12 叶期和开花吐丝期均与玉米的生物量极显著相关，SDg 在 10~12 叶期、开花吐丝期和乳熟期均与玉米的生物量极显著相关，说明这 3 个光谱特征参数的通用性较好，但是没有一个光谱特征参数在 4 个生育期都与玉米的生物量极显著相关，说明不同生育期应该选择不同的光谱特征参数估算玉米的生物量，以便提高不同生育期玉米生物量的估算精度。

表 5-2　光谱特征参数与不同生育期玉米生物量之间的相关系数

生育期	特征参数							
	λr	Rg	SRg	SRo	Ro	SDr/SDb	SRg/SRo	Rg/Ro
6 ~ 8 叶期	0.632	-0.368	-0.383	-0.703	-0.681	0.670	0.422	0.394
	(SDr+SDb) / (SDr-SDb)							
	-0.675							

生育期	特征参数							
	Rg	SRg	Sg	Kg	Ro	SRo	Db	Rg/Ro
	−0.647	−0.671	−0.540	0.541	−0.812	−0.807	−0.384	0.535
10～12 叶期	SDb	SDg	SDo	$λr$	SRg/SRo	SDg/SDo	$(SRg+SRo)/(SRg−SRo)$	
	−0.387	−0.466	−0.504	0.538	0.547	−0.438	−0.621	
	$(Rg+Ro)/(Rg−Ro)$				$(SDg+SDo)/(SDg−SDo)$			
	−0.632				−0.438			
开花 吐丝期	Rg	Dy	Dr	SRg	SDr	SDg	Db	SDb
	−0.398	−0.384	−0.579	−0.392	−0.655	−0.444	−0.531	−0.498
乳熟期	$λg$	SDg						
	−0.435	−0.425						

5.3 不同生育期玉米生物量的一元线性监测

5.3.1 基于特征光谱的玉米生物量一元线性估算模型

利用相关分析选择的不同生育期玉米特征波段光谱建立生物量的一元线性回归估算模型，其拟合和验证结果见表 5-3。由表 5-3 可知，6～8 叶期和开花吐丝期的一阶微分光谱、10～12 叶期和开花吐丝期的原始光谱反射率与玉米生物量的线性拟合关系较好，其拟合 R^2 均大于 0.5，尤其是 10～12 叶期的原始光谱反射率与玉米生物量的线性拟合关系最佳，其拟合的 R^2 为 0.697，最大。其次为 6～8 叶期的原始光谱反射率与玉米生物量的拟合 R^2 为 0.496，略小于 0.5。经独立样本验证可知，验证结果较好的为 6～8 叶期和 10～12 叶期的原始光谱反射率建立的一元线性模型，其验证 R^2 均大于 0.5，分别为 0.523 和 0.584，而 RMSE 相对较小，分别为 0.199 kg/m² 和 0.244 kg/m²，RPD 值分别为 1.430 和 1.468，而其他模型的验证 R^2 均小于 0.5，RPD 值均小于 1.4。综合以上分析可知，6～8 叶期和 10～12 叶期的特征波段处的原始光谱反射率建立的一元线性估算模型可以对玉米的生物量进行粗略估算，估算效果最好的为 10～12 叶期。而乳熟期的特征波段光谱与玉米生物量的一元线性估算模型的拟合和验证结果均较差，验证 RPD 值小于 1.0，所以没有列出。以上结果表明，由于玉米的生物量与光谱之间的线性关系较差，并且单个波段的光谱信息有限，因而基于特征光谱建立的一元线性估算模型不能进行玉米生物量的实际监测，其精度有待提高。

表5-3 基于特征光谱的不同生育期玉米生物量线性估算模型结果

生育期	光谱变换	波段（nm）	方程	拟合	验证		
				R^2	R^2	RMSE（kg/m²）	RPD
6~8叶期	R	660	$y=-1.732x+58.42$	0.496	0.523	0.199	1.430
	d（R）	485	$y=-75.771x+2.0246$	0.527	0.492	0.207	1.358
10~12叶期	R	675	$y=-0.3794x+3.673$	0.697	0.584	0.244	1.468
	d（R）	430	$y=-83.844x+3.3827$	0.391	0.438	0.274	1.310
开花吐丝期	R	945	$y=-0.1029x+7.4491$	0.512	0.435	0.480	1.261
	d（R）	1720	$y=113.97x+7.3273$	0.577	0.296	0.518	1.168

5.3.2 基于植被指数的生物量一元线性估算模型

进行植被指数与不同生育期玉米生物量之间的线性关系拟合，计算过程中发现相关系数大于0.7的植被指数建立的估算模型效果相对较好、较稳定，因此仅列出了不同生育期与生物量相关系数大于0.7的植被指数建立的一元线性回归模型的拟合及验证结果（表5-4）。由表5-4可知，6~8叶期、10~12叶期和开花吐丝期的植被指数与玉米生物量之间的线性拟合关系均较好，其拟合 R^2 均大于0.5。经独立样本验证后可知，基于6~8叶期的 TCARI2/OSAVI2、GNDVI 和10~12叶期的 MSAVI、NDVI 和 OSAVI 建立的一元线性估算模型的预测值与实测值之间的线性拟合 R^2 均大于0.5，验证 RMSE 在0.225 kg/m² 左右，但是，6~8叶期的植被指数建立的线性估算模型的验证 RPD 值均小于1.4，而10~12叶期的3个植被指数建立的线性估算模型的验证 RPD 值均大于1.5，验证效果相对较好。综合以上分析可知，10~12叶期的 MSAVI、NDVI 和 OSAVI 建立的一元线性估算模型可以对玉米生物量进行粗略估算，并且估算效果优于特征波段光谱建立的一元线性估算模型。但是6~8叶期和开花吐丝期的植被指数建立的一元线性估算模型的估算效果并没有改善。

表 5-4   基于植被指数的不同生育期玉米生物量线性估算模型结果

生育期	植被指数	拟合方程	拟合	验证		
			R^2	R^2	RMSE（kg/m^2）	RPD
6~8叶期	TCARI2/OSAVI2	$y=-0.0145x+1.6316$	0.639	0.546	0.224	1.273
	GNDVI	$y=5.4375x-2.308$	0.556	0.546	0.230	1.236
	TCARI2	$y=-0.0213x+1.6061$	0.580	0.480	0.234	1.216
10~12叶期	MSAVI	$y=17.871x-14.047$	0.580	0.631	0.222	1.613
	NDVI	$y=10.213x-6.3219$	0.574	0.624	0.224	1.597
	OSAVI	$y=8.8577x-6.343$	0.569	0.620	0.225	1.592
	OSAVI2	$y=6.5982x-2.6093$	0.518	0.478	0.266	1.347
开花吐丝期	DDn	$y=0.0751x+8.1661$	0.571	0.471	0.489	1.238

5.3.3   基于光谱特征参数的生物量一元线性估算模型

利用相关系数较大的光谱特征参数建立不同生育期玉米生物量的一元线性估算模型，结果列于表 5-5。由表 5-5 可知，相关系数大于 0.7 的光谱特征参数建立的估算模型相对较稳定，估算效果相对较好。6~8 叶期的 SR_o、10~12 叶期的 R_o 和 SR_o 为自变量建立的生物量一元线性估算模型拟合及验证结果相对较好。6~8 叶期以 SR_o 为自变量建立的线性估算模型的拟合及验证 R^2 分别为 0.486 和 0.510，验证 RMSE 为 0.202 kg/m^2，RPD 值为 1.412，能对生物量进行粗略估算。10~12 叶期的 R_o 和 SR_o 为自变量建立的生物量一元线性估算模型的拟合 R^2 分别为 0.690 和 0.682，经独立样本验证后，验证 R^2 分别为 0.605 和 0.596，RMSE 分别为 0.239 kg/m^2 和 0.240 kg/m^2，RPD 值为 1.500 和 1.493，也能对生物量进行粗略估算，并且估算效果优于 6~8 叶期，但是两个时期的估算模型均不能对生物量进行精确估算，精度有待提高。这两个时期的其他光谱特征参数和开花吐丝期的光谱特征参数建立的一元线性估算模型由于估算效果较差或者不稳定，均不能对玉米生物量进行监测。

表 5-5　基于光谱特征参数的不同生育期玉米生物量线性估算模型结果

生育期	特征参数	方程	拟合	验证		
			R^2	R^2	RMSE（kg/m^2）	RPD
6~8 叶期	SRo	$y=-0.0221x+2.2699$	0.486	0.510	0.202	1.412
	Ro	$y=-0.1953x+2.1855$	0.460	0.467	0.209	1.361
	λr	$y=0.0697x-49.339$	0.331	0.673	0.203	1.404
	SDr/SDb	$y=0.1126x+0.1485$	0.546	0.416	0.264	1.077
	（SDr+SDb）/（SDr−SDb）	$y=-5.3269x+7.8218$	0.523	0.508	0.254	1.119
10~12 叶期	Ro	$y=-0.3877x+3.6876$	0.690	0.605	0.239	1.500
	SRo	$y=-0.041x+3.7226$	0.682	0.596	0.240	1.493
	SRg	$y=-0.0206x+3.7859$	0.484	0.359	0.290	1.237
	Rg	$y=-0.1853x+3.7776$	0.453	0.325	0.297	1.207
	（SRg+SRo）/（SRg−SRo）	$y=-0.4204x+3.8386$	0.317	0.629	0.247	1.452
	（Rg+Ro）/（Rg−Ro）	$y=-0.4394x+3.7957$	0.342	0.598	0.250	1.433
开花 吐丝期	SDr	$y=-0.5618x+7.3213$	0.536	0.194	0.549	1.102
	Db	$y=-21.493x+5.4699$	0.305	0.363	0.541	1.119

5.4　不同生育期玉米生物量的 PLSR 监测

5.4.1　基于光谱的生物量 PLSR 估算模型

已有研究表明，利用相关分析可以对高光谱数据包含信息量较大的波段进行选择，同时可降低高光谱数据的维数，因此选择达到 0.01 极显著相关的波段对应的原始光谱反射率或一阶微分光谱作为 PLSR 的输入变量，建立不同生育期玉米生物量的 PLSR 估算模型，其结果见表 5-6。由表 5-6 可知，利用 PLSR 方法建立的估算模型结果比较差，模型很不稳定，仅 6~8 叶期的原始光谱反射率建立的 PLSR 估算模型的拟合和验证 R^2 均大于 0.5，RPD 值为 1.452，能对玉米生物量进行粗略估算，其他时期的原始光谱反射率和一阶微分光谱建立的 PLSR 估算模型的结果均不稳定,不能进行玉米生物量的监测。

表 5-6　基于光谱的不同生育期玉米生物量 PLSR 估算模型结果

生育期	光谱变换	主成分数	校正		验证		
			R^2	RMSE (kg/m^2)	R^2	RMSE (kg/m^2)	RPD
6~8 叶期	R	3	0.690	0.163	0.524	0.196	1.452
	d(R)	5	0.782	0.137	0.339	0.232	1.227
10~12 叶期	R	1	0.679	0.228	0.325	0.294	1.219
	d(R)	7	0.903	0.125	0.338	0.292	1.097
开花吐丝期	R	2	0.562	0.426	0.228	0.532	1.138

5.4.2　基于植被指数的生物量 PLSR 估算模型

利用极显著相关植被指数建立不同生育期玉米生物量的 PLSR 估算模型,其结果见表 5-7。由表 5-7 可知,6~8 叶期、10~12 叶期和开花吐丝期建立的 PLSR 估算模型并未改善对生物量的估算效果,预测结果均较差,模型不太稳定。6~8 叶期和 10~12 叶期,模型的校正效果相对较好,其拟合 R^2 分别为 0.676 和 0.738,RMSE 分别为 0.167 kg/m^2 和 0.206 kg/m^2。经独立样本验证可知,两个时期的验证 R^2 分别为 0.529 和 0.510,小于校正的 R^2,而验证的 RMSE 分别为 0.196 kg/m^2 和 0.251 kg/m^2,均大于拟合 RMSE,而验证的 RPD 值分别为 1.452 和 1.427,仅能对玉米生物量进行粗略估算。而开花吐丝期的 PLSR 估算模型效果更差,不能进行生物量的估算。其主要原因可能是因为 PLSR 方法虽然比较先进,但是仍然是表达变量之间的线性关系,而植被指数和玉米生物量之间可能更多的是一种非线性关系,因而,PLSR 方法建立的模型仍不能对玉米生物量进行实际监测。

表 5-7　基于植被指数的不同生育期玉米生物量 PLSR 估算模型结果

生育期	植被指数数目	主成分数	校正		验证		
			R^2	RMSE (kg/m^2)	R^2	RMSE (kg/m^2)	RPD
6~8 叶期	19	3	0.676	0.167	0.529	0.196	1.452
10~12 叶期	17	4	0.738	0.206	0.510	0.251	1.427
开花吐丝期	10	3	0.571	0.422	0.236	0.529	1.144

5.4.3　基于光谱特征参数的生物量 PLSR 估算模型

利用极显著相关光谱特征参数建立不同生育期玉米生物量 PLSR 估算模型，其结果见表 5-8。由表 5-8 可知，6 ~ 8 叶期和 10 ~ 12 叶期的拟合 R^2 均较高，大于 0.7，尤其是 10 ~ 12 叶期的拟合 R^2 达到了 0.751，而 RMSE 较小，分别为 0.159 kg/m^2 和 0.201 kg/m^2。经独立样本验证，6 ~ 8 叶期的 PLSR 模型的验证效果优于 10 ~ 12 叶期，验证 R^2 分别为 0.565 和 0.427，小于拟合 R^2，而且 RMSE 较大，分别为 0.188 kg/m^2 和 0.271 kg/m^2，大于校正的 RMSE，RPD 值分别为 1.514 和 1.322，仅 6 ~ 8 叶期的 PLSR 模型能对玉米生物量进行粗略估算，而 10 ~ 12 叶期的 PLSR 模型不稳定，不能进行玉米生物量的估算。分析开花吐丝期的 PLSR 模型的拟合和验证结果可知，PLSR 模型同样不能对该时期的玉米生物量进行估算。

表 5-8　基于光谱特征参数的不同生育期玉米生物量 PLSR 估算模型结果

生育期	特征参数数目	主成分数	校正		验证		
			R^2	RMSE（kg/m^2）	R^2	RMSE（kg/m^2）	RPD
6 ~ 8 叶期	9	4	0.706	0.159	0.565	0.188	1.514
10 ~ 12 叶期	17	4	0.751	0.201	0.427	0.271	1.322
	8	2	0.541	0.436	0.166	0.454	1.333
开花吐丝期	9	4	0.706	0.159	0.565	0.188	1.514

5.5　不同生育期玉米生物量的 ANN 监测

5.5.1　基于光谱的生物量 ANN 估算模型

依据 2.7.3 节的方法，根据 PLSR 回归系数选择不同波段范围内的 6 个波峰或波谷作为 ANN 模型的输入层，采用两种方法进行验证，隐含节点数设置为 5，不同生育期玉米生物量作为输出层，建立不同生育期玉米生物量的 ANN 估算模型，其训练和验证结果见表 5-9。由表 5-9 可知，6 ~ 8 叶期和 10 ~ 12 叶期的原始光谱反射率和一阶微分光谱反射率建立的 ANN 估算模型的训练和验证结果均比较好，其次为开花吐丝期，乳熟期的最差。6 ~ 8 叶期的原始光谱反射率和一阶微分光谱作为输入层,采用保留排除法和 K-fold 法（K=4）进行验证,其训练和验证结果均比较好,训练 R^2 为 0.830~0.908,RMSE 为 0.086~0.120 kg/m²,RPD 值为 2.431~3.313。经独立样本验证,验证 R^2 为 0.773~0.918,RMSE 为 0.086~0.136 kg/m²,而 RPD 值为 2.093~3.507,说明 6~8 叶期的原始光谱反射率和一阶微分光谱建立的 ANN 模型可以进行玉米生物量监测。10~12 叶期的原始光谱反射率采用 K-fold 法验证、一阶微分光谱采用两种方法验证建立的 ANN 估算模型的训练和验证结果均较优,训练 R^2 大于 0.86,RMSE 小于 0.15 kg/m²,RPD 值均大于 2.0,经独立样本验证,验证 R^2 大于 0.74,RMSE 小于 0.18 kg/m²,RPD 值大于 2.0,说明 10~12 叶期的原始光谱反射率和一阶微分光谱建立的 ANN 估算模型可以进行生物量实际监测。其次,开花吐丝期的一阶微分光谱为输入变量,采用 K-fold 法验证,建立的 ANN 估算模型的训练和验证结果也较好,训练和验证 R^2 分别为 0.800 和 0.762,RMSE 分别为 0.248 kg/m² 和 0.400 kg/m²,RPD 值均大于 2.0,说明该模型能进行玉米生物量的监测。开花吐丝期的原始光谱反射率和乳熟期的一阶微分光谱反射率为输入变量,K-fold 法验证,建立的 ANN 估算模型的训练和验证 RPD 值为 1.4~2.0,能够对玉米生物量进行粗略估算,精度有待提高。

表5-9　基于光谱的不同生育期玉米生物量 ANN 估算模型结果

生育期	光谱变换	验证方法	网络结构	训练			验证		
				R^2	RMSE（kg/m²）	RPD	R^2	RMSE（kg/m²）	RPD
6~8 叶期	R	保留排除法	6-5-1	0.847	0.115	2.550	0.773	0.136	2.093
		K-fold 法	6-5-1	0.908	0.086	3.313	0.918	0.086	3.507
	d（R）	保留排除法	6-5-1	0.830	0.120	2.431	0.782	0.131	2.141
		K-fold 法	6-5-1	0.899	0.095	3.145	0.888	0.088	2.981
10~12 叶期	R	保留排除法	6-5-1	0.746	0.203	1.983	0.657	0.210	1.706
		K-fold 法	6-5-1	0.868	0.142	2.749	0.954	0.077	4.650
	d（R）	保留排除法	6-5-1	0.891	0.133	3.027	0.745	0.179	2.001
		K-fold 法	6-5-1	0.877	0.146	2.850	0.889	0.100	2.997
开花吐丝期	R	保留排除法	6-5-1	0.539	0.437	1.472	0.474	0.439	1.378
		K-fold 法	6-5-1	0.622	0.431	1.624	0.679	0.196	1.768
	d（R）	保留排除法	6-5-1	0.481	0.464	1.387	0.397	0.470	1.288
		K-fold 法	6-5-1	0.800	0.248	2.238	0.762	0.400	2.051

生育期	光谱变换	验证方法	网络结构	训练			验证		
				R^2	RMSE（kg/m²）	RPD	R^2	RMSE（kg/m²）	RPD
乳熟期	R	K-fold 法	6-5-1	0.526	0.709	1.453	0.310	1.066	1.203
	d（R）	K-fold 法	6-5-1	0.562	0.679	1.510	0.509	0.850	1.427

5.5.2 基于植被指数的玉米生物量的 ANN 估算模型

依据 2.7.3 节的方法，按照 PLSR 的回归系数确定 6 个植被指数作为 ANN 的输入层，隐含层节点数设置为 5 个，玉米生物量作为输出层，因此神经网络结构为 6-5-1，选择两种验证方法，即保留排除法和 K-fold 法，保留排除法的训练和验证样本与 PLSR 和一元线性回归的一致，K-fold 法的 K 值设置为 4，训练和验证样本由系统随机确定。基于植被指数的不同生育期玉米生物量 ANN 估算模型的训练和验证结果见表 5-10。由表 5-10 可知，6～8 叶期和 10～12 叶期的 ANN 估算模型的精度都非常高，各项指标均较优；开花吐丝期的 ANN 估算模型的效果次之，而乳熟期的结果最差。6～8 叶期和 10～12 叶期，两种验证方法的训练 R^2 均大于 0.80，为 0.809～0.938；训练 RMSE 为 0.086～0.178 kg/m²；训练 RPD 值为 2.296～4.018，说明利用 ANN 方法建立的玉米生物量的估算模型训练结果非常好。利用独立样本验证，验证 R^2 为 0.768～0.939，RMSE 较小，为 0.087～0.136 kg/m²，RPD 值较大，为 2.491～4.051，说明模型的预测精度较高，可以用于这两个时期实际玉米生物量监测。比较各项参数可知，10～12 叶期玉米生物量的估算效果优于 6～8 叶期，因此以 10～12 叶期为例，分别在图 5-3 和图 5-4 展示了 ANN 模型的网络结构和两种验证方法的训练和验证结果。开花吐丝期，K-fold 法建立的 ANN 模型的估算效果优于保留排除法，但是 K-fold 法建立的模型不够稳定，因而两种验证方法建立的 ANN 估算模型均只能对玉米生物量进行粗略估算。乳熟期，K-fold 法建立的 ANN 估算模型仅能对该时期玉米生物量进行粗略估算。与其他方法建立的估算模型比较，ANN 方法建立的模型训练和验证结果均得到极大的改善，精度和稳定性明显提高，说明两者之间存在很强的非线性关系。

表 5-10　基于植被指数的不同生育期玉米生物量 ANN 估算模型结果

生育期	验证方法	网络结构	训练			验证		
			R^2	RMSE（kg/m²）	RPD	R^2	RMSE（kg/m²）	RPD
6~8 叶期	保留排除法	6-5-1	0.892	0.097	3.029	0.768	0.113	2.491
	K-fold 法	6-5-1	0.856	0.107	2.631	0.905	0.087	3.283
10~12 叶期	保留排除法	4-5-1	0.809	0.178	2.296	0.853	0.136	2.605
	K-fold 法	4-5-1	0.938	0.086	4.018	0.939	0.123	4.051
开花 吐丝期	保留排除法	6-5-1	0.644	0.384	1.553	0.462	0.444	1.614
	K-fold 法	6-5-1	0.624	0.366	1.633	0.753	0.352	2.013
乳熟期	保留排除法	6-5-1	0.308	0.931	1.201	0.308	0.879	1.202
	K-fold 法	6-5-1	0.546	0.686	1.485	0.580	0.833	1.542

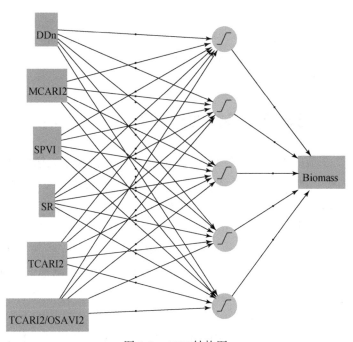

图 5-3　ANN 结构图

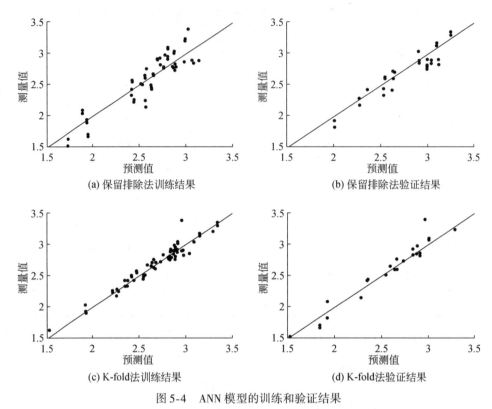

图 5-4　ANN 模型的训练和验证结果

5.5.3　基于光谱特征参数的玉米生物量 ANN 估算模型

依据 2.7.3 节的方法,按照 PLSR 的回归系数选择 6 个光谱特征参数建立不同生育期玉米生物量 ANN 估算模型,其结果列于表 5-11。由表 5-11 可知,K-fold 法验证时,6~8 叶期、10~12 叶期和开花吐丝期,建立的 ANN 估算模型的训练结果较好,其训练 R^2 为 0.756~0.895,训练样本的预测值与实测值之间的 RMSE 为 0.097~0.291 kg/m²,RPD 值为 2.022~3.081。经独立样本验证,验证结果也较优,验证 R^2 为 0.741~0.891,验证样本的预测值与实测值之间的 RMSE 为 0.087~0.238 kg/m²,RPD 值为 2.007~3.038,大于 2.0。以上结果说明采用 K-fold 法验证,建立的 ANN 估算模型能对 3 个生育期的玉米生物量进行准确估算,尤其是 6~8 叶期和 10~12 叶期的 ANN 估算模型的估算效果更佳。以 6~8 叶期为例,图 5-5 和图 5-6 列出了 K-fold 法验证时建立的 ANN 模型的网络结构及训练和验证结果。当采用保留排除法验证时,6~8 叶期、10~12 叶期和开花吐丝期，基于光谱特征参数建立的 ANN 估算模型的 RPD 值为 1.4 ~ 2.0，均只能对玉米生物量进行粗略估算。乳熟期基于光谱特征参数建立的 ANN 估算模型的训练和验证结果均较差，不能进行玉米生物量的估算。

表5-11　基于光谱特征参数的不同生育期玉米生物量 ANN 估算模型结果

生育期	验证方法	网络结构	训练			验证		
			R^2	RMSE（kg/m²）	RPD	R^2	RMSE（kg/m²）	RPD
6 ~ 8 叶期	保留排除法	6-5-1	0.714	0.162	1.868	0.779	0.128	1.623
	K-fold 法	6-5-1	0.895	0.097	3.081	0.891	0.087	3.038
10 ~ 12 叶期	保留排除法	6-5-1	0.690	0.224	1.797	0.716	0.191	1.876
	K-fold 法	6-5-1	0.756	0.199	2.022	0.838	0.139	2.480
开花吐丝期	保留排除法	6-5-1	0.517	0.448	1.437	0.535	0.413	1.465
	K-fold 法	6-5-1	0.814	0.291	2.314	0.741	0.238	2.007
乳熟期	保留排除法	6-5-1	0.455	0.790	1.354	0.313	0.944	1.206

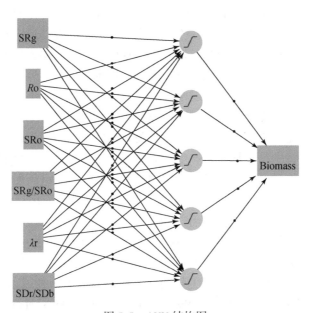

图 5-5　ANN 结构图

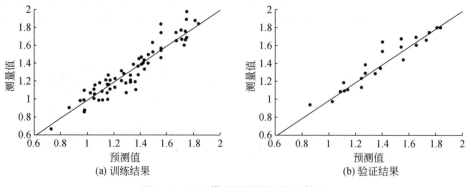

图 5-6　ANN 模型的训练和验证结果

5.6　讨论与结论

5.6.1　讨论

在特定的测试条件下，不同生物量水平的玉米冠层高光谱反射率在 400～1340 nm 波段范围具有较明显的变化规律，但是通过不同生育期的生物量与冠层光谱反射率分析发现，由于玉米在不同的生长阶段，其外部形态特征和内部结构均发生较大变化，特别是开花吐丝期之后，雄穗对玉米冠层光谱影响较大，而且随着生育期的推进，玉米棒在生物量中占的比重越来越大，外部生长环境也随生育期的推进而变化，这些均会影响两者之间的关系，从而使不同条件下玉米冠层光谱反射率随生物量变化的规律不明显或存在差异。通过对玉米冠层原始光谱反射率和一阶微分光谱与地上生物量进行相关分析发现，不同生育期两者之间的相关性变化较大，特别是生长前期和生长后期差异较大，其原因可能是随着生育期的推进，玉米生物量呈递增趋势，而作物冠层的近红外光谱反射率在生长中期就达到了高峰，因此会出现光谱反射率与作物地上生物量变化趋势不一致的现象（宋开山等，2005），势必影响两者之间的相关性。

在遥感定量分析中，经常通过构建植被指数来反演作物生理参数及结构信息，这一方法在进行作物生物量反演时也取得了好的结果（陈鹏飞等，2010）。但是植被指数均是在特定物种和生长条件下构建的，当物种或条件发生改变时，其适应性会发生变化（Gilabert，1994；Prasad et al.，2000；Hansen et al.，2003；王大成等，2008；陈鹏飞等，2010；付元元等，2013；武婕等，2014）。如RTVI，与玉米冠层生物量的相关系数不是很高，远小于其他的研究（陈鹏飞等，

2010)。基于此，本章分析了 30 多种与植被冠层参量有关的植被指数和不同生育期玉米地上生物量之间的相关性，发现 6 ~ 8 叶期、10 ~ 12 叶期的植被指数与玉米生物量之间的相关性较高，达到极显著水平的相关系数较多，开花吐丝期次之，乳熟期两者相关性较差。其原因可能主要是因为生物量较大时，植被指数受饱和问题限制，估算生物量时效果变差（付元元等，2013）；而且乳熟期处于玉米生长后期，叶片已经开始衰老、变黄，叶片的叶绿素含量减少，并且受背景影响开始增大，玉米棒在生物量中占的比重较大，所以随着生育期的推进，出现光谱反射率与地上生物量变化趋势不一致的情况（宋开山等，2005））。植被指数GI、GNDVI、MSAVI、MTCI、NDVI、NDVI3、OSAVI、SR、OSAVI2、TCARI2、TCARI2/OSAVI2、MCARI2 在 6 ~ 8 叶期和 10 ~ 12 叶期与玉米生物量均达到极显著相关，DDn、SPVI 和 TVI 在 10 ~ 12 叶期和开花吐丝期与玉米生物量均达到极显著相关，说明这些植被指数的通用性相对较好，其他研究者也得出了类似的结论（陈鹏飞等，2010），但是也可以发现，没有一个植被指数在玉米整个生育期与生物量均达极显著相关，从而说明对于不同的生育期应该选择不同的植被指数建立玉米生物量估算模型，以便提高生物量的估测精度。

由于绿色植被具有特殊的光谱特征，在可见光和近红外波段具有 5 个较宽的吸收特征；在 700 ~ 760 nm 波段，反射率急剧升高，曲线较陡接近于直线，形成"红边"；760 nm 之后形成一个"高平台"反射率。通过对绿色植被这些特征波段的光谱信息进行提取，得到一些光谱特征参数，这些参数通常被用来进行作物生理生态参数的反演研究（Chappelle et al.，1992；王秀珍，2001；Cho et al.，2008；姚付启，2012）。本章通过分析 20 多种光谱特征参数与不同生育期玉米生物量之间的相关关系发现，10 ~ 12 叶期有 17 个、6 ~ 8 叶期和开花吐丝期分别有9 个和 8 个、乳熟期有 2 个光谱特征参数与玉米生物量极显著相关。其原因同样可能因为随着生育期的推进，玉米冠层高光谱反射率与地上生物量的变化趋势不一致（宋开山等，2005）。Rg 和 SRg 在 6 ~ 8 叶期、10 ~ 12 叶期和开花吐丝期均与玉米的生物量达到了极显著相关，SDg 在 10 ~ 12 叶期、开花吐丝期和乳熟期与玉米的生物量达到了极显著相关，说明这 3 个光谱特征参数的通用性较好，可为不同生育期统一估算模型的建立提供参考。

基于不同光谱参数建立的玉米生物量一元线性回归估算模型和 PLSR 估算模型的估算效果均不理想。究其原因可能是各种参数与玉米生物量之间并不是简单的线性关系，而 SLR 和 PLSR 均表达变量之间的线性关系，从而这两种方法建立的玉米生物量估算模型估算效果不理想。有学者利用植被指数建立冬小麦生物量估算模型结果同样不理想（付元元等，2013），这与本书的结论一致。而依据PLSR 的回归系数选择变量作为 ANN 的输入变量，玉米生物量作为输出变量，建立的 ANN 估算模型结果明显优于 SLR 和 PLSR 方法建立的模型，究其原因可能是各类光谱参数与玉米生物量之间有较强的非线性关系，而神经网络具有较好的非线性映射能力（陆碗珍，2007），从而采用 ANN 方法建立的玉米生物量的估算模型精度较高，印证了其他学者"人工神经网络模型可以改进生物量与光谱指数的相关性"的研究结论（王大成等，2008）。6～8 叶期、10～12 叶期和开花吐丝期，利用 PLSR 回归系数选择原始光谱反射率（开花吐丝期除外）和一阶微分光谱反射率、植被指数和光谱特征参数作为输入变量，采用 K-fold 法进行验证，建立的 ANN 估算模型均能进行玉米生物量的准确估算。而采用保留排除法验证时，依据 PLSR 回归系数选择的 6～8 叶期的原始光谱反射率、一阶微分光谱及植被指数，10～12 叶期的一阶微分光谱、植被指数作为输入层，玉米生物量作为输出层，建立的 ANN 模型亦能进行玉米生物量监测，精度较高。乳熟期的一阶微分光谱和植被指数建立的 ANN 模型均只能进行生物量的粗略估算，从而说明 K-fold 法的建模精度高于保留排除法，并且乳熟期不适合利用以上方法建立玉米生物量的估算模型。

5.6.2　结论

以不同肥料处理的小区及大田春玉米为实验材料，获取不同生育期玉米的冠层光谱及生物量，在分析冠层光谱反射率及其一阶微分光谱、植被指数、光谱特征参数与不同生育期玉米生物量相关性的基础上，采用 SLR、PLSR 和 ANN 方法建立不同生育期玉米生物量的估算模型，并用独立样本进行验证，得到以下结果。

1）不同生物量水平的玉米冠层高光谱特征类似，均具有"峰""谷"特征；随着生物量增加，400～700 nm 波段，玉米冠层光谱反射率减小，红谷深度增加；740～1340 nm 波段，玉米冠层光谱反射率整体增大；而其他波段变化规律不是很明显。

2）不同生育期玉米光谱反射率和一阶微分光谱与生物量的相关性变化较大。通过相关分析可知，不同生育期玉米生物量的敏感波段如下：6～8 叶期为 450 nm 和 660 nm；10～12 叶期为 430 nm 和 675 nm；开花吐丝期为 945 nm 和 1720 nm；乳熟期为 1255 nm 和 1705 nm。

3）6～8 叶期、10～12 叶期的植被指数与玉米生物量之间的相关性高于开花吐丝期和乳熟期；GI、GNDVI、MSAVI、MTCI、NDVI、NDVI3、OSAVI、SR、OSAVI2、TCARI2、TCARI2/OSAVI2、MCARI2、DDn、SPVI、TVI、RTVI 均在 2 个生育期与玉米生物量极显著相关，通用性较好。

4）10~12 叶期与玉米生物量达到极显著相关的光谱特征参数最多，其次为 6~8 叶期和开花吐丝期，乳熟期仅 2 个光谱特征参数与生物量达到极显著相关。 Rg 与新建指数 SRg 和 SDg 均在 3 个生育期与玉米生物量极显著相关，通用性较好。

5）基于 SLR 和 PLSR 方法建立的不同生育期玉米生物量估算模型的估算效果均不理想，仅部分模型能对玉米生物量进行粗略估算。

6）依据 PLSR 的回归系数选择变量作为 ANN 的输入层，玉米生物量作为输出层，建立的 ANN 模型估算效果较好。6~8 叶期、10~12 叶期和开花吐丝期，利用 PLSR 回归系数选择的光谱反射率（开花吐丝期除外）和一阶微分光谱、植被指数和光谱特征参数作为输入变量，采用 K-fold 法进行验证，建立的 ANN 模型，训练和验证结果均较好，能进行玉米生物量监测。采用保留排除法验证时，依据 PLSR 回归系数选择的 6~8 叶期的光谱反射率、一阶微分光谱及植被指数，10~12 叶期的一阶微分光谱、植被指数作为输入层，玉米生物量作为输出层，建立的 ANN 估算模型亦能进行玉米生物量有效监测。而基于光谱参数建立的乳熟期的估算模型无法进行生物量监测。

7）比较不同光谱参数、不同建模方法建立的不同生育期玉米生物量估算模型可知，6~8 叶期以光谱反射率、10~12 叶期以植被指数、开花吐丝期以一阶微分光谱建立的 ANN 模型，训练 R^2 分别为 0.908、0.938、0.800，验证 R^2 分别为 0.918、0.939、0.762，RMSE 分别为 0.086 kg/m²、0.123 kg/m²、0.400 kg/m²，RPD 值分别为 3.507、4.051、2.051，训练和验证结果均较好，是监测各生育期玉米生物量的最优模型，其中，10~12 叶期和开花吐丝期的 ANN 模型预测精度最高，乳熟期建立的模型不能进行玉米生物量的实际监测。

|第 6 章|　　玉米植株含水量的高光谱监测

　　水分是影响作物光合作用和生物量的主要因素之一，因而水分胁迫对作物长势和产量的影响比其他任何胁迫都大很多（Kramer，1983）。由于植被水分含量在近红外光谱具有明显的吸收谷，因此其水分含量的变化会引起光谱反射率发生相应变化，因此作物水分胁迫状况能够在光谱中体现出来，这是高光谱遥感技术反演作物水分的理论基础。关于作物水分的遥感研究总结起来主要有两类方法：一是物理模型方法。这类方法机理较明确，但是需要设置大量参数，且有些参数很难获得，从而其应用受到限制；二是利用传统的统计分析模型，如组合光谱参数、进行光谱微分变换、利用连续统去除等结合多元统计分析建立模型的方法，这种方法简单易实现，但是反演效果受很多因素限制（梁亮，2010；程晓娟等，2014）。目前，统计分析方法仍然是遥感领域进行作物水分状况快速定量获取的主要方法。

　　基于遥感的植被水分含量估算研究在国外很早就被广泛开展（Holben et al.，1983；Michio and Tsuyoshi，1989；Shibayama et al.，1993）。很多学者对植被指数监测水分亏缺做了大量研究，并证明了其有效性（Peñuelas et al.，1997；Jones et al.，2004；Kakani et al.，2006；Ghulama et al.，2008）。国内在叶片水分探测方面起步相对较晚一些，但近年这方面的报道越来越多。大量研究利用水分特征波段光谱及其特征吸收参数进行作物水分状况探测，取得了较好的结果（田庆久等，2000；周燕，2002；周顺利等，2006；田永超等，2004；吉海彦等，2007；Wang Jie et al.，2009；王娟等，2010；王强等，2013）。

　　综上所述，对于作物叶片或植株的水分含量高光谱预测研究很多，并构建了很多表征水分含量的参数，取得了较好的结果。但是不同生长环境、不同生长阶段的特定作物光谱受多种因素影响，因此有必要对特定的作物进行进一步研究，并构建合适的窄波段指数表征叶片或植株的水分含量，从而为用光谱对区域尺度上进行作物水分含量的大面积、无损监测提供技术支持。西北干旱区由于其独特的地理位置和气候条件，对于实时、准确地监测作物水分，实施精量控制灌溉显得尤其重要。本章将渭北旱塬区不同施肥条件下的小区和大田玉米作为实验对象，获取玉米冠层光谱及植株含水量，分析不同生育期植株含水量与光谱反射率及一阶微分光谱、植被指数、波段深度之间的定量关系，建立基于各种特征变量的不同生育期玉米植株含水量高光谱估算模型，从而为玉米水分状况的监测及在精准农业管理中的应用提供理论依据和方法。

6.1 材料与方法

6.1.1 数据获取

试验地的概况和试验设计参见 2.1 节和 2.3.2 节。2014、2015 年的 6～10 月，在春玉米（金穗 3 号）不同生育期，获取小区和大田的玉米冠层光谱，同步进行破坏性取样，获取玉米植株，得到玉米植株含水量（%）（plant water content，PWC）。冠层光谱和植株含水量的测定方法详见 2.4.1.2 节及 2.5.1.3 节。

6.1.2 数据处理与模型建立

冠层光谱的预处理方法参见 2.6.1 节，为了降低数据维数，将光谱反射率重采样到 5 nm 间隔。根据实测玉米冠层光谱反射率，并参考相关文献结论，经过剔除之后，本章研究主要应用 400～1340 nm、1460～1790 nm、1960～2400 nm 的光谱数据（刘秀英等，2015）。

对不同生育期玉米冠层光谱反射率及一阶微分光谱提取特征波段光谱、已经出版的光谱指数表 6-1）、构建新的微分光谱指数，在相关分析的基础上，结合 SLR、PLSR 和 ANN 方法建立不同生育期玉米植株含水量的估算模型，并用独立样本进行验证，具体方法参见 2.7 节。

表 6-1   本章使用的光谱指数列表

指数	计算公式或定义	文献出处
RI1	R_{1148}/R_{1088}	Schlerf 等（2005）
RI2	R_{1100}/R_{1200}	Seeliga 等（2008）
RI3	R_{1300}/R_{1450}	Seeliga 等（2008）
RI4	R_{1070}/R_{1200}	Hill 等（2006）
RI5	R_{1300}/R_{1200}	Hill 等（2006）
MSI1	R_{1599}/R_{819}	Ceccato 等（2002）

指数	计算公式或定义	文献出处
MSI2	R_{1650}/R_{835}	Rodriguez-perez 等（2007）
MSI3	R_{1600}/R_{820}	Hunt E R 和 Rock B N（1989）
WI	R_{900}/R_{970}	Peñuelas 等（1993）
WBI	R_{950}/R_{900}	Riedell W E 和 Blackmer T M（1999）
RAI	A_{1450}/A_{1940}	Wang Jie 等（2009）
SRWI	R_{678}/R_{1070}	Rodriguez-perez 等（2007）
NDII1	$(R_{820}-R_{1650})/(R_{820}+R_{1650})$	Hardisky 等（1983）
NDII2	$(R_{850}-R_{1650})/(R_{850}+R_{1650})$	Hunt E R 和 Rock B N（1989）
NDII3	$(R_{835}-R_{1650})/(R_{835}+R_{1650})$	Hardisky 等（1983）
NDVI1	$(R_{858}-R_{648})/(R_{858}+R_{648})$	Rouse 等（1974）；蒋金豹等，2010
NDWI	$(R_{860}-R_{1240})/(R_{860}+R_{1240})$	Gao 等（1996）；蒋金豹等，2010
SIWSI	$(R_{860}-R_{1640})/(R_{860}+R_{1640})$	Fensholt 等（2003）
VDI	$(R_{970}-R_{900})/(R_{970}+R_{900})$	Peñuelas 等（1993）
NDMI	$(R_{1649}-R_{1722})/(R_{1649}+R_{1722})$	Wang 等（2011）
NHI	$\dfrac{(R_{1100}-R_{1200})/(R_{1100}+R_{1200})}{(R_{850}-R_{670})/(R_{850}+R_{670})}$	Pimstein 等（2009）
NDVI2	$(R_{780}-R_{650})/(R_{780}+R_{650})$	王娟和郑国清（2010）
RVI	$RVI=R_{800}/R_{500}$	王娟和郑国清（2010）
FD730-955	730 nm 与 955 nm 处一阶导数的差值	梁亮（2010）
FD730-1145	730 nm 与 1145 nm 处一阶导数的差值	
FD730-1330	730 nm 与 1330 nm 处一阶导数的差值	
FD1145-955	1145 nm 与 955 nm 处一阶导数的比值	
R-DN1	$R（610，560）/ND（810，610）$	田永超等（2014）
R-DN2	$R（1640，2130）/ND（855，555）$	Zhang 和 Guo（2006）
WI-NDVI	$WI（900，970）/NDVI（900，680）$	Peñuelas 和 Inoue（1999）
RI6	R_{1475}/R_{1424}	王强等（2013）
NDVI3	$(R_{1475}-R_{1424})/(R_{1475}+R_{1424})$	王强等（2013）

6.2 玉米植株水分含量与冠层光谱的相关性

6.2.1 玉米植株不同水分含量的冠层光谱特征

图 6-1 为不同植株含水量的玉米冠层高光谱反射率。由图 6-1 可以看出，不同植株含水量水平下，玉米冠层高光谱反射率均具有"峰""谷"特征，形状相似，但是随着植株含水量增加，不同波段范围玉米的冠层光谱反射率具有不同的变化规律。在 400 ~ 700 nm 波段，主要受叶绿素等色素含量影响，随着含水量增加反射率有减小的趋势；740 ~ 1340 nm 波段，随着植株水分含量增加，玉米冠层光谱反射率呈现递增的趋势；而 850 ~ 1790 nm 和 1960 ~ 2400 nm 波段，玉米冠层光谱反射率随植株含水量增加波段深度有增大的趋势。近红外波段存在几个明显的水分吸收谷，当植株含水量降低时水分吸收谷深度减小，但是，当大气中水汽较大时，可能会引起冠层光谱误差增大。

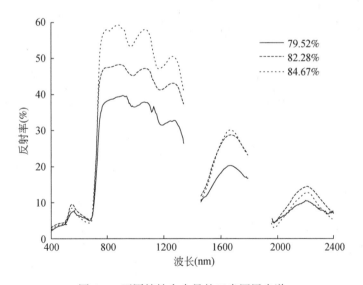

图 6-1　不同植株含水量的玉米冠层光谱

6.2.2 玉米冠层反射率及其一阶微分与植株含水量的相关性

进行冠层光谱反射率、一阶微分光谱与玉米植株含水量的相关分析，可以确定玉米植株含水量的特征波段。基于此，本章分析了玉米6~8叶期、10~12叶期、开花吐丝期、灌浆期、乳熟期的光谱反射率、一阶微分光谱与玉米植株含水量的相关性（图6-2）。由图6-2可知，在6~8叶期、10~12叶期光谱反射率与植株水分含量的相关系数曲线形状相似，开花吐丝期、灌浆期光谱反射率与植株水分含量的相关系数曲线形状相似，而乳熟期光谱反射率与植株水分含量的相关系数曲线形状比较特别，各波段相关系数变化较小；6~8叶期光谱反射率与植株水分含量相关系数呈正负交替变化；10~12叶期光谱反射率与植株水分含量呈正相关；而开花吐丝期、灌浆期和乳熟期光谱反射率与植株水分含量呈负相关。各生育期一阶微分光谱与植株水分含量的相关系数呈正负交替变化。

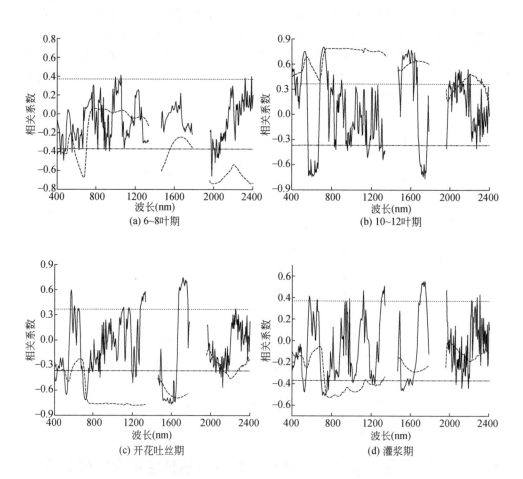

(a) 6~8叶期　　　　　　　　　　(b) 10~12叶期

(c) 开花吐丝期　　　　　　　　　(d) 灌浆期

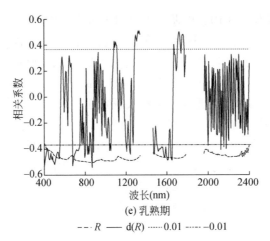

(e) 乳熟期

— — *R* —— d(*R*) ······ 0.01 ----- −0.01

图 6-2　冠层光谱反射率、一阶微分光谱与不同生育期玉米植株含水量的相关系数

6～8 叶期的光谱反射率与植株水分含量的最大相关波段为 1985 nm，相关系数为−0.743；而对应一阶微分光谱与植株含水量最大相关波段为 1980 nm，相关系数为−0.660；10～12 叶期，光谱反射率与植株含水量的最大相关波段为 820 nm，相关系数为 0.789，对应一阶微分的最大相关波段为 715 nm，相关系数为 0.806。开花吐丝期光谱反射率与植株含水量在 1260 nm 处相关性最强，相关系数为 0.771，而一阶微分光谱与植株含水量的最大相关系数位于 1600 nm，相关系数为−0.766；灌浆期光谱反射率、一阶微分光谱与植株含水量的最大相关分别位于 780 nm 和 1740 nm，相关系数分别为−0.526 和 0.550。乳熟期原始光谱、一阶微分光谱与植株含水量的最大相关分别出现在 885 nm 和 400 nm，相关系数分别为−0.498 和−0.555。综上所述，通过对玉米关键生育期的冠层光谱反射率、一阶微分光谱与植株含水量进行相关分析，确定了玉米各生育期植株含水量的最大相关波段，以此为特征波段建立两者之间的定量关系；另外，由于 6～9 月是渭北旱塬雨水集中的时期，所以试验获取的冠层光谱及植株含水量均会受到影响，从而可能对两者之间的相关关系造成影响，因此需要进行长期定位试验，获取更多周期的数据，以便找出两者之间的变化规律。

6.2.3　玉米光谱指数与植株含水量的相关性

6.2.3.1　光谱指数的构建

用于表征植被含水量的指数比较多（表 6-1），均是针对不同的作物或植被的叶片或植株含水量提出来的，而专门针对玉米植株含水量反演的指数较少。本书在其他研究（梁亮，2010）的基础上针对玉米光谱构建了新的指数，以便提高玉米植株含水量监测的精度。因为一阶微分光谱可以部分消除背景影响，因而在一阶微分处理基础上，选取对水分含量敏感的波段构建新的光谱指数。由图6-3可知，玉米的一阶微分光谱在525 nm、725 nm、925 nm、1140 nm、1330 nm、1520 nm附近为波峰或波谷的形态。由前人研究可知，525 nm为蓝边拐点；725 nm峰值是由植被红边引起的，均可反映植物的生长状况；925 nm、1140 nm、1330 nm、1520 nm附近的峰、谷均因植物叶片中水分吸收引起（梁亮，2010）。因此本文利用这6个波段的一阶微分值，以差值（FDD）、比值（FDR）、归一化（FDND）3种计算方法构建光谱指数，结合已有水分指数，筛选相关性较好的光谱指数建立玉米植株水分含量估算模型（表6-2）。

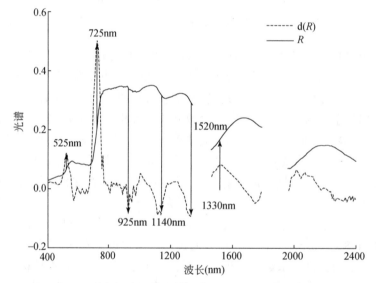

图6-3   表征玉米理化性质的特征波段在光谱中的位点

表6-2   一阶微分光谱构建的光谱指数

指数	计算公式
FDD（525，725）	525 nm与725 nm处一阶微分的差值
FDD（525，925）	525 nm与925 nm处一阶微分的差值
FDD（525，1140）	525 nm与1140 nm处一阶微分的差值
FDD（525，1330）	525 nm与1330nm处一阶微分的差值
FDD（525，1520）	525 nm与1520 nm处一阶微分的差值

续表

指数	计算公式
FDR（525，725）	525 nm 与 725 nm 处一阶微分的比值
FDR（525，925）	525 nm 与 925 nm 处一阶微分的比值
FDR（525，1140）	525 nm 与 1140 nm 处一阶微分的比值
FDR（525，1330）	525 nm 与 1330nm 处一阶微分的比值
FDR（525，1520）	525 nm 与 1520 nm 处一阶微分的比值
FDND（525，725）	525 nm 与 725 nm 处一阶微分的归一化
FDND（525，925）	525 nm 与 925 nm 处一阶微分的归一化
FDND（525，1140）	525 nm 与 1140 nm 处一阶微分的归一化
FDND（525，1330）	525 nm 与 1330 nm 处一阶微分的归一化
FDND（525，1520）	525 nm 与 1520 nm 处一阶微分的归一化
FDD（725，925）	725 nm 与 925 nm 处一阶微分的差值
FDD（725，1140）	725 nm 与 1140 nm 处一阶微分的差值
FDD（725，1330）	725 nm 与 1330 nm 处一阶微分的差值
FDD（725，1520）	725 nm 与 1520 nm 处一阶微分的差值
FDR（725，925）	725 nm 与 925 nm 处一阶微分的比值
FDR（725，1140）	725 nm 与 1140 nm 处一阶微分的比值
FDR（725，1330）	725 nm 与 1330 nm 处一阶微分的比值
FDR（725，1520）	725 nm 与 1520 nm 处一阶微分的比值
FDND（725，925）	725 nm 与 925 nm 处一阶微分的归一化
FDND（725，1140）	725 nm 与 1140 nm 处一阶微分的归一化
FDND（725，1330）	725 nm 与 1330 nm 处一阶微分的归一化
FDND（725，1520）	725 nm 与 1520 nm 处一阶微分的归一化
FDD（925，1140）	925 nm 与 1140 nm 处一阶微分的差值
FDD（925，1330）	925 nm 与 1330 nm 处一阶微分的差值
FDD（925，1520）	925 nm 与 1520 nm 处一阶微分的差值

指数	计算公式
FDR (925, 1140)	925 nm 与 1140 nm 处一阶微分的比值
FDR (925, 1330)	925 nm 与 1330 nm 处一阶微分的比值
FDR (925, 1520)	925 nm 与 1520 nm 处一阶微分的比值
FDND (925, 1140)	925 nm 与 1140 nm 处一阶微分的归一化
FDND (925, 1330)	925 nm 与 1330nm 处一阶微分的归一化
FDND (925, 1520)	925 nm 与 1520 nm 处一阶微分的归一化
FDD (1140, 1330)	1140 nm 与 1330 nm 处一阶微分的差值
FDD (1140, 1520)	1140 nm 与 1520 nm 处一阶微分的差值
FDR (1140, 1330)	1140 nm 与 1330 nm 处一阶微分的比值
FDR (1140, 1520)	1140 nm 与 1520 nm 处一阶微分的比值
FDND (1140, 1330)	1140 nm 与 1330 nm 处一阶微分的归一化
FDND (1140, 1520)	1140 nm 与 1520 nm 处一阶微分的归一化
FDD (1330, 1520)	1330 nm 与 1520 nm 处一阶微分的差值
FDR (1330, 1520)	1330 nm 与 1520 nm 处一阶微分的比值
FDND (1330, 1520)	1330 nm 与 1520 nm 处一阶微分的归一化

6.2.3.2 光谱指数与植株含水量的相关性

分析已经发表的光谱指数与不同生育期玉米植株水分含量的相关性,其结果见表6-3(仅列出了达到0.01极显著相关的结果)。由表6-3可知,6~8叶期的玉米植株水分含量与已经发表的水分光谱指数之间的相关性比较好,大部分光谱指数均与该时期的玉米植株水分含量极显著相关;但是其他生育期与玉米植株水分含量极显著相关的植被指数相对较少,10~12叶期有4个、开花吐丝期有3个、灌浆期有3个、乳熟期只有1个;而且整个生育期均有一阶微分光谱指数与玉米植株水分含量极显著相关,特别是10~12叶期到灌浆期均有3个一阶微分光谱指数与玉米植株水分含量极显著相关,以上分析说明已经发表的水分光谱指数是从不同生长环境和种植条件下的作物、植物叶片或冠层光谱提取出来的,可能在某些条件下具有适用性,但是不一定适用于某种特定作物的整个生育期;此外，一阶微分光谱构建的光谱指数在玉米生长中后期与植株水分含量的相关性较好，进一步说明可以利用一阶微分光谱构建玉米植株水分含量的光谱指数，来提高不同生育期玉米植株水分含量监测的精度。

表6-3　光谱指数与不同生育期玉米植株含水量之间的相关系数

生育期	光谱指数						
	$RI1$	$RI2$	$RI3$	$RI4$	$RI6$	MSI1	MSI2
	−0.546	0.576	0.640	0.641	0.533	−0.646	−0.652
	WI	WBI	RAI	SRWI	NDII1	NDII2	NDII3
6~8 叶期	0.567	−0.487	−0.446	−0.502	0.643	0.659	0.650
	NDVI1	DNWI	SIWSI	VDI	NDMI	NHI	NDVI2
	0.502	0.611	0.658	−0.568	0.403	0.419	0.499
	R-DN1	FD1145/955	R-DN2	MSI3	RVI	NDVI3	
	−0.471	−0.403	−0.386	−0.646	0.496	0.533	
10~12 叶期	FD730−955	FD730−1145	FD730−1330	RI1			
	0.721	0.596	0.736	0.443			
开花 吐丝期	FD730−950	FD730−1145	FD730−1330				
	−0.682	−0.665	−0.704				
灌浆期	FD730−950	FD730−1145	FD730−1330				
	−0.497	−0.466	−0.540				
乳熟期	FD730−1330						
	−0.447						

利用新构建的光谱指数与不同生育期玉米植株水分含量进行相关分析，结果见表6-4（仅列出了达到0.01极显著相关的结果）。由表6-4可以看出，除6~8叶期外，一阶微分光谱构建的光谱指数在不同的生育期均与玉米植株水分含量相关性较好，特别是差值指数。6~8叶期，3个比值指数与玉米植株水分含量极显著相关；10~12叶期有18个光谱指数与玉米植株水分含量极显著相关，并且FDD（525，725）、FDD（525，1140）、FDD（525，1330）、FDD（725，1140）、FDD（725，1330）、FDD（725，1520）与玉米植株水分含量的相关系数大于0.7，说明两者相关性较强；开花吐丝期有10个光谱指数与玉米植株水分含量极显著相关，FDD（725，1330）、FDD（725，1520）与玉米植株水分含量的相关

系数大于0.7；灌浆期也有10个光谱指数与玉米植株水分含量极显著相关，但是相关性明显减弱；乳熟期有8个光谱指数与玉米植株水分含量极显著相关，相关系数均较低。以上分析说明新构建的微分光谱指数更适合本研究建立不同生育期玉米植株含水量估算模型。

表6-4　新光谱指数与不同生育期玉米植株含水量之间的相关系数

生育期	新光谱指数			
6~8 叶期	FDR (725, 1520)	FDR (725, 1520)	FDR (1330, 1520)	
	0.574	0.591	−0.505	
10~12 叶期	FDD (525, 725)	FDD (525, 1140)	FDD (525, 1330)	FDD (525, 1520)
	−0.740	0.730	0.748	0.556
	FDR (525, 725)	FDR (525, 1330)	FDR (525, 1520)	FDND (525, 725)
	0.457	−0.552	0.379	0.450
	FDD (725, 925)	FDD (725, 1140)	FDD (725, 1330)	FDD (725, 1520)
	0.627	0.779	0.783	0.777
	FDR (725, 1330)	FDND (725, 1330)	FDD (1140, 1520)	FDD (1330, 1520)
	−0.431	−0.404	−0.641	−0.637
	FDR (1330, 1520)	FDND (1330, 1520)		
	0.408	0.439		
开花 吐丝期	FDD (525, 725)	FDD (525, 925)	FDD (525, 1140)	FDD (725, 925)
	0.691	−0.387	−0.527	−0.626
	FDD (725, 1140)	FDD (725, 1330)	FDD (725, 1520)	FDR (525, 1140)
	−0.691	−0.716	−0.704	0.369
	FDD (1140, 1520)	FDD (1330, 1520)		
	0.499	0.674		
灌浆期	FDD (525, 725)	FDD (525, 925)	FDD (525, 1140)	FDD (525, 1330)
	0.489	−0.386	−0.400	−0.582
	FDD (725, 925)	FDD (725, 1145)	FDD (725, 1330)	
	−0.545	−0.486	−0.544	

生育期	新光谱指数			
灌浆期	FDD (725, 1520)	FDD (1140, 1520)	FDD (1330, 1520)	
	−0.501	0.409	0.540	
乳熟期	FDD (525, 1140)	FDD (525, 1330)	FDD (525, 1520)	FDD (725, 925)
	−0.384	−0.500	−0.397	−0.434
	FDD (725, 1145)	FDD (725, 1330)	FDD (725, 1520)	FDD (1330, 1520)
	−0.390	−0.446	−0.403	0.490

6.3 不同生育期玉米植株含水量的一元线性监测

6.3.1 基于特征光谱的含水量一元线性估算模型

以特征波段光谱为自变量，不同生育期玉米植株含水量为因变量建立一元线性估算模型，其拟合及验证结果见表6-5。由表6-5可知，6~8叶期、10~12叶期、开花吐丝期的光谱反射率、一阶微分光谱与玉米植株水分含量之间的线性拟合较好，拟合 R^2 均大于0.5。经独立样本验证，10~12叶期、开花吐丝期的植株含水量预测值与测量值之间的线性拟合较好，验证 R^2 大于0.5，RMSE 小于1.1%，并且10~12叶期的光谱反射率、一阶微分光谱和开花吐丝期的光谱反射率建立的模型，验证 RPD 为1.4~2.0，而其他模型的验证 RPD 均小于1.4。综合以上分析可知，10~12叶期的光谱反射率、一阶微分光谱及开花吐丝期的光谱反射率的特征波段光谱建立的一元线性模型的拟合和验证结果相对较好，能对玉米植株含水量进行粗略估算；而6~8叶期的特征波段光谱建立的线性估算模型稳定性较差；灌浆期和乳熟期的特征波段光谱建立的一元线性估算模型的拟合及验证结果均较差，不能对该时期的植株水分含量进行监测。

表 6-5　基于特征光谱的不同生育期玉米植株含水量线性估算模型结果

生育期	光谱变换	波段 （nm）	方程	拟合	验证		
				R^2	R^2	RMSE （%）	RPD
6~8 叶期	R	1985	$y=-0.7347x+87.036$	0.576	0.466	0.585	1.336
	d（R）	1980	$y=-116.17x+86.579$	0.528	0.238	0.771	1.014
10~12 叶期	R	820	$y=0.2011x+76.59$	0.653	0.585	0.886	1.475
	d（R）	715	$y=11.121x+78.778$	0.682	0.616	0.864	1.511
开花 吐丝期	R	1260	$y=-0.316x+91.259$	0.588	0.622	0.894	1.576
	d（R）	1600	$y=-200.29x+91.142$	0.614	0.566	1.008	1.398
灌浆期	R	780	$y=-0.0954x+82.086$	0.279	0.338	1.280	1.152
	d（R）	1740	$y=79.065x+81.822$	0.309	0.344	1.276	1.155
乳熟期	R	885	$y=-0.2786x+84.781$	0.322	0.153	3.152	1.025
	d（R）	400	$y=-399.37x+78.915$	0.407	0.142	3.105	1.040

6.3.2　基于光谱指数的含水量一元线性估算模型

表 6-6 列出了基于光谱指数的不同生育期玉米植株水分含量的一元线性估算模型拟合及验证结果（仅列出 RPD 值大于 1.2 的结果）。由表 6-6 可知，6~8 叶期的光谱指数建立的一元线性估算模型的拟合 R^2 为 0.358~0.408。经独立样本验证，预测值与测量值之间的验证 R^2 为 0.421~0.594，明显高于拟合的 R^2，说明模型的稳定性不高。通过进一步分析可知，RI4、MSI2、NDII2、SIWSI 为自变量建立的一元线性模型的拟合和验证 R^2 大于 0.4，验证 RPD 值大于 1.4，相对比较稳定，精度较高，能进行该时期玉米植株含水量粗略估算。10~12 叶期，基于 FD730~955、FDD（725，1140）、FDD（725，1330）、FDD（725，1520）建立的玉米植株含水量线性估算模型的拟合 R^2 均大于 0.5，独立样本验证后，验证 R^2 也大于 0.5，RMSE 为 0.886%~0.931%，且 RPD 值大于 1.4，为 1.4~2.0，说明这几个光谱指数建立的一元线性估算模型比较稳定，能对玉米植株含水量进行粗略估算。开花吐丝期，基于 FDD（725，1140）、FDD（725，1330）建立的一元线性估算模型的拟合 R^2 大于 0.4，验证 R^2 大于 0.55，RPD 值大于 1.4，相对同时期其他模型而言，稳定性和精度均较好，能进行玉米植株含水量粗略估算。而灌浆期和乳熟期的光谱指数与植株水分含量之间的相关系数均小于 0.6，拟合的线性估算模型精度较低，因此拟合结果未列出。由以上分析可知，基于光谱指数建立的一元线性估算模型，预测精度和稳定性有待提高，无法进行玉米植株含

水量的实际监测；FDD（725，1140）、FDD（725，1330）在10～12叶期和开花吐丝期与玉米植株水分含量的线性拟合关系相对较好，说明这两个新构建的指数用于玉米植株水分含量反演具有一定的优势。

表6-6 基于光谱指数的不同生育期玉米植株含水量线性估算模型结果

生育期	光谱指数	线性方程	拟合	验证		
			R^2	R^2	RMSE（%）	RPD
6～8叶期	RI3	$y=1.0385x+80.466$	0.366	0.594	0.537	1.573
	RI4	$y=20.189x+60.631$	0.404	0.423	0.601	1.405
	MSI1	$y=-10.847x+89.901$	0.390	0.529	0.562	1.503
	MSI2	$y=-11.377x+90.78$	0.400	0.521	0.559	1.513
	MSI3	$y=-10.847x+89.901$	0.390	0.529	0.562	1.503
	NDII1	$y=13.877x+80.494$	0.386	0.508	0.563	1.502
	NDII2	$y=14.409x+80.282$	0.406	0.530	0.549	1.539
	NDII3	$y=14.156x+80.394$	0.394	0.519	0.556	1.519
	NDWI	$y=35.669x+81.866$	0.358	0.421	0.604	1.400
	SIWSI	$y=14.353x+80.198$	0.408	0.517	0.554	1.525
10～12叶期	FD730-955	$y=8.1569x+77.079$	0.525	0.520	0.931	1.402
	FD730-1330	$y=9.5229x+75.225$	0.590	0.476	1.000	1.307
	FDD（525，725）	$y=-11.697x+76.933$	0.567	0.538	0.936	1.395
	FDD（525，1140）	$y=26.163x+78.449$	0.575	0.472	0.991	1.318
	FDD（525，1330）	$y=29.953x+76.79$	0.637	0.438	1.037	1.260
	FDD（725，1140）	$y=9.0738x+76.499$	0.639	0.565	0.910	1.436
	FDD（725，1330）	$y=9.3302x+76.034$	0.651	0.565	0.914	1.429
	FDD（725，1520）	$y=11.287x+76.912$	0.625	0.584	0.886	1.474
开花吐丝期	FD730-950	$y=-11.315x+89.836$	0.398	0.625	0.899	1.567
	FD730-1145	$y=-10.066x+88.964$	0.368	0.607	0.891	1.582
	FD730-1330	$y=-10.559x+89.715$	0.435	0.647	0.890	1.583
	FDD（525，725）	$y=15.747x+89.388$	0.476	0.528	1.066	1.321
	FDD（525，1330）	$y=-30.75x+87.922$	0.368	0.680	0.803	1.754
	FDD（725，925）	$y=-8.2806x+86.599$	0.353	0.484	1.028	1.370

续表

生育期	光谱指数	线性方程	拟合	验证		
			R^2	R^2	RMSE（%）	RPD
开花吐丝期	FDD（725，1140）	$y=-11.661x+89.788$	0.437	0.587	0.953	1.478
	FDD（725，1330）	$y=-11.577x+89.857$	0.488	0.603	0.975	1.445
	FDD（725，1520）	$y=-16.048x+89.851$	0.508	0.529	1.091	1.292
	FDD（1330，1520）	$y=33.204x+87.937$	0.350	0.702	0.813	1.732

6.4 不同生育期玉米植株含水量的 PLSR 监测

6.4.1 基于光谱的含水量 PLSR 估算模型

以玉米冠层原始光谱及一阶微分光谱为自变量建立不同生育期植株含水量的 PLSR 估算模型，结果见表 6-7。由表 6-7 可知，以两种光谱为输入变量建立的 PLSR 估算模型的校正及验证结果均不太好，精度偏低。其中，6~8 叶期、10~12 叶期、开花吐丝期建模选择的主成分为 1~3 个，相对较少；拟合 R^2 大于 0.51，为 0.513~0.686，RMSE 为 0.641%~1.031%；经独立样本验证后可知，验证 R^2 大于 0.5，为 0.510~0.587，RMSE 为 0.510%~0.986%，RPD 值大于 1.4，为 1.429~1.556。以上分析可知 6~8 叶期、10~12 叶期和开花吐丝期的光谱建立的 PLSR 估算模型仅能对玉米植株含水量进行粗略估算。而灌浆期的拟合和验证 R^2 及 RPD 值均较小，RMSE 较大，不能用于植株含水量监测。乳熟期的 PLSR 估算模型结果较差，未列出。玉米植株含水量的 PLSR 估算模型整体精度偏低的原因可能有两方面，一方面可能由于建模选择的主成分较少，大部分仅选择了一个因子建模，另一方面可能是两者之间属于非线性关系，而 PLSR 模型表达的仍然是变量之间的线性关系，从而使得模型的精度偏低。

表 6-7 基于光谱的不同生育期玉米植株含水量 PLSR 估算模型结果

生育期	光谱变换	主成分数	校正		验证		
			R^2	RMSE（%）	R^2	RMSE（%）	RPD
6~8 叶期	R	2	0.608	0.641	0.529	0.537	1.457
	d（R）	3	0.607	0.642	0.545	0.510	1.534

续表

生育期	光谱变换	主成分数	校正		验证		
			R^2	RMSE（%）	R^2	RMSE（%）	RPD
10 ~ 12 叶期	R	2	0.686	0.750	0.514	0.911	1.434
	d（R）	1	0.685	0.751	0.530	0.896	1.458
开花吐丝期	R	1	0.574	0.965	0.587	0.905	1.556
	d（R）	1	0.513	1.031	0.510	0.986	1.429
灌浆期	R	2	0.374	1.145	0.293	1.240	1.189
	d（R）	1	0.362	1.156	0.187	1.330	1.109

6.4.2　基于光谱指数的含水量 PLSR 估算模型

表 6-8 展示了基于光谱指数建立的不同生育期玉米植株含水量 PLSR 估算模型的拟合及验证结果。由表 6-8 可知，基于光谱指数建立的 PLSR 估算模型的整体结果较差。只有 6 ~ 8 叶期和 10 ~ 12 叶期的 PLSR 模型的拟合和验证结果相对较好，拟合 R^2 大于 0.5，验证 R^2 大于 0.4，验证 RPD 值稍大于 1.4，能进行玉米植株含水量的粗略估算；其他 3 个时期基于光谱指数建立的 PLSR 估算模型拟合和验证结果均很差，不能进行玉米植株水分含量估算。原因同样可能是由于建模过程中选择的主成分较少，变量间可能呈非线性关系。

表 6-8　基于光谱指数的不同生育期玉米植株含水量 PLSR 估算模型结果

生育期	主成分数	校正		验证		
		R^2	RMSE（%）	R^2	RMSE（%）	RPD
6 ~ 8 叶期	2	0.531	0.702	0.408	0.602	1.404
10 ~ 12 叶期	3	0.700	0.559	0.493	0.930	1.406
开花吐丝期	3	0.614	0.918	0.118	1.403	1.004
灌浆期	1	0.341	0.309	0.140	1.367	1.079
乳熟期	1	0.228	0.174	0.133	3.075	1.050

6.5 不同生育期玉米植株含水量的 ANN 监测

6.5.1 基于光谱的含水量 ANN 估算模型

依据 2.7.3 节的方法，按照 PLSR 回归系数选择不同波段范围内的 6 个波峰或波谷作为 ANN 模型的输入层，不同生育期的光谱反射率和一阶微分光谱输入变量见表 6-9。由表 6-9 可知，不同生育时期选择的输入变量有共同的波段，但也存在不同波段，依据 PLSR 回归系数选择的输入变量集中在以下波段：525 nm、725 ~ 770 nm、820 ~ 870 nm、910 ~ 950 nm、1065 ~ 1190 nm、1280 ~ 1515 nm、1780 ~ 1790 nm、1960 ~ 1970 nm、2065 ~ 2385 nm，这些波段均为反映植被生长状况或植被含水量的敏感波段，证明采用 PLSR 回归系数选择 ANN 模型的输入变量是有效的。

表 6-9 基于光谱的玉米植株含水量 ANN 模型的输入变量

生育期	光谱变换	输入变量
6 ~ 8 叶期	R	910, 1065, 1465, 1515, 1790, 2175
	d(R)	935, 1120, 1135, 2065, 2220, 2385
10 ~ 12 叶期	R	765, 820, 935, 1130, 1510, 1790
	d(R)	525, 720, 930, 1125, 1160, 1335
开花吐丝期	R	770, 850, 950, 1135, 1190, 1280
	d(R)	525, 725, 765, 1125, 1135, 1165
灌浆期	R	780, 845, 1040, 1460, 1780, 2240
	d(R)	730, 930, 1115, 1335, 1965, 2255
乳熟期	R	870, 1120, 1340, 1790, 1960, 2270
	d(R)	725, 925, 1110, 1970, 2155, 2330

利用选择的光谱变量作为输入层，隐含层的节点数设置为 5，不同生育期的玉米植株含水量为输出层，采用保留排除法和 K-fold 法进行验证，建立不同生育期玉米植株含水量的 ANN 估算模型，其训练和验证结果见表 6-10。由表 6-10 可知，6 ~ 8 叶期、10 ~ 12 叶期、开花吐丝期，以光谱反射率和一阶微分光谱为输入变量，采用 K-fold 法（K = 4）验证，训练 R^2 大于 0.76，为 0.769 ~ 0.898，

RMSE 为 0.302%~0.712%，RPD 值为 2.083~3.134，均大于 2.0；经独立样本验证，验证 R^2 大于 0.77，为 0.773~0.877，RMSE 为 0.299%~0.819%，验证 RPD 值大于 2.0，为 2.102~2.850。

表 6-10 基于光谱的不同生育期玉米植株含水量 ANN 估算模型结果

生育期	光谱变换	验证方法	网络结构	训练			验证		
				R^2	RMSE（%）	RPD	R^2	RMSE（%）	RPD
6~8 叶期	R	保留排除法	6-5-1	0.820	0.435	2.355	0.750	0.391	2.001
		K-fold 法	6-5-1	0.860	0.387	2.677	0.788	0.299	2.171
	d（R）	保留排除法	6-5-1	0.625	0.477	1.634	0.607	0.491	1.593
		K-fold 法	6-5-1	0.898	0.302	3.134	0.858	0.359	2.654
10~12 叶期	R	保留排除法	6-5-1	0.708	0.724	1.850	0.611	0.814	1.605
		K-fold 法	6-5-1	0.804	0.625	2.258	0.845	0.397	2.539
	d（R）	保留排除法	6-5-1	0.749	0.671	1.996	0.721	0.690	1.892
		K-fold 法	6-5-1	0.835	0.528	2.463	0.877	0.479	2.850
开花吐丝期	R	保留排除法	6-5-1	0.570	0.969	1.525	0.620	0.868	1.623
		K-fold 法	6-5-1	0.769	0.712	2.083	0.773	0.646	2.102
	d（R）	保留排除法	6-5-1	0.618	0.913	1.618	0.623	0.865	1.629
		K-fold 法	6-5-1	0.779	0.596	2.168	0.804	0.819	2.261
灌浆期	R	保留排除法	6-5-1	0.504	1.019	1.420	0.502	1.040	1.418
		K-fold 法	6-5-1	0.602	0.915	1.584	0.640	0.876	1.668
	d（R）	保留排除法	6-5-1	0.652	0.854	1.694	0.573	0.963	1.531
		K-fold 法	6-5-1	0.669	0.769	1.739	0.543	1.141	1.480
乳熟期	R	保留排除法	6-5-1	0.507	2.281	1.424	0.306	2.692	1.200
		K-fold 法	6-5-1	0.511	1.857	1.430	0.562	2.366	1.512
	d（R）	保留排除法	6-5-1	0.570	2.131	1.525	0.312	2.680	1.205
		K-fold 法	6-5-1	0.579	1.836	1.542	0.678	2.374	1.761

以上分析表明，6～8 叶期、10～12 叶期、开花吐丝期的光谱反射率和一阶微分光谱，采用 K-fold 法验证，建立的 ANN 估算模型训练和验证结果均较好，模型精度较高，能对各生育期玉米植株含水量进行监测。灌浆期和乳熟期，采用 K-fold 方法验证建立的 ANN 估算模型的训练和验证 R^2 小于 0.7，RPD 值为 1.4～2.0，说明建立的 ANN 模型只能对玉米植株含水量进行粗略估算。当采用保留排除法验证时，只有 6～8 叶期的光谱反射率建立的 ANN 模型的训练和验证结果较好，其训练和验证 R^2 分别为 0.820 和 0.750，RMSE 为 0.435% 和 0.391%，RPD 值为 2.355 和 2.001，说明模型的训练和验证结果均较好，能对玉米植株含水量进行监测；其他 4 个时期的光谱建立的 ANN 估算模型的训练和验证 RPD 值为 1.4～2.0，只能对玉米植株含水量进行粗略估算。与一元线性回归方法和 PLSR 方法建立的估算模型相比，ANN 方法建立的估算模型精度明显提高，说明玉米光谱和植株含水量之间存在较强的非线性关系。

6.5.2 基于光谱指数的含水量 ANN 估算模型

依据 2.7.3 节的方法，按照 PLSR 的回归系数最大值确定 6 个光谱指数作为玉米植株含水量 ANN 估算模型的输入层（表6-11）。由表6-11 可知，6～8 叶期，输入层变量有 4 个是已经出版的光谱指数，有 2 个是新构建的微分光谱指数；10～12 叶期、开花吐丝期、灌浆期、乳熟期的输入层分别有 4 个、6 个、3 个、5 个新微分光谱指数，而且不同生育期输入层变量中，6～8 叶期有 2 个一阶微分光谱指数，10～12 叶期、开花吐丝期、灌浆期、乳熟期均有 6 个一阶微分光谱指数，说明一阶微分光谱指数在玉米植株水分含量估算中优势突出，新构建的光谱指数比较适合玉米植株水分含量的估算。分析光谱指数的通用性可知，FDD（725，925）、FDD（725，1140）、FDD（725，1330）是 10～12 叶期、开花吐丝期、灌浆期和乳熟期共同的输入变量，说明这 3 个光谱指数的通用性非常好；另外，已经出版的光谱指数 FD730～1330 是 10～12 叶期、灌浆期和乳熟期共同的输入变量，说明其通用性也较好，这些光谱指数可为不同生育期玉米植株水分含量统一估算模型的建立提供参考。

表 6-11　基于光谱指数的玉米植株含水量 ANN 模型的输入变量

生育期	输入变量
6~8 叶期	RI3、MSI2、RVI、FD1145~955、FDR（725，1520）、FDR（1330，1520）
10~12 叶期	FD730~955、FD730~1330、FDR（525，1520）、FDD（725，925）、 FDD（725，1140）、FDD（725，1330）
开花吐丝期	FDD（525，925）、FDD（725，925）、FDD（725，1140）、FDD（725，1330）、 FDD（725，1520）、FDR（725，1140）
灌浆期	FD730~955、FD730~1145、FD730~1330、FDD（725，925）、FDD（725，1140）、 FDD（725，1330）
乳熟期	FD730~1330、FDD（525，1330）、FDD（725，925）、FDD（725，1140）、 FDD（725，1330）、FDD（725，1520）

以 6 个光谱指数作为输入层，采用保留排除法和 K-fold 法进行验证，隐含层节点数设置为 5，建立不同生育期玉米植株含水量的 ANN 估算模型，其训练和验证结果见表 6-12。由表 6-12 数据可知，选择 K-fold 法进行验证（K=5），6~8 叶期、10~12 叶期、开花吐丝期的植株含水量 ANN 模型的训练和验证结果均较好，训练 R^2 大于 0.77，为 0.778~0.859，RMSE 为 0.418%~0.651%，RPD 值大于 2.0，为 2.122~2.664；经独立样本验证，验证 R^2 大于 0.79，为 0.792~0.875，RMSE 为 0.470%~0.608%，RPD 值为 2.196~2.823，大于 2.0，以上分析说明 6~8 叶期、10~12 叶期和开花吐丝期，采用 K-fold 法验证建立的 ANN 模型，精度较高、稳定性较好，能对玉米植株水分含量进行实际监测。而采用保留排除法进行验证时，只有 10~12 叶期的植株含水量 ANN 估算模型的结果比较好，其训练和验证 R^2 分别为 0.894 和 0.775，RMSE 为 0.484% 和 0.711%，RPD 值分别为 3.075 和 2.110，说明该估算模型精度较高，同样能对玉米植株含水量进行反演。10~12 叶期采用两种验证方法建立的 ANN 模型均能对玉米植株含水量进行监测，因此，以 10~12 叶期建立的 ANN 估算模型为例，在图 6-4 和图 6-5 中分别展示了 ANN 估算模型的网络结构和两种验证方法的训练及验证结果。灌浆期和乳熟期采用 K-fold 验证方法建立的 ANN 模型的训练和验证 RPD 值为 1.4~2.0，训练和验证 R^2 为 0.55 左右，说明建立的 ANN 估算模型仅能对玉米植株含水量进行粗略估算，说明这两个时期的玉米植株含水量估算还有待进一步研究。综上所述，6~8 叶期和 10~12 叶期、开花吐丝期的玉米植株含水量，利用光谱指数建立的 ANN 估算模型精度较高，稳定性较好，能用于实际监测；而灌浆期和乳熟期，基于光谱指数建立的 ANN 估算模型仅能对玉米植株含水量进行粗略估算，其精度有待提高。

表 6-12 基于光谱指数的不同生育期玉米植株含水量 ANN 估算模型结果

生育期	验证方法	网络结构	训练			验证		
			R^2	RMSE（%）	RPD	R^2	RMSE（%）	RPD
6~8 叶期	保留排除法	6-5-1	0.649	0.607	1.688	0.605	0.491	1.593
	K-fold 法	6-5-1	0.797	0.418	2.217	0.792	0.470	2.196
10~12 叶期	保留排除法	6-5-1	0.894	0.484	3.075	0.775	0.711	2.110
	K-fold 法	6-5-1	0.859	0.557	2.664	0.839	0.608	2.491
开花 吐丝期	保留排除法	6-5-1	0.675	0.843	1.753	0.581	0.912	1.545
	K-fold 法	6-5-1	0.778	0.651	2.122	0.875	0.540	2.823
灌浆期	保留排除法	6-5-1	0.372	1.147	1.261	0.288	1.244	1.183
	K-fold 法	6-5-1	0.580	0.937	1.544	0.567	0.964	1.520
乳熟期	保留排除法	6-5-1	0.336	2.648	1.227	0.274	2.752	1.174
	K-fold 法	6-5-1	0.533	2.356	1.464	0.522	1.771	1.446

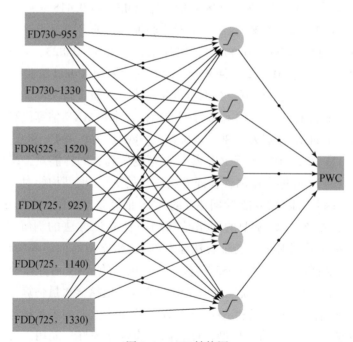

图 6-4 ANN 结构图

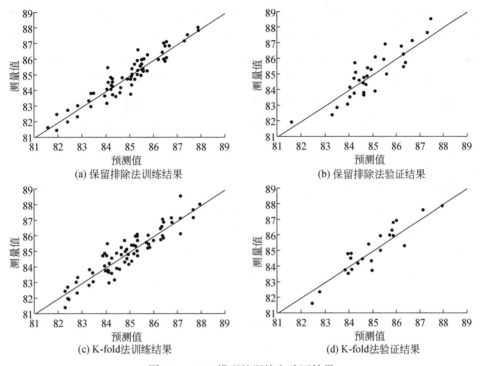

图 6-5　ANN 模型的训练和验证结果

6.6　讨论与结论

6.6.1　讨论

由于野外测量玉米冠层光谱反射率会受到大气中水汽吸收的影响，因此构建玉米植株含水量的估算模型之前进行了波段剔除，去除了 1345～1455 nm 和 1795～1955 nm 的光谱（Price，1988；王昌佐，2003），大大消除了大气中水汽对光谱的影响。随着玉米植株含水量增加，400～700 nm 波段，反射率有减小的趋势；740～1340 nm 波段，光谱反射率呈现递增的趋势；850～1790 nm 和 1960～2400 nm 波段，玉米冠层光谱反射率随植株含水量增加波段深度有增大的趋势。主要是由于可见光波段的光谱受植株叶绿素等色素含量影响较大，而近红外波段光谱主要受叶片及冠层结构、水分含量影响（王娟和郑国清，2010），并且 970 nm、1200 nm、1450 nm 和 1960 nm 附近存在水分吸收，从而引起水分吸收谷的深度发生变化，但是当玉米处于不同的生长阶段，所处的环境背景、冠层结构、玉米本身的形态等均发生变化，特别是生长后期，由于下层叶片开始衰老，叶片色素含量开始发生变化，这些因素均会影响冠层光谱，从而导致玉米植株含水量与冠层光谱之间的规律发生变化或不明显。

通过对玉米冠层光谱与各生育期的植株含水量进行相关分析可知，6~8叶期、10~12叶期、开花吐丝期两者之间的相关性最强，相关系数最大，而到了灌浆期和乳熟期两者之间的相关性明显减弱。其原因可能是由于玉米植株含水量随生育期推进呈下降趋势（王娟和郑国清，2010），而玉米的冠层光谱在后期由于受雄穗和干枯的雌穗花丝影响较大，特别是灌浆期和乳熟期中、下层叶片开始衰老，色素含量发生较大变化，从而玉米的冠层光谱与植株水分含量之间的相关性减弱。另外，由于6~9月是渭北旱塬地区雨水集中的时期，那么试验获取的冠层光谱及植株含水量均可能受到影响，从而可能影响两者的相关关系，因此，需要进行长期定位试验，获取更多周期的数据，以便找出两者之间变化的普遍规律。

已有研究表明，经常用来表征植被含水量的水波段指数（water band index，WBI）、归一化植被指数（normalized difference vegetation index，NDVI）与水分胁迫指数（moisture stress index，MSI）等指数对叶片的等效水深（EWT）比较敏感，但是对植被含水量的反演结果并不理想（梁亮，2010；王强等，2013）。通过对已经出版的30多个光谱指数与不同生育期玉米的植株水分含量进行相关分析表明，这些光谱指数与6~8叶期的玉米植株含水量相关关系较好，但是除了微分光谱建立的指数外，其他指数与另外4个生育期的植株水分含量的相关关系较差，这印证了其他研究者的结论；同时表明对于不同的作物可能需要构建不同的光谱指数进行植被水分含量估算，以便提高反演精度。在其他研究者研究的基础上（梁亮，2010；Danson et al.，1992），本书利用一阶微分光谱构建了新的光谱指数，通过与不同生育期玉米植株含水量进行相关分析表明，新构建的光谱指数与不同生育期玉米的植株水分含量相关性均较好，相关系数较高，可用于玉米植株水分含量估算模型的构建。

利用PLSR的回归系数进行ANN估算模型的输入层变量选择，结果表明，选择的光谱均位于525 nm、725~770 nm、820~870 nm、910~950 nm、1065~1190 nm、1280~1515 nm、1780~1790 nm、1960~1970 nm和2065~2385 nm，而这些波段均为反映植被生长状况或含水量的敏感波段。10~12叶期、开花吐丝期、灌浆期、乳熟期选择的光谱指数均为微分光谱建立的指数，而6~8叶期也有1/2为微分光谱指数，说明一阶微分光谱指数在玉米植株水分含量估算中优势突出。6~8 叶期有 2 个、10~12 叶期有 4 个、开花吐丝期有 6 个、灌浆期有 3 个、乳熟期有 5 个新构建的微分光谱指数被选择作为 ANN 估算模型的输入层，说明新构建的光谱指数比较适合玉米植株水分含量监测。进一步分析可知，FDD（725，925）、FDD（725，1140）、FDD（725，1330）是 10~12 叶期、开花吐丝期、灌浆期和乳熟期 ANN 估算模型共同的输入变量，说明这 3 个光谱指数在玉米植株水量含量反演方面通用性较好；另外，已经出版的光谱指数 FD730~1330 是 10~12 叶期、灌浆期和乳熟期共同的输入变量，说明其通用性也较好。其他研究者利用 FD730~1330 进行小麦植株含水量反演也得到了好的结果（梁亮，2010）。以上 4 个光谱指数可为不同生育期玉米植株水分含量统一估算模型的建立提供参考。

利用特征波段光谱及光谱指数建立不同生育期玉米植株含水量的一元线性和 PLSR 估算模型，结果均不太理想，只有部分模型能对玉米植株含水量进行粗略估算，而灌浆期和乳熟期的一元线性和 PLSR 估算模型均不能进行玉米植株含水量的估算。其主要原因可能是玉米植株水分含量与特征波段光谱及光谱指数之间并非简单的线性关系，更多的可能为非线性关系，而两种回归方法表征的均为自变量和因变量之间的线性关系。

利用 ANN 方法建立的玉米植株水分含量估算模型的预测精度大大提高。6~8 叶期、10~12 叶期、开花吐丝期的光谱反射率和一阶微分光谱，利用 PLSR 回归系数选择 6 个光谱作为 ANN 输入层，采用 K-fold 法验证（K=5），建立的 ANN 估算模型的训练和验证结果均较好，能对玉米植株含水量进行有效监测。当采用保留排除法验证时，只有 6~8 叶期的光谱反射率建立的 ANN 模型预测结果较好，能对玉米植株含水量进行监测。灌浆期和乳熟期的 ANN 估算模型仅能对玉米植株含水量进行粗略估算。6~8 叶期、10~12 叶期、开花吐丝期，以光谱指数作为输入变量，采用 K-fold 方法验证，建立的 ANN 模型的训练和验证结果均较好，能进行玉米植株水分含量监测；采用保留排除法验证时，只有 10~12 叶期的植株含水量 ANN 模型结果比较好；而灌浆期和乳熟期采用 K-fold 法建立的 ANN 估算模型仅能对玉米植株含水量进行粗略估算。以上分析说明采用 ANN 方法建立不同生育期玉米植株含水量的估算模型精度得到较大提高；6~8 叶期、10~12 叶期、开花吐丝期建立的 ANN 估算模型均能进行玉米植株含水量的准确估算。原因可能有以下两个方面，一方面可能是玉米植株含水量与光谱及光谱指数之间呈非线性关系，而 ANN 具有较强的非线性映射能力（陆婉珍，2007），相比 SLR 和 PLSR 方法在建立玉米植株水分含量估算模型时更具有优势；另一方面 K-fold 法验证时，是由系统确定最优的训练样本和验证样本组合，因而一般来说

K-fold 法建立的 ANN 估算模型精度更高。灌浆期和乳熟期建立的模型不能进行玉米植株含水量监测，精度有待提高。

6.6.2 结论

以不同肥料处理的小区及大田春玉米为研究对象，获取不同生育期玉米的冠层光谱及植株含水量，在分析光谱反射率及一阶微分光谱、光谱指数与玉米植株含水量相关性的基础上，采用 SLR、PLSR 和 ANN 方法建立不同生育期玉米植株含水量的估算模型，主要得到以下结果。

1）随玉米植株含水量增加，400 ~ 700 nm 波段，反射率有减小的趋势；740 ~ 1340 nm 波段，光谱反射率呈现递增的趋势；而 850 ~ 1790 nm 和 1960 ~ 2400 nm 波段，玉米冠层光谱反射率随植株含水量的增加波段深度增大。玉米光谱反射率和一阶微分光谱与不同生育期玉米植株含水量的相关性变化较大，6 ~ 8 叶期、10 ~ 12 叶期和开花吐丝期两者之间的相关性较强，灌浆期和乳熟期两者之间的相关性减弱。

2）通过光谱与不同生育期玉米植株含水量的相关分析及 PLSR 回归系数对 ANN 估算模型的输入变量选择可知，玉米植株含水量的敏感波段为：525 nm、715 ~ 780 nm、820 ~ 850 nm、910 ~ 950 nm、1065 ~ 1190 nm、1280 ~ 1515 nm、1780 ~ 1790 nm、1960 ~ 1985 nm、2065 ~ 2385 nm。一阶微分光谱指数在不同生育期玉米植株水分含量估算中优势突出，新建光谱指数 FDD（725，925）、FDD（725，1140）、FDD（725，1330）及已经出版的光谱指数 FD730 ~ 1330 通用性较好。

3）基于特征波段光谱及光谱指数建立不同生育期玉米植株含水量的一元线性和 PLSR 模型，预测结果均不太理想，只有部分模型能对玉米植株含水量进行粗略估算，而灌浆期和乳熟期的一元线性和 PLSR 估算模型均不能进行玉米植株含水量的实际估算。

4）6 ~ 8 叶期、10 ~ 12 叶期、开花吐丝期的光谱反射率和一阶微分光谱，利用 PLSR 回归系数确定 ANN 的输入层，采用 K-fold 法验证，建立的 ANN 模型训练和验证结果均较好，能对玉米植株含水量进行准确估算。当采用保留排除法验证时，6 ~ 8 叶期的光谱反射率建立的 ANN 模型训练和验证结果也比较好，同样能对玉米植株含水量进行反演。灌浆期和乳熟期的 ANN 估算模型仅能对玉米植株含水量进行粗略估算。

5）根据 PLSR 回归系数确定 6 个光谱指数作为输入层，采用 K-fold 法验证，建立的 6~8 叶期、10~12 叶期、开花吐丝期的 ANN 估算模型训练和验证结果均较好，能对玉米植株含水量进行准确估算；而采用保留排除法进行验证时，只有 10~12 叶期的 ANN 估算模型能对玉米植株含水量进行准确估算。同样基于光谱指数建立的灌浆期和乳熟期的 ANN 估算模型仅能对玉米植株含水量进行粗略估算。

6）比较 ANN 模型的训练、验证结果及网络结构可知，6~8 叶期、10~12 叶期、开花吐丝期，基于一阶微分光谱建立的 ANN 模型，经独立样本验证，预测值与实测值之间的 R^2 分别为 0.858、0.877、0.804，RMSE 分别为 0.359%、0.479%、0.819%，RPD 值分别为 2.654、2.850、2.261，表明模型的预测精度较高，稳定性较好，是进行各生育期玉米植株含水量监测的最优模型。

|第 7 章|　　土壤水分含量的高光谱监测

　　土壤水分是植物生长的一个重要因子，水分含量的高低不仅会直接影响作物的生长，而且会对农田小气候和土壤的机械性能等方面均有影响，因此土壤水分含量是反映土地质量的一个重要指标，其含量在农业、水利、气象等许多方面的研究中是一个必不可少的分析参数（宋海燕，2006；刘秀英等，2015a）。精准农业为了实现按需、定位的田间管理，必须获得小区域或地块的土壤信息，包括土壤水分含量，然而传统测量土壤含水量的方法存在较大局限性；常规遥感技术同样不能满足这一要求。高光谱遥感具有波段多、间隔窄的特点，能形成连续的光谱曲线，可以快速获取地面土壤反射光谱信息，探测表层土壤含水量细微差异的变化，可为动态监测地块级土壤含水量提供了一种新的技术手段（姚艳敏等，2011）。

　　目前基于高光谱遥感测定土壤水分主要是分析土壤水分含量变化时反射率的变化规律，结合各种光谱指标定量反演土壤水分（童庆禧等，2006），或直接利用水分在近红外的吸收波段进行估算（Yin Zhe et al.，2013；Lobell et al.，2002），较少深入探讨土壤水分吸收波段处的参数定量反演水分含量的潜力。目前，已经有些学者利用包络线消除法提取吸收特征参数用于 SOM、土壤黏粒含量、TN 等的定量评价和预测，以及土壤分类等方面的潜力（谢伯承等，2005；徐永明等，2005），但是将包络线消除法用于土壤水分定量反演（何挺等，2006；刘秀英等，2015a）的研究相对较少，且主要是应用吸收深度指标。

　　较多研究者都是将风干的土壤样本，经过复杂的前处理过程（包括研磨、过筛），然后进行土壤水分配比，继而得到不同梯度的含水量土壤样本，然后在土壤风干过程中进行光谱及含水量测量，进而对土壤的光谱特征进行研究，构建反演模型。土壤研磨、过筛和水分配比都需要大量的人力、物力，并且土壤经预处理后，其结构被破坏，干燥过程中会出现表层开裂的现象，造成土壤光谱信息失真（Liu et al.，2002；刘秀英等，2015a）。此外，影响黄土高原地区农作物生长发育的主要因素是土壤水分，黄绵土是黄土高原地区分布面积最大的耕作土壤。采用光谱反射率对黄土高原地区黄绵土水分含量进行反演研究对该地区农业生产具有很重要的意义。因此，采集了作物种植区耕作层的黄绵土作为研究对象，在湿润土壤自然风干过程中多次进行高光谱反射率和水分含量测定，分析土壤含水量与光谱之间的关系，提取光谱吸收特征参数，探讨土壤光谱吸收特征参数进行水分含量预测时的潜力，为土壤水分实时、快速测定提供理论依据和技术支持，为遥感影像进行大面积土壤水分定量反演提供参考。

7.1　材料与方法

7.1.1　样品采集与处理

陕西省乾县属于典型的渭北旱塬农业区，农业生产用水主要靠自然降雨，属于典型的雨养农业区（李岗，1997）。2014 年 4 月和 9 月，两次在乾县作物种植试验区采集 0~20 cm 的耕层土壤样品 129 个，土壤类型为黄绵土。土壤样品的前期处理参考 2.5.2.1 节。为了得到具有一定梯度的土壤含水量样本，将第一次采集的 36 个土样在风干第 1 天、第 2 天和第 3 天上午，同时进行土壤光谱反射率和水分测量，剔除 4 个误差样本，得到 104 个有效样本数据，作为验证集；第二次采集的 93 个土样在风干的第 1 天和第 3 天上午进行土壤样本光谱反射率和水分测量，剔除有误差的 4 个样本数据，得到 182 个有效样本数据，作为拟合集（刘秀英等，2015a）。土壤光谱反射率测量方法参见 2.4.1.4 节；土壤含水量采用经典的烘干称重法测定（%）（参见 2.5.2.2 节）。

7.1.2　数据处理与模型建立

光谱前处理参考 2.6.1 节。前人的研究结论表明将高光谱反射率重采样到 10 nm 间隔不会损失重要信息（Shepherd and Walsh，2002；刘秀英等，2015a），因此对光谱反射率进行重采样，得到 10 nm 间隔的光谱反射率，以降低数据维数，提高数据运算速度。然后从土壤光谱提取特征波段及吸收特征参数建立土壤含水量的一元线性、对数、幂函数和指数估算模型，以独立样本进行验证，选择风干黄绵土含水量估算的最佳模型，具体的方法参见 2.7 节。

对实测土壤光谱吸收特征进行分析，结合其他研究者的结论，土壤水分吸收波段在近红外主要位于 1400 nm、1900 nm 附近（Bowers and Hanks，1965），因此利用包络线消除法提取这两个波段的吸收特征参数。在 ENVI 软件利用去除包络线法提取了以下吸收特征参数：最大吸收深度（depth，D）、吸收峰总面积（area，A）、面积归一化最大吸收深度（absorption depth，AD）、吸收峰左、右面积（left area，LA；right area，RA）、对称度（symmetry，S）、吸收波段波长位置（position，P），具体定义详见参考文献（浦瑞良和宫鹏，2000；张雪红等，2008）。

7.2 不同含水量土壤光谱特征

7.2.1 研究区土壤含水量基本特征

验证集和拟合集的土壤样本含水量统计特征见表 7-1。由表 7-1 可知，验证集的样本含水量变化为 2.32%～19.38%，标准差为 6.33%；而拟合集的样本含水量范围为 2.84%～18.76%，标准差为 4.66%，含水量均小于 20%，处于中等水平。经独立样本 t 检验，拟合集和验证集的土壤样本含水量均值差异不显著（$t = -0.589$，$df = 167.419$，$P > 0.05$）。

表 7-1 土壤含水量的统计特征

样本数	均值（%）	标准差（%）	最小值（%）	最大值（%）	峰度系数	偏度系数
104	10.40	6.33	2.32	19.38	-1.55	0.17
183	9.97	4.66	2.84	18.76	-1.49	-0.01

7.2.2 不同含水量土壤反射光谱特征

现有的研究结果表明在土壤含水量低于临界值田间持水率时，随土壤含水量增加反射率下降，而当土壤含水量超过这一临界值时，光谱反射率随含水分量增加而增大（张娟娟等，2011；Bowers and Smith，1972）。图 7-1（a）为 400～2400 nm 波段范围，不同含水量的黄绵土土壤光谱曲线。由图 7-1（a）可知，当土壤含水量小于 20% 时，土壤反射率随含水量的变化规律与其他类型土壤类似，随土壤含水量增加反射率下降。在 400～600 nm 波段范围，反射率随波长增加呈上升趋势，但斜率增大的程度不同；进入短波红外波段后，在 1400 nm 和 1900 nm 附近有水分吸收低谷，2200 nm 附近有小的吸收谷（谢伯承等，2005）。

7.2.3 土壤水分的光谱吸收特征

通过对光谱反射率曲线去包络处理，得到反映土壤水分状况的吸收特征曲线[图 7-1（b）]，图 7-1（b）能够清晰地看到特征吸收峰。土壤样本间的光谱差别主要位于 490 nm、1400 nm、1900 nm 和 2200 nm 附近吸收波段的深度、位置及面积，前者主要是由于土壤有机质、铁及土壤机械组成引起的；后者主要由于土壤水分吸收光谱能量差异引起的。从土壤的光谱吸收特征曲线可以看出，1400 nm、1900 nm 附近的水分吸收峰值的波段位置随着土壤含水量增加向长波方向偏移，而 2200 nm 附近的吸收峰位置没有明显偏移。在 3 个水分吸收带中，1900 nm 附近吸收最强烈，吸收峰的深度最深，吸收峰面积也最大；2200 nm 附近吸收最弱，吸收峰深度最小，吸收峰面积也最小（刘秀英等，2015a），因此可以提取 1400 nm 和 1900 nm 附近的吸收特征参数进行土壤水分反演。

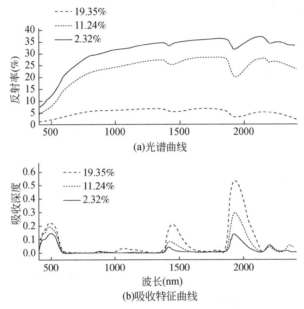

图 7-1 不同含水量土壤光谱曲线及其吸收特征曲线

7.3 基于特征波长的土壤含水量监测

7.3.1 土壤光谱反射率与含水量的相关性

利用单一敏感波段光谱建立简单回归模型可以实现土壤水分含量快速反演（宋韬等，2009）。为了探测不同波段范围光谱反射率对土壤含水量预测的潜力，进行特征波段选择时遵循以下标准：在不同波段范围内具有较大的相关系数值，并且处于相关系数曲线特定的峰或谷的位置（刘秀英等，2015）。图 7-2 为 400～2400 nm

波段土壤含水量与土壤光谱反射率之间的相关系数。由图 7-2 可知，土壤含水量与光谱反射率呈极显著负相关，相关系数均大于 0.94；图上存在 3 个峰值，分别位于波长 570 nm、1430 nm、1950 nm 处，对应相关系数分别为 −0.972、−0.961、−0.966。因此选择 570 nm、1430 nm 和 1950 nm（分别表示为：C_{1430}、C_{1950}、C_{570}）进行土壤水分反演。将 3 个波段的反射率与土壤含水量作散点图可知（图 7-3），随土壤含水量增大，3 个波段的反射率具有线性减小的趋势。

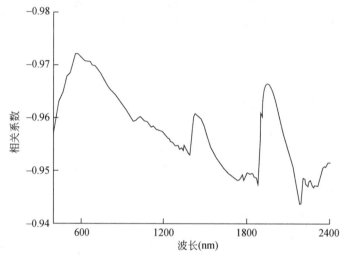

图 7-2 土壤含水量与反射率光谱相关系数

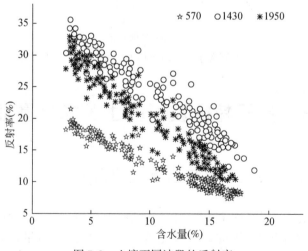

图 7-3 土壤不同波段的反射率

7.3.2 土壤含水量估算模型构建

利用前面选择的特征波段（C_{570}、C_{1430}、C_{1950}）作为自变量，对土壤含水量进行一元线性、对数、幂函数和指数回归分析，结果见表 7-2。分析各模型的决定系数 R^2 可知，基于特征波段建立的简单回归模型拟合结果最好的均为 C_{570}，一元线性和对数模型的 R^2 分别为 0.945 和 0.943，其次为指数模型，最差的为幂函数模型，其 R^2 小于 0.9；其次为 C_{1950}，一元线性、对数和指数模型的拟合 R^2 都大于 0.9，同样最差的为幂函数模型。总之，所有的特征指标与土壤含水量建立的估算模型都达到了极显著检验水平，并且一元线性模型都优于对数模型，其次为指数模型。

表 7-2 基于特征波段光谱的土壤含水量光谱预测模型

变量	模型	方程	R^2
C_{570}	一元线性	$y=-1.192x+25.94$	0.945
	对数	$y=-15.4\ln x+49.44$	0.943
	幂函数	$y=777.7x^{-1.75}$	0.888
	指数	$y=55.44e^{-0.13x}$	0.920
C_{1430}	一元线性	$y=-0.756x+28.40$	0.923
	对数	$y=-17.2\ln x+64.62$	0.902
	幂函数	$y=4036x^{-1.94}$	0.827
	指数	$y=71.61e^{-0.08x}$	0.875
C_{1950}	一元线性	$y=-0.663x+23.26$	0.934
	对数	$y=-12.1\ln x+45.69$	0.929
	幂函数	$y=488.8x^{-1.37}$	0.841
	指数	$y=40.57e^{-0.07x}$	0.907

7.3.3 模型精度评价

利用不同时间采集的独立样本对拟合 R^2 大于 0.9 的模型进行验证，其结果见表 7-3。由表 7-3 可知，基于特征波段光谱建立的一元线性模型均比其他模型预测效果好，其中尤其以 C_{1950} 为自变量建立的线性模型的 RMSE 最小，为 1.773%，而 R^2 和 RPD 值最大，分别为 0.936 和 3.538，并且拟合和验证 R^2 相差最小，仅差 0.002，说明模型非常稳定，精度较高，可以对土壤含水量进行准确预测；其次基于 C_{570} 为自变量建立的线性模型验证结果也比较好，但是模型相对来说稳定性差一些，因为该波长处的反射率除受水分影响外，还受土壤有机质、铁及土壤机械组成的影响。而以波段反射率为特征指标建立的对数模型和指数模型，虽然拟合 R^2 较大，建模效果较好，但是验证 RMSE 均较大，RPD 值均较小，小于 1.4，无法用于土壤含水量的预测。综合各项指标可知，基于 C_{1950}、C_{1430} 建立的一元线性模型是土壤含水量估算的最佳模型。

表 7-3　模型的验证结果

变量	模型	R^2	RMSE（%）	RPD
C_{570}	一元线性	0.916	2.113	2.970
	对数	0.803	4.630	1.355
	指数	0.790	6.574	0.954
C_{1430}	一元线性	0.881	2.749	2.283
	对数	0.747	6.543	0.959
C_{1950}	一元线性	0.936	1.773	3.538
	对数	0.809	5.432	1.155
	指数	0.847	6.018	1.043

7.4　基于吸收特征参数的土壤含水量监测

7.4.1　吸收特征参数与水分含量相关性

对吸收特征参数与土壤水分含量进行相关分析，结果见表 7-4。由表 7-4 可知，除对称度（S）没有达到显著检验水平外，其他的光谱吸收特征参数与水分含量之间的相关性都通过了 0.01 极显著性检验水平。其中，1900 nm 附近的吸收特征参数，相关系数大于 0.95 的指标有最大吸收深度（D）、吸收峰左面积（LA）、吸收峰右面积（RA）、吸收总面积（A）、面积归一化最大吸收深度（AD）；只有吸收波段波长位置（P）的相关性差一些，两者之间的相关系数小于 0.90；1400 nm 附近的吸收特征参数除吸收峰左面积（LA）、面积归一化最大吸收深度（AD）和吸收波段波长位置（P）的相关系数小于 0.95 外，其他的吸收特征参数与水分的相关系数也大于 0.95。其中，相关性最好的为最大吸收深度

（D）、吸收峰右面积（RA）和吸收总面积（A），都呈正相关；对称度（S）和面积归一化最大吸收深度（AD）与水分含量呈负相关关系；1900 nm 处的光谱吸收特征参数与水分的相关性整体优于 1400 nm。总之，通过相关分析可以确定光谱吸收特征参数具有定量评价土壤水分含量的潜力。

表7-4 吸收特征参数与水分含量的相关性

项目	吸收特征参数						
	D_{1900}	LA_{1900}	RA_{1900}	A_{1900}	S_{1900}	AD_{1900}	P_{1900}
水分含量	0.971**	0.974**	0.963**	0.968**	−0.048	−0.966**	0.893**
	D_{1400}	LA_{1400}	RA_{1400}	A_{1400}	S_{1400}	AD_{1400}	P_{1400}
	0.960**	0.916**	0.959**	0.962**	−0.027	−0.908**	0.880**

＊＊表示 $P<0.01$。

7.4.2 土壤含水量估算模型构建

以表7-4中的10个（相关系数大于0.90）吸收特征参量为自变量，土壤水分含量为因变量，进行一元线性、对数、指数、幂函数分析，建立土壤水分含量预测模型，其结果如表7-5所示。

表7-5 基于吸收特征参数的土壤含水量预测模型

模型	变量	方程	R^2	变量	方程	R^2
线性	D_{1900}	$y=47.849x_{A1930}-5.033$	0.943	D_{1400}	$y=121.99x-2.343$	0.922
对数		$y=14.21\ln x+27.136$	0.937		$y=12.207\ln x+38.79$	0.948
幂函数		$y=66.074x^{1.6759}$	0.948		$y=246.86x^{1.4159}$	0.927
指数		$y=1.550e^{5.509x}$	0.909		$y=2.174e^{13.765x}$	0.853
线性	LA_{1900}	$y=11.232x-3.029$	0.948	LA_{1400}	$y=36.399x+1.258$	0.839
对数		$y=12.394\ln x+8.962$	0.951		$y=9.209\ln x+24.215$	0.922
幂函数		$y=7.753x^{1.448}$	0.944		$y=44.902x^{1.0593}$	0.887
指数		$y=1.985e^{1.279x}$	0.894		$y=3.3182e^{4.0375x}$	0.751
线性	RA_{1900}	$y=4.463x-2.564$	0.927	RA_{1400}	$y=10.316x+0.251$	0.920
对数		$y=11.832\ln x-1.436$	0.929		$y=8.8981\ln x+11.554$	0.928
幂函数		$y=2.269x^{1.397}$	0.941		$y=10.519x^{1.0524}$	0.943
指数		$y=2.0746e^{0.511x}$	0.885		$y=2.882e^{1.1753x}$	0.868

模型	变量	方程	R^2	变量	方程	R^2
线性		$y=3.009x-2.903$	0.938		$y=7.733x+0.053$	0.926
对数	A_{1900}	$y=12.186\ln x-6.943$	0.939	A_{1400}	$y=9.2727\ln x+8.7013$	0.939
幂函数		$y=1.191x^{1.4347}$	0.946		$y=7.515x^{1.0893}$	0.942
指数		$y=1.9991e^{0.344x}$	0.893		$y=2.836e^{0.8761x}$	0.864
线性		$y=-1124.7x+93.943$	0.933		$y=-409.43x+43.901$	0.825
对数	AD_{1900}	$y=-84.1\ln x-208.38$	0.933	AD_{1400}	$y=-35.86\ln x-79.593$	0.849
幂函数		$y=8\times10^{-11}x^{-9.787}$	0.919		$y=0.0002x^{-4.385}$	0.924
指数		$y=159\,252e^{-131.4x}$	0.926		$y=572.32e^{-50.48x}$	0.911

所有的预测模型都通过了 0.01 的 F 检验，大部分模型的 R^2 都大于 0.90。其中，D_{1900} 为自变量建立的幂函数和一元线性方程，R^2 大于 0.94，其次为对数函数和指数方程；LA_{1900} 为自变量建立的一元线性、对数方程和幂函数方程的 R^2 均大于 0.94，仅指数方程 R^2 略小于 0.90；RA_{1900} 和 A_{1900} 的幂函数方程的 R^2 均大于 0.94，其次为一元线性和对数方程；AD_{1900} 为自变量建立的方程 R^2 为 0.919 ~ 0.933；D_{1400} 为自变量建立的对数方程、RA_{1400} 及 A_{1400} 为自变量建立的幂函数方程的 R^2 均大于 0.94，其次 D_{1400} 为自变量建立的一元线性和幂函数方程、LA_{1400} 为自变量建立的对数方程、RA_{1400} 及 A_{1400} 为自变量建立的一元线性和对数方程、AD_{1400} 为自变量建立的幂函数和指数函数方程的 R^2 为 0.91 ~ 0.94。以上列出的这些方程的 R^2 均大于 0.90，且差值小于 0.05，说明这些模型的建模精度均比较高。

7.4.3　模型精度评价

为了检验所建立的土壤水分含量预测模型的可靠性和适应性，利用不同时间采集的独立样本对模型进行验证，将 RPD 值大于 1.0 的结果列于表 7-6。

表 7-6　模型的验证结果

变量	模型	R^2	RMSE (%)	RPD	变量	模型	R^2	RMSE (%)	RPD
	线性	0.96	1.499	4.235		线性	0.92	2.586	2.454
D_{1900}	对数	0.96	1.432	4.433	D_{1400}	对数	0.97	1.328	4.781
	幂函数	0.93	2.674	2.375		幂函数	0.88	4.342	1.462
	指数	0.86	6.014	1.056	LA_{1400}	对数	0.90	2.908	2.183

变量	模型	R^2	RMSE（%）	RPD	变量	模型	R^2	RMSE（%）	RPD
LA_{1900}	线性	0.89	4.140	1.534	RA_{1400}	线性	0.93	1.692	3.752
	对数	0.94	1.961	3.237		对数	0.93	1.816	3.495
RA_{1900}	线性	0.96	1.393	4.558		幂	0.92	1.823	3.482
	对数	0.95	1.459	4.352	A_{1400}	线性	0.93	2.419	2.624
	幂	0.94	2.047	3.101		对数	0.96	1.299	4.885
A_{1900}	线性	0.95	1.890	3.344		幂	0.92	3.097	2.049
	对数	0.96	1.318	4.814	AD_{1400}	幂	0.92	4.083	1.554
	幂	0.92	3.083	2.059		指数	0.90	2.274	2.791
AD_{1900}	线性	0.95	1.946	3.261					
	对数	0.95	2.017	3.146					
	指数	0.86	5.043	1.259					

由表 7-6 可知，预测效果最好的是以 D_{1900}、RA_{1900} 为自变量建立的一元线性和对数模型及以 A_{1900}、D_{1400}、A_{1400} 为自变量建立的对数模型，这些模型的验证 R^2 大于 0.95，RMSE 小于 1.5%，RPD 值大于 4；另外，以 LA_{1900} 为自变量建立的对数模型、A_{1900} 和 AD_{1900} 为自变量建立的一元线性模型、RA_{1400} 为自变量建立的一元线性和对数模型验证效果也比较好，这些模型的 R^2 为 0.93~0.95，RMSE 小于 2.0%，而且 RPD 值在 3 以上；其次为以 D_{1900}、RA_{1400} 为自变量建立的幂函数和以 D_{1400} 和 A_{1400} 为自变量建立的一元线性模型、AD_{1900} 和 LA_{1400} 为自变量建立的对数模型、AD_{1400} 为自变量建立的指数模型，其 R^2 为 0.93~0.90，RMSE 小于 3.0%，RPD 大于 2.0。以上所有模型的验证 R^2 均大于 0.9，RPD 均大于 2.0，RMSE 均小于 3.0%，说明这些模型具有较好的预测精度，可以作为土壤水分含量的反演模型。对拟合与验证结果进行比较发现，土壤水分与吸收特征参数之间的幂函数关系稳定性相对较差；建模集与验证集数据是不同时间采集的独立样本，表明预测模型具有很好的普适性。

依据斜率越接近于 1，截距越接近于 0，趋势线就与预测值和实测值的 1：1 线越接近，预测效果就越好的原则来挑选土壤水分含量最佳预测模型。将 104 个验证样本的实测水分含量与不同光谱吸收特征参数建立的最优预测模型（建模和验模时方程的 $R^2 > 0.9$，RPD > 2.0，RMSE < 3.0%）的测量值与预测值做比较图 7-4。

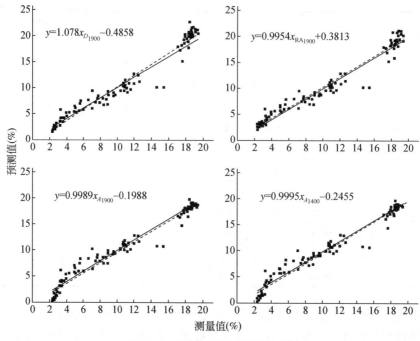

图 7-4　预测值与测量值的比较

由图 7-4 可知，基于 D_{1900}、RA_{1900} 建立的一元线性模型和 A_{1900}、A_{1400} 建立的对数模型的预测值与测量值的回归线（虚线）的斜率为 0.99～1.1，截距小于 0.5，与实测值和预测值的 1：1 线（实线）非常接近。因此认为这些模型的预测效果最佳。综上所述，预测土壤水分含量的最佳模型为以 D_{1900}、RA_{1900} 为自变量的一元线性模型和以 A_{1900}、A_{1400} 为自变量的对数模型，这些模型可以对土壤水分含量进行准确的预测。

7.5　讨论与结论

7.5.1　讨论

本章首先对自然土壤风干过程中光谱反射率与土壤水分含量进行相关分析，发现两者之间呈极显著负相关，相关系数大于 0.94，这与其他研究者的结论一致（孙建英等，2006）。表明未经研磨、过筛、水分配比的自然土壤样本光谱反射率与土壤含水量之间有很强的相关性，因而利用风干土壤进行含水量预测具有很大的潜力。采用这种方法，自然土壤没有经过研磨、筛选，结构特征没有太大的改变（王昌佐等，2003），因此与自然状态土壤更加接近，对其进行研究更具实用价值。基于 C570 建立的模型稳定性较差，主要由于土壤含水量增大到一定值时光谱反射率在可见光波段趋于饱和（Lobell and Asner，2002），对于黄绵土来说，这个水分阈值可能小于 20%，并且该波长处的反射率不仅受土壤含水量影响，还受土壤有机质、铁及机械组成的影响；以 C_{1950} 为光谱特征指标建立的线性模型比较稳定，1950 nm 位于近红外波段，从而说明近红外波段更适合估计含水量较低的土壤样本，这与刘伟东等的研究结论一致（Liu et al.，2002），具体的土壤含水量阈值有待进一步研究和验证。本章所建立的指数和对数模型，经独立样本检验，预测效果较差，RMSE 均较大，RPD 值均小于 1.4，无法进行土壤含水量预测；而建立的一元线性模型，经独立样本检验，预测效果较好，能对土壤含水量进行快速预测，所以没有必要利用其他复杂的统计方法拟合两者之间的关系。以上分析说明土壤含水量较低时，自然风干过程中土壤样本的含水量与相关系数最大波段之间的线性关系较好，优于指数及对数关系，这与其他研究者的结论一致（Lobell and Asner，2002；Liu et al.，2002），并且刘秀英等（2015）在进行高光谱遥感预测风干黄绵土含水率时得出了相同的结论。总之，利用自然土样，在风干过程中进行土壤含水量光谱快速预测是完全可行的，这为野外利用光谱反射率进行土壤含水量实时、快速分析及大面积土壤含水量反演提供了参考，具有较强的实践意义。

利用包络线消除法提取了 1400 nm、1900 nm 附近水分吸收波段的 14 个吸收特征参数，对土壤水分含量与 14 个吸收特征参数进行相关分析，结果表明，除对称度外，其他的光谱吸收特征参数与水分含量之间呈极显著相关，特别是最大吸收深度和吸收面积这两个参数与土壤水分含量的相关性最强，这与其他研究者的结论一致（何挺等，2006）。并且 1900 nm 处的光谱吸收特征参数与水分的相关性整体优于 1400 nm，主要是由于水分对 1900 nm 的吸收比 1400 nm 更强（孙建英等，2006）。同时本试验研究的土壤样本的水分含量与吸收特征参数之间的相关性及所建立的模型的决定系数明显高于其他研究者的研究结果（何挺等，2006）。分析原因有二：一是本研究只是针对单一类型土壤—黄绵土进行研究，而其他研究者研究的是较大区域采集的多种类型土壤，但是不同类型土壤的结构和性质不同，因而土壤水分含量和光谱吸收特征参数之间的相关性减弱，建立的模型预测效果也会受到影响；二是本试验选择在土壤风干过程中不同时间进行土壤光谱和水分数据测量，使土壤样本水分含量形成了一定的梯度，从而增强了两者之间的相关性，因而所建立的模型更好。

利用相关性较好的 10 个吸收特征参数对土壤水分含量进行预测研究，结果表明，1900 nm 处的最大吸收深度能够对土壤水分含量进行很好的预测，这与Yin 等（2013）和 Bowers 和 Smith（1972）的结论一致。此外，吸收面积由于综合了吸收深度和宽度信息（浦瑞良和宫鹏，2000），对土壤水分含量非常敏感，预测时精度较高，说明光谱吸收面积也能够对土壤水分含量进行很好的预测。本次试验采用自然状态土壤样本进行研究，土壤没有经过研磨、过筛；在土样风干过程中同时进行光谱和水分含量测定，没有经过水分配比过程，从而土壤的结构没有太大的改变（王昌佐等，2003），研究结果更具实用价值，节省了大量的人力、物力。最后进行模型验证时采用的是不同地块、不同时间采集的样本数据，增强了反演模型的可靠性和适应性。但是这一方法对不同类型、不同区域的更大范围土壤水分含量反演是否适用，还需要进一步的探索。并且在野外条件下获取土壤光谱曲线或遥感影像时，处于大气水汽吸收干扰波段（1350～1450 nm、1800～1950 nm、2400～2500 nm）的数据质量较差，应用这些波段的吸收特性来估测土壤水分误差较大，因此下一步进行研究时还需要避开大气水汽吸收的干扰波段，以便研究成果应用于大区域的土壤水分反演。

7.5.2 结论

本章在黄绵土土壤自然风干过程中测定含水量和高光谱反射率，通过相关分析提取特征波段，包络线消除法提取 1400 nm、1900 nm 处土壤水分吸收特征参数，利用特征波段光谱及吸收特征参数进行土壤含水量光谱估算模型研究，主要得到以下结果。

1）随土壤含水量增加反射率下降，在 1400 nm 和 1900 nm 附近有强烈的水分吸收谷，2200 nm 附近有小的水分吸收谷。1400 nm 和 1900 nm 附近的水分吸收谷的波段位置随着土壤含水量增加向长波方向偏移，而 2200 nm 附近的吸收谷位置没有明显偏移。1900 nm 附近吸收最强烈，吸收峰的深度最深，吸收峰面积也最大；2200 nm 附近吸收最弱，吸收峰深度最小，吸收峰面积也最小。

2）在 400～2400 nm 波段范围，土壤含水量与光谱反射率呈极显著负相关关系，相关系数大于 0.94，最大的波段是 570 nm、1430 nm 和 1950 nm。与土壤水分含量相关性最好的光谱吸收特征参数为最大吸收深度和吸收总面积、吸收峰右面积、吸收峰左面积，1900 nm 处的光谱吸收特征参数与水分的相关性优于1400 nm。

3）以 C_{1950} 为光谱特征指标建立的一元线性模型比较稳定，预测能力较好，其拟合和验证 R^2 都大于 0.93，RMSE 小于 2.0%，RPD 值大于 3.5，是进行土含水量估算的较好的模型。

4) 以吸收特征指标进行土壤含水量预测的最佳模型为基于 D_{1900}、RA_{1900} 建立的一元线性模型和 A_{1900}、A_{1400} 建立的对数模型,这些模型的拟合和验证 R^2 均大于 0.92 和 0.95,RPD 值均大于 4,RMSE 均小于 1.5%。

|第8章| 土壤氮含量的高光谱监测

土壤氮素水平不仅是衡量和表征土壤肥力特征的重要指标，也是决定植株氮素营养水平的关键因素，土壤中氮的有效性会影响大部分一年生栽培作物的产量及产品品质，另外，土壤中氮的储量经常是有限的，进行氮肥管理时应该调整到满足作物氮的需求来优化其产量（Vigneau et al., 2011），因此如何实时、快速、无损、准确地获取田间土壤的氮素含量及其变化对农作物的生长及施肥管理极其重要，也是实施精准农业的关键环节之一。传统的土壤氮素含量测定方法采用实验室湿化学方法，如 Kjeldhl 或 Bremner 法，这些方法虽然相对准确，但通常比较费时、费工、有害或有污染，且难以在野外直接测定。高光谱遥感波段多、分辨率高，具有定量获取土壤养分含量的潜力（张娟娟等 2011；Xie et al., 2011；Yang et al., 2012），现已成为一种非损伤的、快速检测土壤养分含量的新方法（Ben-Dor et al., 2009）。

许多的学者对可见/近红外光谱定量估算土壤属性的可行性进行了大量研究（Summers et al., 2011；Debaene et al., 2014。土壤氮素含量光谱估测开始于20世纪80年代，现已成为土壤学和遥感技术方面研究较多的内容之一（Couillard et al., 1997；Reeves and Mccarty, 1999；Chang and Laird, 2002）。国内许多研究表明，可见/近红外光谱在估算黑土、紫色土、红壤、水稻土和潮土等土壤氮素时比较成功，反演精度较高（张娟娟等，2012；李伟等，2007；卢艳丽等，2010；徐丽华等，2013）。但是利用可见/近红外光谱技术对土壤氮素进行定量遥感估测时，不同土壤类型利用的波段或波段范围是有差异的（Dalal and Henry, 1986；吴明珠等，2013；He et al., 2007；陈红艳等，2013；栾福明等，2013）。

土壤氮素含量光谱预测时，一般要求取样范围较大，样本间差异比较明显，具有一定的梯度，而精确农业要求探测较小范围内农田土壤间的细微差异，以便进行精确施肥管理，既满足农作物生长需要，又不造成大量施用氮肥污染地下水及造成经济浪费。因此本章选择小区及试验大田为单元进行取样，利用可见/近红外光谱技术结合 SLR、PLSR、ANN 等建模方法，对黄绵土土壤全氮和碱解氮含量进行定量遥感估测研究，以便为精准农业施肥管理提供基础数据及参考。

8.1 材料与方法

8.1.1 样品采集与处理

2014~2015 年作物种植前及收获后分别采集小区及大田耕层（0~20 cm）土样若干，土壤类型为黄绵土。土壤样品的前期处理参考 2.5.2.1 节。风干后土壤样品被研磨，并通过 1 mm 孔筛后，采用四分法取样，一式两份，一份用于实验室土壤营养成分的化学测定，另一份用于土壤光谱的测定。土壤光谱的测定参考 2.4.1.4 节，土壤全氮（total nitrogen，TN,%）及碱解氮（available nitrogen，AN，mg/kg）含量测定参考 2.5.2.3 节。

8.1.2 数据处理与模型建立

光谱数据的前期处理参考 2.6.1 节。其他专家的研究结论表明将高光谱反射率重采样到 10 nm 间隔不会损失重要信息（Cohen et al.，2005），因此对 400~2400 nm 的光谱反射率进行重采样，得到 10 nm 间隔的光谱反射率，以降低数据维数，提高数据运算速度。土壤反射率与属性之间并不一定是简单的线性关系，为了提高数据建模的精度，通常对高光谱数据进行不同的变换，以便选择最合适的变换方式。对光谱数据进行 6 种常规变换：均值光谱（R）、倒数取对数 $[\log(1/R)]$、均值光谱归一化 $[\mathrm{N}(R)]$，然后对均值光谱、倒数取对数光谱、归一化光谱分别进行一阶微分，得到 $\mathrm{d}(R)$、$\mathrm{d}[\log(1/R)]$、$\mathrm{d}[\mathrm{N}(R)]$。

土壤光谱受土壤类型、测试环境等因素影响，仅利用单波段光谱信息建立的模型很难精确估计土壤氮素含量，因此，尝试采用植被研究常采用的指数法，构建两波段光谱指数，进行土壤氮素含量估算。已经有一些学者进行了光谱指数与土壤属性的关系研究（张娟娟，2009，2012；卢艳丽等，2010）。参考 2.5.3.2 节，采用 R 语言编程计算两波段组合光谱指数，包括差值指数 $[\mathrm{RI}(R_i-R_j)]$、比值指数 $[\mathrm{DI}(R_i/R_j)]$、归一化指数 $[\mathrm{NI}(R_i-R_j)/(R_i+R_j)]$ 及倒数差值指数 $[\mathrm{RDI}(1/R_i-1/R_j)]$，研究这 4 类指数与土壤全氮含量的相关关系，然后采用 R 语言编程制作相关系数等势图（R^2），在此基础上，SLR、PLSR 及 ANN 建模方法，建立不同预处理光谱、特征参数的土壤全氮和碱解氮含量估算模型，经独立样本验证，筛选最优估算模型，具体参考 2.7 节。

8.2　土壤氮含量及其光谱特征

8.2.1　供试土壤氮含量基本特征

供试土壤氮含量的统计特征见表8-1。由表8-1可以看出，土壤全氮的变化范围为0.046%~0.146%，标准差为0.023%，均值为0.087%；而碱解氮的变化为9.568~26.355 mg/kg，标准差为3.706 mg/kg，均值为18.771 mg/kg。碱解氮的变异系数小于全氮，说明碱解氮的离散度更小一些。总体来看，全氮和碱解氮的拟合和验证子集各项统计参数与全集一致，均能代表整体样本。与其他文献比较，本研究区黄绵土中全氮及碱解氮含量远低于黑土及其他类型土壤。

表8-1　土壤氮含量的统计描述

样本数	土壤属性	均值	标准差	变异系数（%）	最小值	最大值	峰度系数	偏度系数
120		0.087	0.023	26.437	0.046	0.146	−0.673	0.438
80	TN(%)	0.087	0.023	26.437	0.046	0.137	−0.730	0.404
40		0.088	0.024	27.273	0.051	0.146	−0.517	0.534
120		18.771	3.706	19.743	9.568	26.355	−0.721	−0.030
80	AN（mg/kg）	18.699	3.715	19.867	9.568	26.340	−0.670	−0.082
40		18.915	3.731	19.725	11.767	26.355	0.795	0.077

8.2.2　不同氮含量土壤的反射光谱特征

对土壤光谱特征的理解，尤其是对土壤属性强吸收带的理解，有利于对土壤属性的识别与提取，因此对不同氮含量的土壤光谱反射特征进行详细分析。将全氮及碱解氮的各四分位数范围内的光谱及土壤氮含量分别进行平均，得到全氮及碱解氮的四分位均值光谱图（图8-1）。由图8-1可以看出，不同全氮及碱解氮含量的土壤光谱曲线总体变化比较平缓，变化趋势类似。可见光波段反射率较小，小于25%，变化较剧烈，呈现明显的上升趋势，曲线之间差别较小；近红外波段光谱反射率变化较小，曲线趋于平缓，光谱曲线之间差异较大。在1400 nm、1900 nm、2200 nm附近有水分吸收谷，且1900 nm附近水分吸收谷最大。随着全氮及碱解氮含量增加，各波段光谱值明显减小，差异较大的区域主要位于600~

2400 nm，小于600 nm 的可见光区域不同氮含量的光谱差异很小。图8-1（a）显示，不同全氮含量土壤光谱之间差异均较大，而图8-1（b）显示，当碱解氮含量增大到一定值时，反射率之间的差异减小，图8-1（b）中 3/4 碱解氮（20.173 mg/kg）与 4/4 碱解氮（23.511 mg/kg）的均值光谱在各波段都相差很小，差异明显低于其他四分位光谱。总之，不同的氮含量导致土壤反射率大小、吸收峰位置或者吸收峰强弱产生差异。

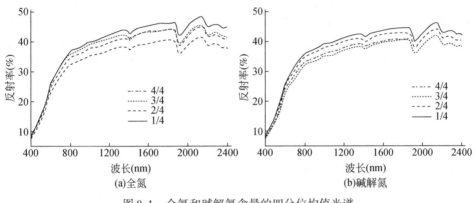

图 8-1　全氮和碱解氮含量的四分位均值光谱

8.3　土壤光谱与氮含量的相关性

8.3.1　土壤光谱与全氮含量的相关性

对经过断点拟合、平滑等预处理之后的光谱反射率及其变换形式与黄绵土全氮含量进行相关分析，得到结果如图8-2 所示。图8-2（a）为土壤全氮含量与均值光谱、一阶微分光谱的相关系数图。由图8-2（a）可以看出，土壤全氮与均值光谱反射率在 400～2400 nm 波段呈极显著负相关，相关系数较大的区域为 530～1050 nm，相关系数大于0.7，最大相关系数位于波长 650 nm，相关系数为 0.79；其他波段反射率与全氮含量的相关系数均小于0.7。400～650 nm 波段范围，全氮含量与均值光谱反射率之间的相关系数随波长增加而增大，650～2400 nm波段范围，两者之间的相关系数随波长增加而减小；土壤全氮与微分光谱反射率在 400～2400 nm 波段变化比较剧烈，正负交替变化，相关系数最大的区域为 400～610 nm、2150～2200 nm，相关系数都大于0.6，呈极显著相关。在 400～570 nm 波段，两者呈负相关，且相关系数大于0.7，最大相关系数对应波长为 490 nm，相关系数为 0.79，而 2150 ~ 2200 nm 两者呈正相关，最大正相关波长为 2190 nm，相关系数为 0.681。与均值光谱相比，微分光谱在近红外波段提高了两者的相关性。

图 8-2（b）分别为土壤全氮含量与倒数对数、一阶微分光谱的相关系数。由图 8-2（b）可知，倒数对数光谱 [log(1/R)] 与土壤全氮含量在 400 ~ 2400 nm 波段呈极显著正相关，其变化规律与均值光谱一致。在 530 ~ 1050 nm 波段两者之间的相关系数随波段增加而增大，且相关系数大于 0.7，最大相关系数同样出现在 650 nm；650 ~ 2400 nm 波段两者之间的相关系数随波长增加而减小；土壤全氮与倒数对数微分光谱的相关性变化较大，且正负交替变化，最大正、负相关波长分别出现在 1860 nm 和 1960 nm，相关系数分别为 0.39 和 0.66。

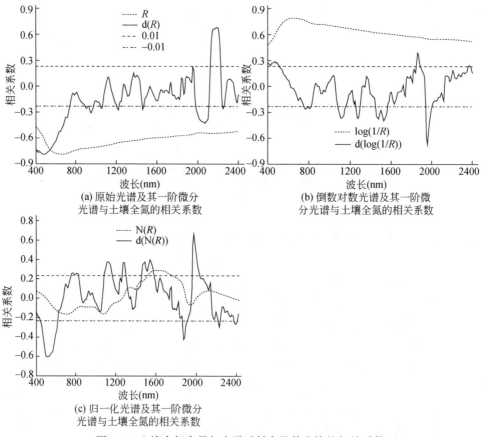

(a) 原始光谱及其一阶微分
光谱与土壤全氮的相关系数

(b) 倒数对数光谱及其一阶微
分光谱与土壤全氮的相关系数

(c) 归一化光谱及其一阶微分
光谱与土壤全氮的相关系数

图 8-2 土壤全氮含量与光谱反射率及其变换的相关系数

图 8-2（c）分别为土壤全氮含量与归一化、一阶微分光谱的相关系数。由图 8-2（c）可以看出，两种光谱与全氮的相关系数在整个波段呈正负交替变化，

其中，归一化变换光谱与全氮含量的相关性较低，两者间的相关系数低于 0.4；而归一化微分光谱与全氮含量的最大正、负相关系数分别出现在 1960 nm 和 520 nm，相关系数分别为 0.664 和 0.605。由于归一化及其微分光谱与全氮含量整体相关性较低，在后续估算模型建立过程中未考虑。

从以上分析可以看出，在 400～2400 nm 波段，全氮与均值光谱、均值倒数对数光谱相关系数达到了极显著相关，而归一化及各种微分变换光谱与全氮在某些波段达到了极显著相关。倒数对数变换与全氮的相关性略有提高，各种微分变换光谱在近红外波段与全氮的相关性得到提高，归一化变换减小了两者之间的相关性；通过相关分析可知，土壤全氮的敏感波段范围出现在 530～1050 nm，2150～2200 nm，敏感波段主要为 490 nm、520 nm、650 nm、1860 nm、1960 nm 和 2190 nm。

8.3.2　土壤光谱与碱解氮含量的相关性

图 8-3（a）为土壤碱解氮含量与均值光谱及其一阶微分光谱的相关系数，其变化规律与全氮的类似。由图 8-3（a）可以看出，土壤碱解氮与均值光谱反射率在 400～2400 nm 波段极显著负相关，相关系数较大的区域为 450～960 nm，相关系数大于 0.7，最大相关波长为 590 nm，相关系数为 0.74。400～590 nm 波段，碱解氮含量与光谱反射率之间的相关系数随波长的增加而增大，590～2400 nm 波段，两者之间的相关系数随波长增加而减小；土壤碱解氮与微分光谱反射率在 400～2400 nm 变化比较剧烈，正负交替变化，相关系数最大的区域为 400～570 nm 和 2150～2220 nm，相关系数都大于 0.6，在 400～510 nm 波段，两者呈负相关，且相关系数大于 0.7，而 2150～2220 nm 两者呈正相关，最大正相关波长为 2210 nm，相关系数为 0.71，最大负相关出现在 460 nm 波长处，相关系数为 0.74。与均值光谱相比，微分光谱在近红外波段提高了两者的相关性。

图 8-3（b）分别为土壤碱解氮含量与倒数对数及其一阶微分光谱的相关系数。由图 8-3（b）可以看出，倒数对数光谱 $[\log (1/R)]$ 与土壤碱解氮含量在 400～2400 nm 波段极显著正相关，其变化规律与均值光谱一致。在 460～610 nm 波段，两者之间的相关系数随波长增加而增大，且相关系数大于 0.7，最大相关系数同样为 610 nm；610～2400 nm 波段，两者之间的相关系数随波长增加而减小；土壤碱解氮与倒数对数微分光谱的相关性变化较大，且正负交替变化，最大正、负相关波长分别出现在 2180 nm 和 1940 nm，相关系数分别为 0.41 和 0.61。

图 8-3（c）分别为土壤碱解氮含量与归一化及其一阶微分光谱的相关系数。

由图 8-3（c）可以看出，两种光谱与碱解氮的相关系数在整个波段呈正负交替变化，其中，归一化变换光谱与碱解氮含量的相关性较低，两者间的相关系数低于 0.4，而归一化微分光谱与全氮含量的最大正负相关系数分别出现在 1470 nm 和 2170 nm，相关系数分别为 0.54 和 0.47。由于归一化及其微分的相关系数较小，在后续建模过程中均未考虑。

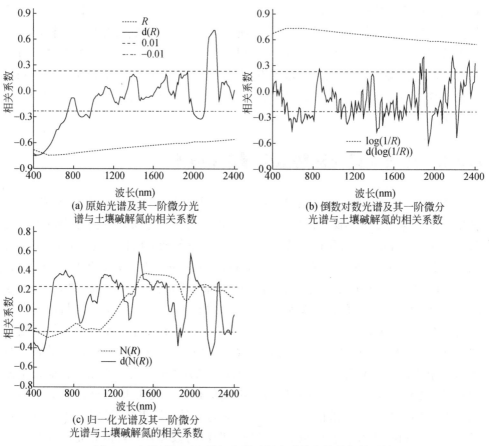

(a) 原始光谱及其一阶微分光谱与土壤碱解氮的相关系数

(b) 倒数对数光谱及其一阶微分光谱与土壤碱解氮的相关系数

(c) 归一化光谱及其一阶微分光谱与土壤碱解氮的相关系数

图 8-3　土壤碱解氮含量与光谱反射率及其变换的相关系数

综上所述，在 400～2400 nm 波段，碱解氮与均值光谱、倒数对数光谱极显著相关，而归一化光谱及各种微分变换光谱与碱解氮在某些波段达到了极显著相关。从以上分析可以看出倒数对数光谱与碱解氮的相关性和均值光谱与碱解氮的相关性基本一致，微分变换光谱在近红外某些波段与碱解氮的相关性得到提高，与均值光谱及其微分光谱相比，归一化变换减小了两者之间的相关性；通过相关分析可知土壤碱解氮的敏感波段范围为 450～960 nm，2150～2220 nm 敏感波段主要为 460 nm、590 nm、1470 nm、1940 nm、2170 nm、

2180 nm 和 2210 nm。

8.4 土壤全氮含量的高光谱监测

8.4.1 基于特征光谱的全氮含量一元线性估算模型

以特征光谱作为自变量，进行土壤全氮含量线性模型构建，拟合及验证参数（仅列出了拟合及验证 R^2 大于 0.5 的方程）列于表 8-2。表 8-2 中所有线性模型的 RPD 为 1.4~2.0，说明所有特征波段光谱反射率均能对土壤全氮含量进行粗略估算，其中拟合效果最好的为 650 nm 处光谱（R）建立的模型，拟合及验证 R^2 均较大，大于 0.62，RPD 最大，为 1.62，RMSE 最小，为 0.0146%；其次为 490 nm 处的微分光谱拟合的线性方程。总之，基于特征光谱进行土壤全氮含量估算时，只能在要求不高的情况下进行粗略估算，由于建立的线性模型简单，可移植性强，因此，在土壤全氮含量具有较大梯度，样本足够多的情况下有必要进行进一步的研究。

表 8-2 基于特征光谱的土壤全氮含量一元线性回归模型结果

光谱变换	波段（nm）	方程	拟合	验证		
			R^2	R^2	RMSE(%)	RPD
R	650	$y=-0.0108x+0.3889$	0.6244	0.6355	0.0146	1.620
$d(R)$	490	$y=-0.3473x+0.34$	0.6279	0.6149	0.0148	1.598
$d(\log(1/R))$	650	$y=0.6844x+1.0774$	0.6258	0.6129	0.0151	1.568

8.4.2 基于特征指数的全氮含量一元线性估算模型

利用 R 语言编程计算土壤光谱反射率及一阶微分的两波段差值指数（DI）、比值指数（RI）、归一化指数（NI）及倒数差值指数（RDI），然后计算 4 类指数与土壤全氮含量的相关系数（R^2），作出相关系数等势图（图 8-4 和图 8-5）（具体参见 2.6.3.2 节）。分析两波段均值光谱指数与土壤全氮含量之间的相关关系，结果表明，差值指数与土壤全氮相关性较好的波段主要集中在可见光和近红外，其中，差值指数与全氮含量相关性较好的波段为可见光区的 400~700 nm、近红外的 2200~2700 nm［图 8-4（b）］；倒数差值指数与全氮含量相关性较好的波段为近红外的 1500~1800 nm、1940~2180 nm［图 8-4（d）］；差值指数和倒数差值指数与全氮的相关性高于比值和归一化指数。其中，以 470 nm 和 460 nm 波长处均值光谱构成的差值指数［R-DI（470，460）］）和以 1490 nm 和 1440 nm 波长处均值光谱构成的倒数差值指数［R-RDI（1490，1440）］与全氮之间的线性拟合关系最好（表8-3）。图 8-5 展示了一阶微分光谱组合的 4 类指数与土壤全氮含量之间的相关等势图。仍然是差值指数与全氮含量相关性最好，其次为倒数差值指数，比值和归一化指数最差。可见光（400～800 nm）与整个波段范围两两组合的差值指数与土壤全氮含量之间的相关性较好。其中，以 520 nm 和 1960 nm 波长处微分构成的差值指数 D-DI（520，1960）表现最好，建模样本决定系数为0.7019，验证决定系数为 0.7441，RPD 为 1.910，是所有线性估算模型中精度最高的（表8-3）。其次为以 500 nm 和 510 nm 组合的微分倒数差值指数 D-RDI（500，510），建模和验证决定系数分别为 0.5945 和 0.7307（表8-3）。而比值指数和归一化指数与土壤全氮含量之间的相关性依然是最差的。

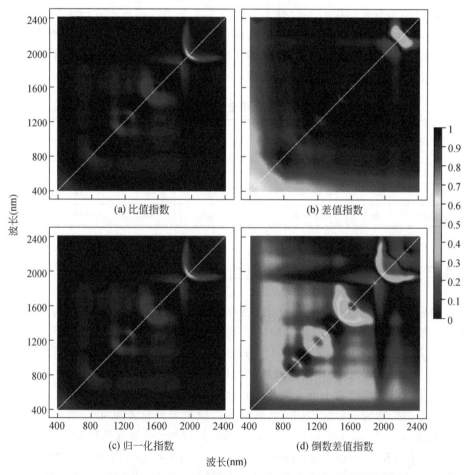

图 8-4　土壤全氮含量与均值光谱反射率两波段组合指数的相关系数等势图

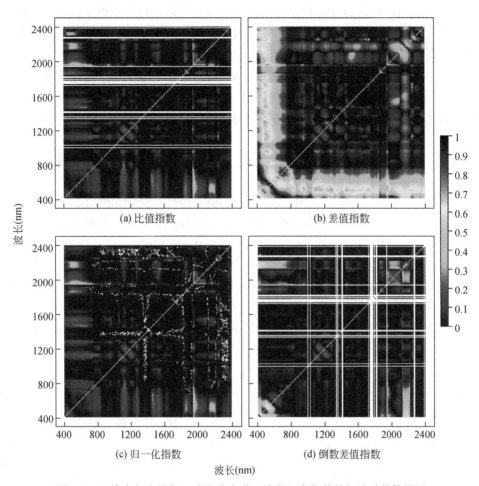

(a) 比值指数   (b) 差值指数

(c) 归一化指数   (d) 倒数差值指数

波长(nm)

图 8-5　土壤全氮含量与一阶微分光谱两波段组合指数的相关系数等势图

表 8-3　基于特征指数的土壤全氮含量一元线性回归模型结果

特征指数	方程	拟合	验证		
		R^2	R^2	RMSE(%)	RPD
R-DI(470, 460)	$y=-0.3821x+0.3487$	0.6281	0.6374	0.0144	1.643
R-RDI(1490, 1440)	$y=426.3x-0.1041$	0.5289	0.7129	0.0133	1.787
D-DI (520, 1960)	$y=-0.2716x+0.2548$	0.7019	0.7441	0.0124	1.910
D-RDI (500, 510)	$y=1.8042x-0.1299$	0.5945	0.7307	0.0125	1.890

总之，与特征波段光谱相比，两波段之间的比值指数与土壤全氮含量之间的线性拟合精度有所提高；并且表现较好的指数均为差值指数，其次为倒数差值指数；一阶微分光谱组合指数与土壤全氮含量之间的相关性有所提高，拟合效果更好一些，这与其他研究者的结论一致（张娟娟，2009）。但是，基于指数的土壤全氮含量线性估算模型的 RPD 值仍然为 1.4~2.0，只能对该区域的土壤全氮含量进行粗略估计，精度有待提高（张娟娟 2009）。

8.4.3 基于光谱和特征参数的全氮含量 PLSR 估算模型

运用 400~2400 nm 范围的全波段均值光谱（R）、微分光谱 [d(R)]、倒数对数光谱 [log(1/R)]、倒数对数微分光谱 [d(log(1/R))] 及特征波段（CB，包括 490 nm、520 nm、650 nm、1860 nm、1960 nm、2190 nm）；特征光谱（CS，包括 650 nm 处均值光谱，490 nm 处微分光谱，400~610 nm 微分均值光谱，650 nm 处倒数对数光谱，530~1050 nm 处倒数对数光谱）；特征指数 [CI，即 R-DI(470, 460)，R-RDI(1490, 1440)，D-DI(520, 1960)，D-RDI(500, 510)] 及 CB+CS+CI 为自变量，以土壤全氮含量为因变量，采用 Leave-one-out 交叉验证法确定回归模型主成分数目，建立土壤全氮含量估算的 PLSR 模型（表8-4）。

表8-4　基于光谱及特征参数的土壤全氮含量 PLSR 估算模型结果

输入变量	波段（nm）	主成分数	校正		交叉验证	验证		
			R^2	RMSE(%)	R^2	R^2	RMSE(%)	RPD
R	400~2400	4	0.675	0.0283	0.623	0.674	0.0135	1.755
	530~1050	3	0.657	0.0135	0.623	0.636	0.0143	1.657
d(R)	400~2400	7	0.791	0.0105	0.691	0.801	0.0106	2.235
log(1/R)	400~2400	3	0.661	0.0134	0.623	0.659	0.0138	1.717
d(log(1/R))	400~2400	8	0.768	0.0111	0.632	0.808	0.0104	2.278
CB		4	0.703	0.0127	0.653	0.721	0.0125	1.896
CS		3	0.678	0.0131	0.649	0.700	0.0130	1.823
CI		1	0.691	0.0128	0.684	0.721	0.0125	1.896
CB+CS+CI		7	0.741	0.0117	0.680	0.814	0.0102	2.323

与相关系数大于0.7的波段均值光谱建立的 PLSR 模型相比，全波段均值光谱建立的 PLSR 模型精度稍高，但建模选择的主成分增加了一个，并且输入变量也增多（表8-4），因此有必要根据实际情况选择波段光谱进行建模。基于均值光谱及倒数对数光谱建立的全氮含量 PLSR 模型，选择的主成分比较少，分别为

4个和3个，与单波段模型相比精度有所提高，但是其RPD值都未达到2.0，只能对土壤全氮含量进行粗略估测。对应的微分变换光谱极大的提高了土壤全氮含量估算模型的精度，其拟合及验证 R^2 为 0.768 ~ 0.808，RMSE 为 0.0104 ~ 0.0111%，RPD 值均大于 2.0，分别为 2.235 和 2.278，表明一阶微分及倒数对数微分的 PLSR 模型对土壤全氮含量具有较好的预测能力。但是从图8-6（a）和（b）可以看出，微分光谱和倒数对数微分光谱建立 PLSR 模型过程中交叉验证选取的主成分分别为7个和8个，建立的 PLSR 模型相对比较复杂，但是精度也得到大幅度提高。以 CB、CS、CI 为自变量建立的 PLSR 模型预测精度均有提高，R^2 及 RPD 值均增大，而 RMSE 值均减小，但是 RPD 值仍为 1.4 ~ 2.0，依然只能对土壤全氮含量进行粗略估计。而以 CB+CS+CI 为自变量建立的 PLSR 模型选择的主成分数为7个，拟合 R^2 为 0.741，RPD 值为 2.323，RMSE 为 0.0102%，模型的估算精度明显提高，可以对土壤全氮含量进行准确估算。

总之，与一元线性回归估算模型相比，基于 PLSR 方法建立的土壤全氮含量估算模型估算精度明显提高；特别是一阶微分光谱及倒数对数微分光谱，建模精度明显提高，验证 R^2 分别为 0.801 和 0.808，RPD 均大于 2.0，说明模型可以对土壤全氮含量进行估算，微分变换可以提高 PLSR 的建模精度；而以多个特征参数组合为自变量建立的土壤全氮含量估算模型的 RPD 值为 2.323，可以对土壤全氮含量进行更准确的估算；当选择的主成分较多时，可以提高估算模型的精度，但是同时引入模型的主成分增多，模型变得比较复杂。

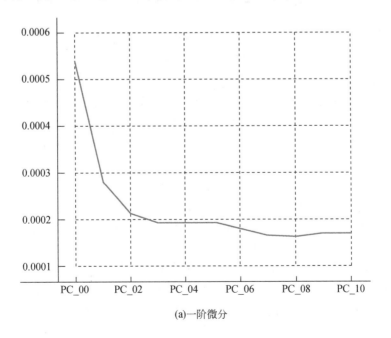

(a)一阶微分

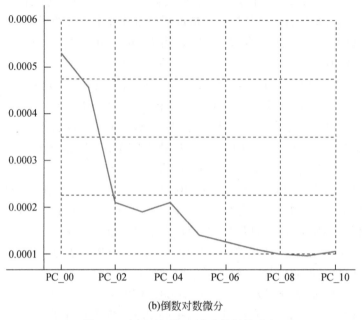

(b)倒数对数微分

图 8-6　交叉验证中主成分数目的确定

8.4.4　基于光谱及特征参数的土壤全氮含量 ANN 估算模型

依据 2.7.3 节的方法，按照上文中 PLSR 回归系数值选择均值光谱、一阶微分光谱、倒数对数、倒数对数微分少数几个潜在变量（其数目与主成分数相同）及特征波段（CB）、特征光谱（CS）、特征指数（CI）及其组合 CB+CS+CI（按照 PLSR 回归系数选择潜在变量）作为输入层，输出层为土壤全氮含量。建模过程中选择了两种验证方法，包括保留排除法和 K-fold 法（K=5）进行验证，经过多次实验确定最终隐含层的节点数（表 8-5），输出层为土壤全氮含量，建立 ANN 估算模型，其训练和验证结果见表 8-5。

由表 8-5 可以看出，土壤全氮含量的 ANN 模型估算精度得到大幅度的提高，并且 K-fold 法的建模效果普遍优于保留排除法的建模效果。以各种形式光谱建立的 ANN 模型，采用 K-fold 法建立的 ANN 模型的训练和验证结果均较好，RPD 均大于 2.0，RMSE 均较小，说明模型精度较高，比较稳定，能对土壤全氮含量进行准确预测。特别是一阶微分光谱和倒数对数微分光谱建立的 ANN 模型，拟合和验证 R^2 均大于 0.87，为 0.872~0.917，而训练和验证 RMSE 均小于 0.0090%，RPD 值为 2.780~3.415，说明模型精度非常高，能对土壤全氮含量进行准确预

表 8-5　基于光谱的土壤全氮含量 ANN 估算模型结果

输入变量	验证方法	网络结构	训练			验证		
			R^2	RMSE(%)	RPD	R^2	RMSE(%)	RPD
R	保留排除法	4-4-1	0.742	0.0117	2.025	0.715	0.0126	1.895
	K-fold 法	4-4-1	0.757	0.0113	2.080	0.771	0.0115	2.225
$d(R)$	保留排除法	7-5-1	0.861	0.0086	2.755	0.854	0.0090	2.633
	K-fold 法	7-5-1	0.886	0.0077	2.971	0.880	0.0086	2.846
$\log(1/R)$	保留排除法	4-4-1	0.664	0.0133	1.782	0.708	0.0128	1.851
	K-fold 法	4-4-1	0.775	0.0111	2.151	0.774	0.0105	2.144
$d(\log(1/R))$	保留排除法	8-5-1	0.870	0.0083	2.855	0.865	0.0087	2.734
	K-fold 法	8-5-1	0.917	0.0067	3.415	0.872	0.0081	2.780

测，其中，一阶微分建立的 ANN 模型，训练和验证结果更加接近，说明模型更稳定。图 8-7 展示了一阶微分光谱利用 K-fold 法（K=5）验证时建立的 ANN 估算模型的训练和验证结果，训练和验证集的测量值和预测值点均沿 1∶1 线分布。当采用保留排除法进行验证时，一阶微分和倒数对数微分建立的模型精度较高，RPD 大于 2.0，能进行土壤全氮含量准确估算；均值光谱和倒数对数光谱建立的 ANN 模型，RPD 值小于 2.0，只能对土壤全氮含量进行粗略预测，模型稳定性和精度有待提高。另外，从网络的结构可以发现，以微分光谱为潜在变量的 ANN 模型的输入层节点数分别为 7 个或者 8 个，隐含层节点数分别为 4 个或者 5 个，而均值光谱和倒数对数光谱建立的 ANN 模型的输入层节点数相对较少，分别为 3 个或者 4 个，网络结构相对比较简单，说明当网络结构的层数相同时，适当增加输入层的节点数可以提高模型的精度，但是同时模型也更加复杂，计算量也大大增加，因此在满足精度的前提下，尽量减少隐含层节点数。

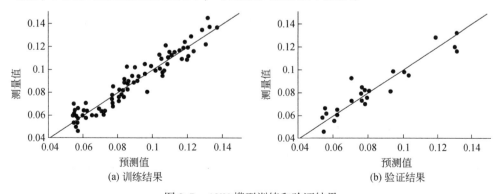

(a) 训练结果　　　　　　　　　　(b) 验证结果

图 8-7　ANN 模型训练和验证结果

　　以特征参数［包括 CB、CS、CI 和 CB+CS+CI（潜在变量）］为输入层，土壤全氮含量为输出层建立的 ANN 模型的训练和验证结果见表 8-6。从表 8-6 可以看出，保留排除法和 K-fold 验证方法得到的 ANN 模型精度均较高、模型也比较稳定，能对土壤全氮含量进行准确的预测，并且 K-fold 法建立的模型优于保留排除法建立的模型。另外，当采用相同的样本进行建模和验证时，ANN 方法（采用保留排除法进行验证）建立的模型精度明显优于 PLSR 建立的模型。如以 CB+CS+CI 为自变量建立 PLSR 模型时建模选择的主成分为 7 个，ANN 模型以 PLSR 提取的 7 个潜在变量作为输入层，两者使用的拟合和验证集相同，PLSR 的拟合和验证参数见表 8-4，模型可以进行土壤全氮含量反演，但不太稳定；而以 PLSR 提取的 7 个潜在变量作为输入层时建立的 ANN 模型的训练和验证 R^2 分别为 0.847 和 0.816，RMSE 分别为 0.0090% 和 0.0101%，而 RPD 值分别为 2.633 和 2.346，模型比较稳定，精度也更高（表 8-6）。以 CB+CS+CI 建立的 ANN 模型精度优于以 CB、CS、CI 建立 ANN 模型，但是输入层的节点数增加到了 7 个，模型更加复杂（图 8-8）。以 CI 为输入层建立的 ANN 模型最简单，输入层仅为 4 个，但模型精度比较高，特别是以 K-fold 法进行验证时，其精度仅次于 CB+CS+CI 建立的模型，R^2 大于 0.83，稳定性也比较好，训练和验证模型 R^2 仅相差 0.01，说明从光谱中提取特征指数（CI）作为输入层可以提高模型的预测精度，是建立土壤全氮含量估算模型的一种比较好的方法。

表 8-6　基于特征参数的土壤全氮含量 ANN 估算模型结果

输入变量	验证方法	网络结构	训练			验证		
			R^2	RMSE（%）	RPD	R^2	RMSE（%）	RPD
CB	保留排除法	6-6-1	0.803	0.0102	2.323	0.763	0.0115	2.060
	K-fold 法	6-6-1	0.806	0.0105	2.257	0.847	0.0081	2.925
CS	保留排除法	6-5-1	0.746	0.0115	2.060	0.818	0.0101	2.236
	K-fold 法	6-5-1	0.771	0.0113	2.097	0.867	0.0079	2.999
CI	保留排除法	4-4-1	0.785	0.0107	2.214	0.803	0.0105	2.257
	K-fold 法	4-4-1	0.835	0.0094	2.434	0.845	0.0094	2.499
CB+CS+CI	保留排除法	7-7-1	0.847	0.0090	2.633	0.816	0.0101	2.346
	K-fold 法	7-7-1	0.842	0.0092	2.576	0.896	0.0073	3.246

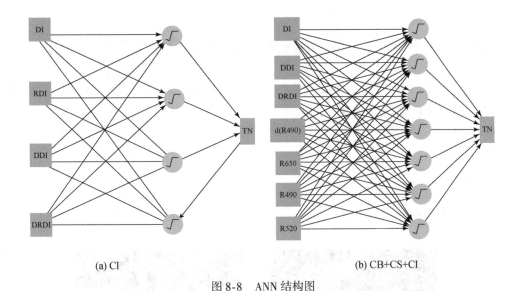

(a) CI   (b) CB+CS+CI

图 8-8   ANN 结构图

8.5   土壤碱解氮含量的高光谱监测

8.5.1   基于特征光谱的碱解氮含量一元线性估算模型

以特征波段光谱作为自变量，建立土壤碱解氮含量的线性估算模型，其参数列于表 8-7（仅列出了拟合和验证 R^2 大于 0.5 的方程）。从表 8-7 可以看出 3 种形式特征波段光谱建立的一元线性估算模型的各项参数均比较一致，验证 RPD 值介于 1.493~1.497 之间，仅能对土壤碱解氮含量进行粗略估算，但是与全氮的特征光谱线性估算模型相比，碱解氮的估算模型精度明显降低。与全氮含量的估算不同，微分光谱处理并没有改善碱解氮的估算精度。总之，基于特征光谱进行土壤碱解氮含量估算的精度有待提高，需要进一步研究。

表 8-7   基于特征光谱的土壤碱解氮含量一元线性估算模型结果

光谱变换	波段（nm）	方程	拟合	验证		
			R^2	R^2	RMSE(mg/kg)	RPD
R	590	$y = -1.6095x + 56.479$	0.549	0.554	2.463	1.496
$d(R)$	460	$y = -53.106x + 53.121$	0.553	0.554	2.462	1.497
$d(1/R)$	610	$y = 88.901x + 143.64$	0.547	0.552	2.467	1.493

8.5.2　基于特征指数的碱解氮含量一元线性估算模型

同样利用 R 语言编程计算土壤光谱反射率及一阶微分光谱两波段差值指数、比值指数、归一化指数及倒数差值指数，然后计算 4 类指数与土壤碱解氮含量的相关系数（R^2）并作出相关系数等势图（图 8-9 和图 8-10）（具体参见 2.6.3.2 节）。从图 8-9 可以看出，4 类指数在整个波段范围相关系数都不是很高，相关系数小于 0.5。在 400 ~ 440 nm、1950 ~ 1970 nm 范围，均值光谱组成的差值指数与碱解氮含量之间的相关系数大于 0.4，最大相关系数为 0.462［图 8-9（b）］，由 1950 nm 与 1960 nm 波段光谱组成［R-DI(1950，1960)］。而 1950 ~ 1970 nm 波

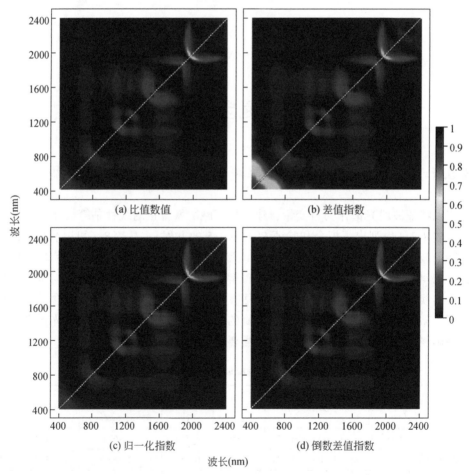

图 8-9　土壤碱解氮含量与均值光谱反射率两波段组合指数的相关系数等势图

段范围的均值光谱组合的比值指数、归一化指数和倒数差值指数与碱解氮含量之间的相关系数均大于 0.4，且最大相关系数均为 1950 nm 与 1960 nm 波段的光谱组成的指数，最大相关系数分别为 0.470、0.470 和 0.459。一阶微分光谱组成的 4 类指数与碱解氮的相关系数等势图为图 8-10，从图 8-10 可以看出，经过微分变换之后 4 类指数的相关性均有所增强，特别是差值指数 [图 8-10（b）]，相关系数较高的区域明显扩大。400～520 nm 与 400～2400 nm 的一阶微分光谱构成的差值指数与碱解氮的相关系数均较高，其中，430 nm 与 2210 nm 组成的差值指数 [D-DI（430，2210）] 与碱解氮的最大相关系数为 0.576。其次为差值倒数指数，在 400～570 nm 和 2150～2200 nm 范围两波段微分光谱倒数差值指数与碱解氮之

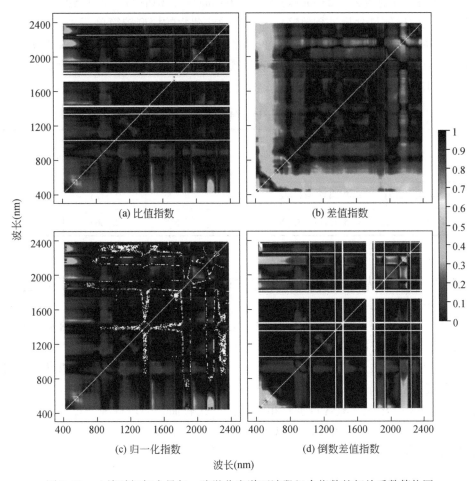

图 8-10　土壤碱解氮含量与一阶微分光谱两波段组合指数的相关系数等势图

间的相关性较高，相关系数大于 0.5，最大相关系数为 0.565，是由 410 nm 与 2210 nm 微分光谱组成的 [D-RDI(410, 2210)] [图 8-10 (d)]。而其他两类指数的相关性虽然也有所增强，但是区域很小。比值指数 [D-RI(460, 2160)] 和归一化指数 [D-NI(490, 2170)] 与碱解氮的最大相关系数分别出现在 460 nm 与 2160 nm 和 490 nm 与 2170 nm 处。

与碱解氮含量相关性较大的指数作为特征指数建立碱解氮含量的线性估算模型（仅列出了拟合和验证 R^2 大于 0.5 的方程），其结果见表 8-8。所有指数中只有微分光谱组成的差值指数 [D-DI(430, 2210)] 与倒数差值指数 [D-RDI (410, 2210)] 为自变量建立的碱解氮一元线性估算模型的拟合和验证 R^2 大于 0.5，RMSE 分别为 2.3123 mg/kg 和 2.2669 mg/kg，RPD 分别为 1.593 和 1.625，可以对土壤碱解氮含量进行粗略估算。指数法建立的模型较简单，并且在探索便携式仪器的光谱通道方面具有潜力，因此，该方法值得进一步研究。微分光谱组成的比值指数和归一化指数拟合的碱解氮的线性模型的 R^2 为 0.4 ~ 0.5，因此没有在表中列出，但是后续研究中将会作为输入变量。

表 8-8　基于特征指数的土壤碱解氮含量一元线性回归模型结果

特征指数	方程	拟合	验证		
		R^2	R^2	RMSE(mg/kg)	RPD
D-DI (430, 2210)	$y = -81.433x + 60.402$	0.546	0.609	2.3123	1.593
D-RDI (410, 2210)	$y = -5.7718x - 28.004$	0.538	0.625	2.2669	1.625

8.5.3　基于光谱和特征参数的碱解氮含量 PLSR 估算模型

表 8-9 为土壤光谱反射率及其变换形式光谱与碱解氮含量的 PLSR 估算模型参数。由表 8-9 可以看出，不同光谱及特征参数建立的土壤碱解氮含量的 PLSR 估算模型选择的主成分都比较少，均为 1 个或者 2 个，但是与线性估算模型相比较，精度并没有提高，所有的模型拟合和验证 R^2 均在 0.5 左右，RPD 值为 1.4 ~ 2.0，只能对土壤碱解氮含量进行粗略估算。比较而言，以各种特征参数为自变量建立的估算模型，精度略高于以各种形式光谱为自变量建立的模型，说明从光谱中提取特征参数进行碱解氮含量估算，具有提高模型估算精度的潜力，值得进一步研究。

表 8-9　基于光谱及特征参数的土壤碱解氮含量 PLSR 估算模型结果

输入变量	波段（nm）	主成分数	校正		交叉验证	验证		
			R^2	RMSE（mg/kg）	R^2	R^2	RMSE（mg/kg）	RPD
R	400~2400	2	0.540	2.5049	0.516	0.542	2.4934	1.478
	450~960	1	0.533	2.5236	0.523	0.560	2.4443	1.507
d(R)	400~510	1	0.546	2.4885	0.536	0.533	2.5181	1.463
log(1/R)	460~610	1	0.522	2.5535	0.512	0.559	2.4456	1.506
CB		2	0.555	2.4632	0.532	0.580	2.3870	1.543
CS		1	0.549	2.4793	0.540	0.564	2.4333	1.514
CI		1	0.545	2.4897	0.535	0.621	2.2690	1.624
CB+CS+CI		2	0.552	2.4707	0.529	0.577	2.3967	1.537

8.5.4　基于光谱及特征参数的碱解氮含量 ANN 估算模型

依据 2.7.3 节的方法，按照 PLSR 的回归系数选择潜在变量作为 ANN 的输入变量，由于 PLSR 建模时选择的主成分较少，因此在进行土壤碱解氮含量估算时增加了个别回归系数较高的变量作为 ANN 的输入变量。以 PLSR 方法获取的各种形式光谱的潜在变量为输入层，采用两种验证方法，以土壤碱解氮含量为输出层，建立的 ANN 模型的训练和验证结果见表 8-10。由表 8-10 可以看出，ANN 方法建模一定程度提高了土壤碱解氮含量估算的精度，训练和验证 R^2 均在 0.6 左右，训练和验证 RPD 值也有一定程度的提高，均在 1.5 左右，但是整体看，碱解氮的估算精度并不高，只能进行粗略估算，精度有待进一步提高。

表 8-10　基于光谱的土壤碱解氮含量 ANN 估算模型结果

输入变量	验证方法	网络结构	训练			验证		
			R^2	RMSE（mg/kg）	RPD	R^2	RMSE（mg/kg）	RPD
R	保留排除法	4-4-1	0.556	2.4602	1.497	0.645	2.1938	1.679
	K-fold 法	4-4-1	0.621	2.2433	1.642	0.628	2.3412	1.574
d(R)	保留排除法	3-3-1	0.594	2.3509	1.567	0.624	2.2584	1.631
	K-fold 法	3-3-1	0.600	2.3362	1.577	0.630	2.2400	1.645

续表

输入变量	验证方法	网络结构	训练			验证		
			R^2	RMSE（mg/kg）	RPD	R^2	RMSE（mg/kg）	RPD
log(1/R)	保留排除法	2-2-1	0.603	2.3260	1.497	0.608	2.3076	1.596
	K-fold 法	2-2-1	0.611	2.2658	1.642	0.656	2.2872	1.679

以特征参数为输入层，土壤碱解氮含量为输出层建立的 ANN 模型的各项参数见表 8-11，由表 8-11 可知，估算模型的精度有进一步的提高，训练和验证 R^2 为 0.573~0.758，RPD 均大于 1.5。并且以 PLSR 回归系数选择 CB+CS+CI 的潜在变量作为输入层，K-fold 法进行验证时，其训练和验证 R^2 分别为 0.757 和 0.758，RMSE 分别为 1.7308 mg/kg 和 2.1262 mg/kg，RPD 值分别为 2.027 和 2.033，说明模型的训练和验证结果均较好，能进行土壤碱解氮含量的有效估算。图 8-11 显示 CB+CS+CI 为输入变量时的网络结构图，可以发现网络结构比较复杂，为 7-7-1。而基于 CB、CS 和 CI 为输入层建立的 ANN 估算模型的训练和验证 RPD 值为 1.4~2.0，仅能进行土壤碱解氮含量的粗略估算。

表 8-11　基于特征参数的土壤碱解氮含量 ANN 估算模型结果

输入变量	验证方法	网络结构	训练			验证		
			R^2	RMSE（mg/kg）	RPD	R^2	RMSE（mg/kg）	RPD
CB	保留排除法	7-6-1	0.600	2.3347	1.578	0.640	2.2113	1.666
	K-fold 法	7-5-1	0.643	2.1504	1.675	0.647	2.3525	1.683
CS	保留排除法	6-6-1	0.618	2.2831	1.614	0.636	2.2220	1.658
	K-fold 法	6-6-1	0.661	2.1498	1.714	0.655	2.1668	1.700
CI	保留排除法	4-4-1	0.573	2.4118	1.528	0.662	2.1409	1.721
	K-fold 法	4-4-1	0.618	2.2722	1.621	0.655	2.1825	1.688
CB+CS+CI	保留排除法	7-7-1	0.626	2.2579	1.632	0.649	1.6791	1.717
	K-fold 法	7-7-1	0.757	1.7308	2.027	0.758	2.1262	2.033

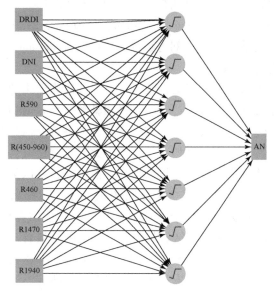

图 8-11　ANN 结构图（CB+CS+CI）

8.6　讨论与结论

8.6.1　讨论

对土壤全氮及碱解氮的四分位均值光谱进行分析表明，不同全氮含量土壤光谱之间差异均较大，而碱解氮含量增大到一定值时，反射率之间的差异减小，这与其他研究者的结论一致（陈红艳，2012），这一现象有待进一步验证；另外不同氮素含量导致土壤光谱反射率大小、吸收峰位置或吸收峰强弱产生差异，这与其他研究者的结论一致（张娟娟，2009）。采用适当的光谱预处理和波长选择方法能够简化和提取特征光谱信息，提高土壤参数估算模型的预测能力（Xie et al.，2011；Yang et al.，2012）。本章共进行了 6 种常规的光谱变换，结果表明，微分变换能增强光谱与氮素含量之间的相关性，特别是在近红外区域，并且与敏感波段建立的线性估算模型精度得到提高，这与其他研究者的结论一致。研究表明，简单相关分析结果可为敏感波段的筛选提供依据，通过对土壤变换光谱及氮素含量之间进行相关分析，确定了土壤全氮及碱解氮含量的敏感波段及波段范围。土壤全氮与光谱的敏感波段范围为 530～1050 nm、2150～2200 nm，敏感波段主要为 490 nm、520 nm、650 nm、1860 nm、1960 nm 和 2190 nm；土壤碱解氮与光谱之间的敏感波段范围出现在 450～960 nm 和 2150～2220 nm，敏感波段主要为 460 nm、590 nm、1470 nm、1940 nm、2170 nm、2180 nm 和 2210 nm，这与其他研究者的结论基本一致（刘秀英等，2015b；Dalal and Henry，1986；徐永明等，2006；张娟娟，2009）。

　　本章利用均值光谱与微分光谱构建了 4 类窄波段光谱指数，分析各类指数与全氮和碱解氮的相关等势图可知，土壤全氮和碱解氮与差值指数之间的相关性是最好的，并且相关性较高的波段范围较宽，其次为倒数差值指数，最差的为比值和归一化指数。与特征波段光谱相比，比值指数与土壤全氮含量之间的线性拟合精度有小幅提高；并且表现较好的指数均为差值指数，其次为倒数差值指数；一阶微分光谱组合指数与土壤全氮含量之间的相关性有所提高，拟合效果更好一些。但是，基于光谱指数的土壤全氮和碱解氮含量线性估算模型的 RPD 值仍然处于 1.4 和 2.0 之间，只能对该区域的土壤全氮及碱解氮含量进行粗略估计，这与其他研究者的结论一致（张娟娟，2009），表明该方法建立的土壤氮素含量的估算模型预测效果不是太理想，有待于进一步改进和研究。

　　偏最小二乘回归适合处理各变量内部高度线性相关的数据，能够利用所有有效的数据构建模型，具有良好的预测功能。本章对于土壤全氮及碱解氮含量与全波段、高相关性波段光谱及特征参数（CB、CS 和 CI）进行了 PLSR 建模，研究表明，PLSR 方法能够提高土壤全氮含量的预测精度，并且以微分光谱及 CB+CS+CI 为自变量的全氮含量 PLSR 估算模型的验证 RPD 值均大于 2.0，说明模型可以对土壤全氮含量进行预测。然而 PLSR 方法建立的碱解氮含量的估算模型精度并没有提高，模型不稳定，这与其他研究的结果一致（刘秀英等，2015b）。主要是由于 PLSR 适合线性关系建模，而土壤全氮和碱解氮与土壤光谱之间可能更多的是非线性关系，因此 PLSR 建模精度并不是特别高。

　　按照 PLSR 的回归系数提取的各种形式光谱的潜在变量作为输入层，建立土壤全氮含量估算的 ANN 模型的预测精度较高，特别是采用 K-fold 法建立的模型，训练和验证 R^2 均较高，而 RMSE 均较小，并且 RPD 值均大于 2.0，可以对土壤全氮含量进行准确预测。然而采用保留排除法进行验证建立的全氮含量 ANN 估算模型的精度普遍低于 K-fold 法建立的模型。并且建模过程中，当网络结构的层数相同时，适当增加输入层的节点数可以提高模型的精度，但是模型更加复杂，计算量大大增加。微分光谱建立的 ANN 模型估算精度相对比较高，进一步说明微分变换可以提高全氮含量的估算精度。当以特征指数作为输入层时，两种验证方法建立的全氮含量的 ANN 估算模型精度均较高，能对土壤全氮含量进行精确估算。所有变量建立的碱解氮含量估算的 ANN 模型，预测精度均得到提高，但模型不是很稳定，多数只能进行粗略预测，这与其他研究的结论较一致（刘秀英等，2015b）。仅仅只有以 CB+CS+CI 作为输入层，选择 K-fold 法进行验证时，其训练和验证结果均较优，并且模型较稳定，能进行土壤碱解氮含量的估算。究其原因可能是由于该试验区范围较小，黄绵土的碱解氮含量较低，对光谱的响应较差，从而造成估算模型的精度较低。与其他研究者的结论"近红外光谱分析，对于含量较低的物质，预测效果较差"（李伟等，2007）一致。以上分析表明，ANN 方法建立的全氮及碱解氮含量的估算模型建模及验证结果均优于 PLSR 及一元线性回归模型，其原因可能主要是由于光谱与土壤全氮及碱解氮含量之间具有一定的非线性关系，而神经网络具有突出的非线性映射能力（陆婉珍，2000），因而 ANN 估算模型的效果更佳，这与其他研究者的结论"神经网络方法更适合用于近红外光谱分析建模"（李伟等，2007）较一致。

8.6.2 结论

本章通过室内利用 SVC 光谱仪获取试验小区及大田 120 个样本的黄绵土光谱反射率，对原始光谱反射率进行 6 种变换，并通过相关分析提取特征波段，分析了新构建的 4 类指数与土壤全氮及碱解氮含量的全波段相关性，建立了土壤全氮及碱解氮与土壤光谱及各种特征参数之间的线性、PLSR 和 ANN 估算模型，利用独立样本进行验证，主要得到以下结果。

1）在 400~2400 nm 波段范围，分析土壤全氮及碱解氮含量的四分位均值光谱图可知，不同全氮含量土壤光谱之间差异均较大；碱解氮含量增大到一定值时，反射率之间的差异减小；不同的氮素含量会引起土壤光谱反射率大小、吸收峰位置或者吸收峰强弱发生变化。

2）通过相关分析可知，土壤全氮的敏感波段范围出现在 530~1050 nm 和 2150~2200 nm，敏感波段主要为 490 nm、520 nm、650 nm、1860 nm、1960 nm 和 2190 nm；土壤碱解氮的敏感波段范围为 450~960 nm 和 2150~2220 nm，敏感波段主要为 460 nm、590 nm、1470 nm、1940 nm、2170 nm、2180 nm 和 2210 nm。

3）基于特征光谱和光谱指数建立的线性估算模型比较简单，可对土壤全氮及碱解氮含量进行粗略估算。PLSR 估算模型可以提高全氮及碱解氮含量的估算精度，基于 d(R)、d(log(1/R))、CB+CS+CI 建立的 PLSR 模型，拟合 R^2 位于 0.741~0.791 处，验证 RMSE 位于 0.0102%~0.0106% 处，RPD 值位于 2.235~2.323 处，拟合及验证结果均较好，能对土壤全氮含量进行准确估算。

4）新建特征指数与土壤全氮及碱解氮相关等势图表明，差值指数与土壤全氮及碱解氮的相关性较高，并且相关性较好的波段较宽，其次为倒数差值指数，最差的为比值和归一化指数,一阶微分指数相关性更高。通过相关分析及建模精度比较可知,一阶微分光谱变换可以提高估算模型的预测精度。

5)根据 PLSR 回归系数选择光谱及 CB、CS、CI 和 CB+CS+CI 的潜在变量作为输入层,K-fold 法验证(K=5),建立的 ANN 模型,训练 R^2 位于 0.746 ~ 0.917 处,验证 RMSE 位于 0.0073% ~ 0.0115% 处,RPD 值位于 2.144 ~ 3.246 处,预测精度较高,能进行土壤全氮含量准确估算。其中,一阶微分光谱建立的 ANN 模型,训练和验证结果更加接近,是预测土壤全氮含量的最优模型。采用保留排除法进行验证时,只有 d(R) 和 d(log(1/R)) 建立的 ANN 估算模型训练及验证结果均较优,同样能对土壤全氮含量进行准确估算,预测的精度也较高。

6)根据 PLSR 回归系数选择 CB+CS+CI 的潜在变量作为输入层,采用 K-fold 法验证,建立 ANN 模型,训练 R^2 为 0.757,验证 RMSE 为 2.1262 mg/kg,RPD 值为 2.033,能对土壤碱解氮含量进行准确估算。但是,其他光谱参数及方法建立的土壤碱解氮含量估算模型估算效果均不理想,有待进一步研究。

|第9章| 土壤磷和钾含量的高光谱监测

磷和钾是土壤中的两大营养元素，同时，也是植物生长必需的营养元素，因此有必要利用可见/近红外光谱技术对土壤中的磷、钾含量进行快速、准确测量，以满足精细农业变量施肥对土壤信息及其分布快速获取的要求。虽然磷、钾在近红外不存在吸收波段，但是，许多研究表明利用光谱技术预测土壤磷和钾是可行的，磷是有机化合物中的主要元素，因此磷含量发生变化应该会影响土壤光谱；土壤中的钾元素主要以矿物态形式存在于土壤中（王璐等，2007），而原生矿物对土壤光谱反射率具有一定影响（Lagacherie，2008），从而钾含量的变化对土壤光谱也会有影响，因此利用可见/近红外光谱反演土壤中磷、钾含量具有一定的可行性。

有研究表明，利用可见/近红外光谱技术预测土壤中全磷及有效磷是可行的（Viscarra Rossel et al.，2006；路鹏等，2009；刘燕德等，2013；Hu，2013；吴茜等，2014）。但是，也有研究表明，对于土壤全磷和有效磷的光谱预测，结果并不是很好，精度有待提高（Maleki et al.，2006；宋海燕和何勇，2008；徐丽华等，2013；贾生尧等，2015）。很多学者通过采用不同的预处理方法和建模方法建立了土壤全钾和速效钾的预测模型，精度较高（章海亮等，2014；刘雪梅和柳建设，2012，2013；胡芳等，2012；陈红艳等，2012）。但是，由于磷、钾在近红外没有特定的吸收波段，有的研究者对土壤全钾及速效钾进行估算时结果并不理想，精度较低（Confalonieri et al.，2001；Malley et al.，2002；Viscarra Rossel et al.，2006；徐永明等，2006；李伟等，2007；胡国田等，2015）。

综上所述，国内外学者的研究表明，近红外光谱技术在土壤磷、钾含量的测定中虽然具有一定的准确性，但是随土壤类型、颗粒大小、测量条件、土壤性质等变化而变化，很不稳定，有必要对光谱技术估算土壤磷、钾含量进一步研究。因此，在利用地物光谱仪室内采集耕作区土壤（黄绵土）光谱信息的基础上，结合 PLSR、ANN 建模方法和光谱指数分别建立土壤磷、钾含量的估算模型，以独立样本验证，筛选最优模型，为土壤磷、钾含量监测提供技术支持，为精准农业变量施肥提供依据。

9.1 材料与方法

9.1.1 样品采集与处理

土壤样本采集与处理详见 2.5.2.1 节, 于 2014~2015 年作物种植前后, 采集与作物生长关系最密切的耕层土样 (0~20 cm), 土壤类型为黄绵土。自然风干后, 研磨、过筛 (过 1 mm 孔筛), 然后采用四分法取样, 一式两份, 一份用于实验室土壤营养元素的化学测定, 另一份用于土壤光谱的测定。土壤全磷 (total phosphorus, TP,%) 含量及有效磷 (available phosphorus, AP, mg/kg) 含量的测定详见 2.5.2.4 节; 土壤全钾 (total potassium, TK,%) 和速效钾 (available potassium, AK, mg/kg) 含量的测定参考 2.5.2.5 节, 土壤光谱的测定方法参考 2.4.1.4 节。

9.1.2 数据处理与模型建立

数据预处理方法详见 2.6.1 节, 同样将 400~2400 nm 波段范围的光谱数据重采样到 10 nm, 然后对光谱数据进行归一化 [N(R)]、多元散射拟合 [MSC(R)]、倒数对数变换 [log(1/R)], 再对原始光谱及其变换光谱进行一阶微分处理。在包络线去除的基础上提取波段深度 (BP), 并进行一阶微分处理, 用于建立土壤钾含量的估算模型。

分析土壤可见/近红外光谱与磷、钾含量之间的相关性, 优选特征波段; 参考 2.6.3.2 节, 采用 R 语言编程计算两波段组合光谱指数 (包括差值指数)、比值指数、归一化指数及倒数差值指数, 然后对光谱指数与土壤磷、钾含量进行相关分析, 得到相关等势图, 优选光谱特征指数; 结合 PLSR 及 ANN 建模方法, 建立不同预处理光谱、特征参数的土壤磷、钾含量估算模型, 经独立样本验证, 确定最优的建模方法及估算模型, 具体参考 2.7 节。

9.2 土壤磷和钾含量及其光谱特征

9.2.1 研究区土壤磷和钾含量基本特征

9.2.1.1 土壤磷含量基本特征

表 9-1 列出了测量的土壤样本全磷和有效磷全集、拟合集和验证集的统计参

数。由表9-1可知，土壤全磷的变异较小，拟合集、验证集和全集的变异系数为
10.503%~10.812%；而土壤有效磷的变异较大，均大于29.5%，为29.523%~
32.622%。土壤全磷为0.072%~0.115%，标准差为0.009%，峰度和偏度系数均较
小；而土壤有效磷的变化范围为7.910~38.354 mg/kg，标准差为6.367 mg/kg，
峰度和偏度系数也比较小。比较可知土壤全磷和有效磷的拟合和验证集的标准偏
差、均值和变异系数均比较一致，说明各自的验证和拟合集均能代表总体样本
（表9-1）。

表9-1　土壤磷含量的统计参数

土壤属性	样本数	均值	标准差	变异系数（%）	最小值	最大值	峰度系数	偏度系数
TP（%）	120	0.089	0.009	10.568	0.072	0.115	−0.058	0.468
	80	0.089	0.009	10.503	0.072	0.113	−0.158	0.399
	40	0.089	0.010	10.812	0.074	0.115	0.227	0.610
AP（mg/kg）	120	20.223	6.367	31.484	7.910	38.354	−0.222	0.215
	80	20.109	6.560	32.622	7.910	38.354	−0.012	0.314
	40	20.452	6.038	29.523	9.824	31.318	−0.788	−0.017

9.2.1.2　土壤钾含量基本特征

土壤样品的全钾（TK）和速效钾（AK）的全集、拟合集和验证集的统计参数
见表9-2。由表9-2可知，土壤全钾的变异较小，拟合、验证和全集的变异系数为
13.437%~13.508%；而土壤速效钾的变异大于全钾，在21.513%~21.777%之间变
动。全集中土壤全钾的最小值为1.088%，最大值为1.650%，说明土壤全钾的变
化范围较小；标准差为0.182%，峰度和偏度系数均较小；而土壤速效钾全集的
变化为117.214~304.866 mg/kg，样本间梯度较大；标准差为38.141 mg/kg，峰
度和偏度系数也比较小。土壤全钾和速效钾的拟合和验证集的标准偏差、均值和
变异系数与全集比较一致，说明各自的验证和拟合集均能代表总体样本。

表9-2　土壤钾含量的统计特征

土壤属性	样本数	均值	标准差	变异系数（%）	最小值	最大值	峰度系数	偏度系数
TK（%）	120	1.352	0.182	13.437	1.088	1.650	−1.636	0.065
	80	1.355	0.183	13.508	1.088	1.650	−1.645	0.044
	40	1.346	0.181	13.452	1.097	1.631	−1.675	0.109

土壤属性	样本数	均值	标准差	变异系数（%）	最小值	最大值	峰度系数	偏度系数
AK（mg/kg）	120	176.580	38.141	21.600	117.214	304.866	0.683	0.734
	80	176.691	38.479	21.777	117.214	304.866	0.924	0.789
	40	176.358	37.941	21.513	118.900	279.004	0.382	0.644

9.2.2 不同磷和钾含量土壤的反射光谱特征

9.2.2.1 土壤不同磷含量的反射光谱特征

图 9-1（a）和 9-1（b）分别为按照土壤全磷和有效磷排序后的 4 分位均值光谱（30 个样本光谱平均）反射率图。由图 9-1（a）可以看出，在 400～2400 nm 波段范围内，随土壤全磷含量增加，土壤光谱反射率整体减小，但是，不同波段范围减小的程度不同。在可见光 400～600 nm 波段，不同全磷含量的土壤光谱反射率基本相同，光谱曲线重叠；600～800 nm 波段，不同全磷含量的土壤光谱反射率值开始出现差异，但是，彼此间差异较小；在 800～2400 nm 波段，不同土壤全磷含量的光谱反射率差异明显。然而当全磷含量较大时，光谱差异变小，如图中 3/4（全磷含量均值为 0.091%）和 4/4（全磷含量均值为 0.102%）线差异明显减小。而由图 9-1（b）可以发现，土壤有效磷在不同的波段范围光谱反射率变化规律有差异。在 400～700 nm 内，土壤的光谱反射率随土壤有效磷含量的增加而增大，但是，光谱反射率的增幅较小；而 700～2400 nm 内，随着波长增加，土壤反射率之间的差异增大；随着土壤有效磷含量增加，土壤光谱反射率

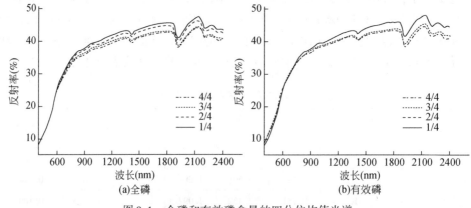

图 9-1 全磷和有效磷含量的四分位均值光谱

降低。并且 1/4（有效磷含量均值为 12.021 mg/kg）线与其他光谱曲线的差异较大；而其他 3 条光谱曲线的差异较小，特别是 3/4（有效磷含量均值为 22.235 mg/kg）和 4/4（有效磷含量均值为 27.778 mg/kg）线差异非常小，说明当土壤有效磷增大到一定值时，对土壤光谱反射率的影响非常小，这一规律有待进一步验证。

9.2.2.2 土壤不同钾含量的反射光谱特征

图 9-2 为土壤全钾和速效钾含量由小到大排序后的四分位均值光谱。由图 9-2 可知，所有光谱反射率曲线变化趋势比较一致，在可见光波段，随波长增加反射率快速增大，在近红外波段增幅变小；在 1460 nm、1970 nm 和 2260 nm 波长处，有明显的水分吸收谷。从图 9-2（a）可知，随土壤全钾含量增加，土壤的光谱反射率明显增大，但是当土壤全钾含量较小时，光谱反射率变化较小，特别是在 400~600 nm、1460~2400 nm 波段，说明土壤全钾含量增大到一定程度时，才会对土壤光谱反射率影响较大。而图 9-2（b）表明，随土壤速效钾含量增加，土壤的光谱反射率差异较小，变化不是很明显，特别是在可见光波段，不同速效钾含量光谱几乎重叠。在波长 400~2400 nm，随土壤速效钾含量增加，光谱反射率变化规律不明显。

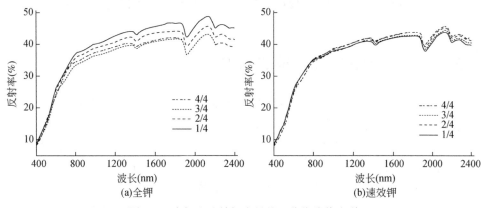

图 9-2 全钾和速效钾含量的四分位均值光谱

9.2.2.3 土壤光谱的吸收特征

已有研究表明利用光谱的吸收特征（波段深度）进行土壤钾含量估算效果较好（胡芳等，2012），因此下面将进行光谱吸收特征分析。利用 1 减去连续统去除光谱曲线的光谱值计算光谱波段的吸收深度，得到土壤光谱波段深度曲线图（图 9-3）。由图 9-3 可以看出，明显的波段深度峰值分别位于 420 nm、

1420 nm、1920 nm、2210 nm 和 2350 nm 处，不同样本间这些位置的波段深度差异明显。

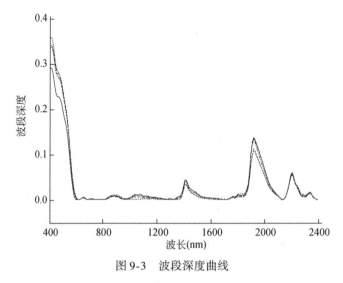

图 9-3 波段深度曲线

9.3 土壤光谱与磷和钾含量的相关性

9.3.1 土壤光谱与磷含量的相关性

图 9-4 为土壤光谱及其变换形式与土壤全磷的相关系数，由图 9-4 可知，不同形式光谱与土壤全磷的相关系数整体偏小。由图 9-4（a）可知，原始光谱与全磷的相关系数随波长的增加先减小后增加，并且由正相关变为负相关，最大相关系数位于 1970 nm，其值为 -0.454；在波长为 640~2400 nm 时两者极显著相关。一阶微分光谱在某些波段增强了与土壤全磷含量的相关性，并且全波段正负相关交替变化。两者之间的最大相关系数为 0.539，出现在 2160 nm。由图 9-4（b）可知，倒数对数光谱与全磷的相关系数在 740~2400 nm 波段极显著相关，最大相关系数为 0.451，位于 1970 nm。倒数对数一阶微分光谱与土壤全磷含量的相关系数随波长增加正负交替变化，最大相关系数位于 420 nm，其值为 0.478。图 9-4（c）为归一化光谱及其一阶微分光谱与土壤全磷的相关系数，在 400~810 nm、830~960 nm、980~1340 nm、1410~1560 nm 和 1700~2400 nm 波长范围，两者极显著相关，最大相关系数为 -0.373，位于波长 1920 nm。归一化一阶微分光谱与土壤全磷的相关系数在少数波段达到极显著相关，呈正负交替

变化，一阶微分处理后并没有明显增强两者之间的相关性。最大相关系数为 −0.451，位于 1820 nm。由图 9-4（d）可知，多元散射拟合光谱与土壤全磷含量最大相关系数位于 1760 nm，相关系数为−0.448；并且在 400~530 nm、580~790 nm、860~960 nm、980~1410 nm、1470~1700 nm 和 1880~2400 nm 波段极显著相关；而其微分光谱与土壤全磷含量的最大相关系数为−0.444，位于 1820 nm。

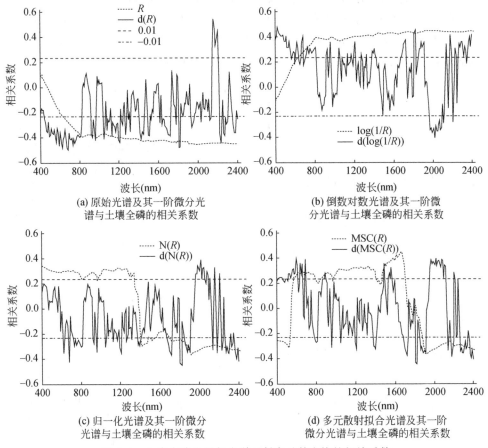

图 9-4　土壤全磷含量与光谱反射率及其变换的相关系数

　　图 9-5 为土壤有效磷含量与光谱及其变换形式光谱的相关系数，由图 9-5 可知，土壤有效磷含量与光谱之间的相关性高于土壤全磷含量。图 9-5（a）为土壤有效磷含量与光谱及其一阶微分光谱的相关系数，土壤有效磷与光谱反射率的最大相关系数为 0.628，位于 400 nm；在 400~770 nm 波段，两者之间为正相关关系。微分变换后两者之间的相关性在许多波段得到明显增强，最大相关系数为 −0.658，位于 2230 nm。图 9-5（b）为土壤有效磷含量与倒数对数光谱及倒数对

数一阶微分光谱的相关系数，土壤有效磷与倒数对数光谱的最大相关系数为 -0.616，位于 400 nm；两者在 400 ~ 610 nm、1420 ~ 2400 nm 波段极显著相关。而对应的微分光谱与土壤有效磷之间的最大相关系数出现在 470 nm，为 0.725。图 9-5 (c) 为土壤有效磷含量与归一化光谱及对应一阶微分光谱的相关系数，两者在 400 ~ 1310 nm、1400 ~ 2400 nm 波段极显著相关；最大相关系数为 -0.697，位于 410 nm。微分光谱的最大相关系数为 -0.689，位于 2230 nm。图 9-5 (d) 为土壤有效磷含量与多元散射拟合光谱 [MSC(R)] 及其对应微分光谱 [d(MSC(R))] 之间的相关系数，两者的最大相关系数为 -0.660，位于 1910 nm。土壤有效磷与多元散射拟合微分光谱的最大相关系数为 -0.680，位于 1900 nm。

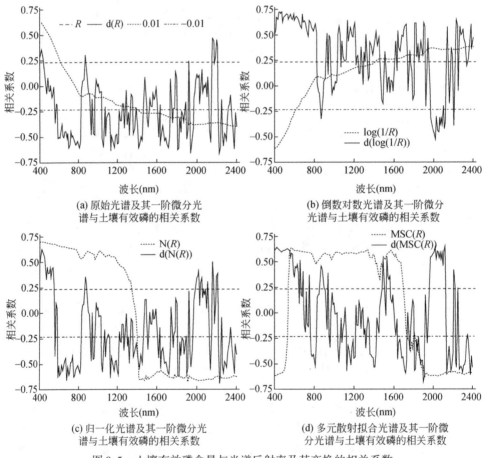

(a) 原始光谱及其一阶微分光谱与土壤有效磷的相关系数

(b) 倒数对数光谱及其一阶微分光谱与土壤有效磷的相关系数

(c) 归一化光谱及其一阶微分光谱与土壤有效磷的相关系数

(d) 多元散射拟合光谱及其一阶微分光谱与土壤有效磷的相关系数

图 9-5 土壤有效磷含量与光谱反射率及其变换的相关系数

综上所述，土壤光谱及其变换形式光谱与全磷含量相关系数较小；经过一阶微分变换后，两者在某些波段相关性得到增强；土壤有效磷含量与光谱的相关系数明显高于全磷含量。由相关分析得到的土壤全磷的特征波段为：400 nm（R_{400}）、420 nm（R_{420}）、1760 nm（R_{1760}）、1820 nm（R_{1820}）、1920 nm（R_{1920}）、1970 nm（R_{1970}）、2160 nm（R_{2160}）；特征光谱（CS）为：R_{1970}、d（R_{2160}）、log(1/R_{1970})、d（log（1/R_{420}））、N（R_{1920}）、d（N（R_{1820}））、MSC（R_{1760}）、d(MSC（R_{1820}}))。土壤有效磷的特征波段为 400 nm（R_{400}）、410 nm（R_{410}）、470 nm（R_{470}）、1900 nm（R_{1900}）、1910 nm（R_{1910}）、2230 nm（R_{2230}）；特征光谱（CS）为：R_{400}、d（R_{2230}）、log(1/R_{400})、d（log（1/R_{470}））、N（R_{410}）、d（N（R_{2230}））、MSC（R_{1910}）、d(MSC（R_{1900}}))。

9.3.2　土壤光谱与钾含量的相关性

图 9-6 为土壤全钾含量与原始光谱及变换光谱之间的相关系数。图 9-6（a）

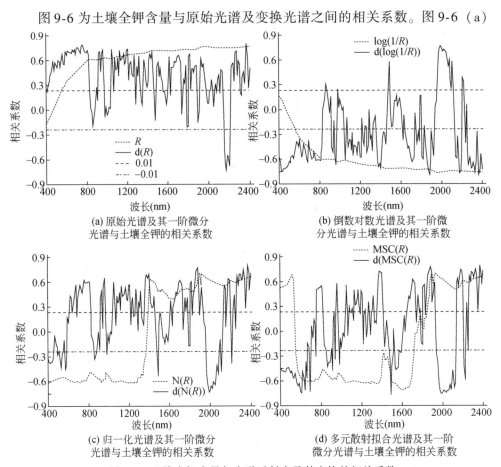

(a) 原始光谱及其一阶微分
光谱与土壤全钾的相关系数

(b) 倒数对数光谱及其一阶微
分光谱与土壤全钾的相关系数

(c) 归一化光谱及其一阶微分
光谱与土壤全钾的相关系数

(d) 多元散射拟合光谱及其一阶
微分光谱与土壤全钾的相关系数

图 9-6　土壤全钾含量与光谱反射率及其变换的相关系数

为土壤全钾含量与原始光谱及其一阶微分光谱的相关系数，在 590 ~ 2400 nm 波段，两者极显著相关；最大相关系数出现在 1960 nm，相关系数值为 0.698；而一阶微分光谱的最大相关系数为 0.766，出现在 2370 nm，此外在 760 nm，两者的相关性也很强，相关系数为 0.735。图 9-6（b）为倒数对数及其一阶微分与土壤全钾含量的相关系数，倒数对数光谱与土壤全钾含量相关性最大的波段位于 1960 nm，相关系数为 -0.692；倒数对数一阶微分光谱的最大相关系数为 -0.754，位于 1880 nm。图 9-6（c）为归一化光谱及其一阶微分光谱与土壤全钾含量的相关系数，归一化光谱与全钾含量的相关性相对较弱，最大相关系数为 0.659，位于 1930 nm；归一化一阶微分光谱的最大相关系数出现在 2370 nm，相关系数值为 0.771。图 9-6（d）展示的是多元散射拟合及其一阶微分光谱与土壤全钾含量的相关系数曲线，多元散射拟合光谱与土壤全钾含量的最大相关出现在 1610 nm，相关系数为 -0.665；相应一阶微分光谱的最大相关出现在 2370 nm，相关系数为 0.765，其次 1880 nm，相关系数为 0.753。

同样对土壤速效钾含量与土壤光谱及预处理光谱进行相关分析，得到两者的相关系数（图 9-7）。其中，图 9-7（a）为土壤速效钾与原始光谱及一阶微分光谱之间的相关系数，原始光谱与土壤速效钾含量在 400 ~ 700 nm 达到极显著相关；最大相关系数为 -0.545，出现在 400 nm；一阶微分光谱的最大相关系数为 0.689，出现在 2370 nm。图 9-7（b）为倒数对数光谱及其微分光谱与土壤速效钾含量的相关系数，倒数对数光谱与土壤速效钾含量在 400 ~ 700 nm 极显著相关；最大相关系数为 0.550，出现在 400 nm 波长处。倒数对数微分与土壤速效钾含量的最大相关系数为 -0.679，位于 2370 nm。图 9-7（c）为归一化光谱及其微分光谱与土壤速效钾含量的相关关系，除 1400 nm 外，其余波段两者极显著相关，最大相关系数为 -0.668，出现在 1290 nm；而归一化微分光谱与土壤速效钾含量的最大相关系数为 0.682，同样出现在 2370 nm。图 9-7（d）为多元散射拟合光谱及其一阶微分光谱与土壤速效钾含量的相关系数，对图进行分析可知，最大相关系数为 -0.630，出现在 1350 nm；散射拟合一阶微分光谱与土壤速效钾含量的最大相关系数出现在 630 nm，相关系数值为 -0.694。

综上所述，土壤全钾与原始光谱及变换光谱之间的相关性较强，大部分波段都达到了极显著相关；土壤速效钾与土壤光谱及其变换光谱之间的相关性远低于土壤全钾。微分处理增强了近红外波段的相关性。通过单变量相关分析可知，土壤全钾含量的特征波段（CB）为：760 nm（R_{760}）、1610 nm（R_{1610}）、1880 nm（R_{1880}）、1930 nm（R_{1930}）、1960 nm（R_{1960}）、2370 nm（R_{2370}）；特征光谱（CS）为：R_{1960}、d(R_{2370})、log($1/R_{1960}$)、d(log($1/R_{1880}$))、N(R_{1930})、d(N(R_{2370}))、MSC(R_{1610})、d(MSC(R_{1880}))。土壤速效钾含量的特征波段（CB）为：400 nm

（R_{400}）、630 nm（R_{630}）、1290 nm（R_{1290}）、1350 nm（R_{1350}）、2370 nm（R_{2370}）；
特征光谱（CS）为：R_{400}、d（R_{2370}）、log（1/R_{400}）、d（log（1/R_{2370}））、N（R_{1400}）、
d（N（R_{2370}））、MSC（R_{1350}）、d（MSC（R_{630}））。

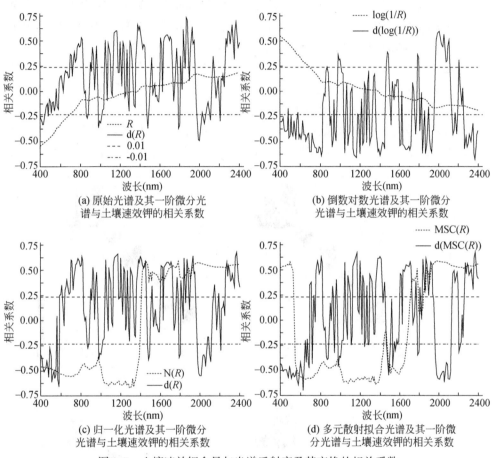

(a) 原始光谱及其一阶微分光
谱与土壤速效钾的相关系数

(b) 倒数对数光谱及其一阶微分
光谱与土壤速效钾的相关系数

(c) 归一化光谱及其一阶微分
光谱与土壤速效钾的相关系数

(d) 多元散射拟合光谱及其一阶微
分光谱与土壤速效钾的相关系数

图 9-7　土壤速效钾含量与光谱反射率及其变换的相关系数

9.3.3　土壤磷含量的特征指数

按照 2.6.3.2 节的方法，利用 R 语言编程计算土壤多种形式光谱两波段的差
值指数、比值指数、归一化指数及倒数差值指数，然后计算相关系数，作出相关
系数等势图。对相关系数等势图进行分析，发现土壤全磷含量与 4 类指数的相关
性并不强，因此没有展示。在 400～2400 nm，全磷与一阶微分光谱和倒数对数一
阶微分光谱组合的光谱指数的相关性都比较低；1810 nm 和 2160 nm 波长处一阶

微分光谱组合的差值指数［DR-DI(1810，2160)］与全磷的相关性较强，相关系数为0.305；其次为2160 nm和2190 nm波长处一阶微分光谱组合的倒数差值指数［DR-RDI(2160，2190)］与全磷的相关性相对较好，相关系数为0.305。倒数对数一阶微分［d(log(1/R))］光谱指数以420 nm和700 nm组合的差值指数［RLD-DI(420，700)］及以1610和1810组合的倒数差值指数（RLD-RDI(1610，1810)）与全磷的相关性较好，相关系数分别为0.274和0.267。

通过分析土壤有效磷与光谱指数的相关等势图可知，整体波段相关性较好的为归一化光谱、倒数对数光谱，它们与土壤有效磷的相关系数等势图分别见图9-8、图9-9。由图9-8和图9-9可知，倒数对数光谱和归一化光谱与土壤有效磷的相关性较好的波段区域比较一致，主要为可见光与整体波段组合。其他指数相关性较高的仅集中在少数波段。与土壤有效磷相关性最好的指数，为509 nm

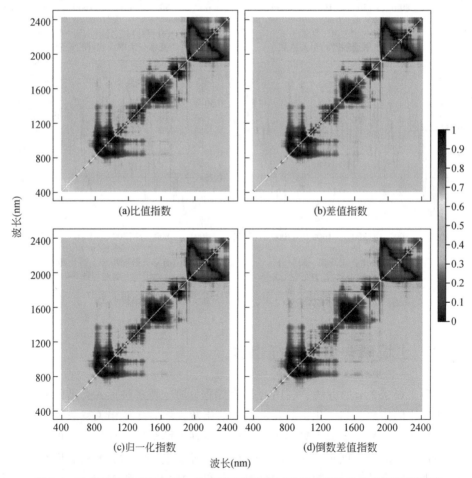

图9-8　土壤有效磷含量与归一化光谱反射率两波段组合指数的相关系数等势图

和 2050 nm 波长处的归一化微分光谱组成的差值指数［ND-DI(509，2050)］，相关系数为 0.590；其次为倒数对数微分差值指数［RLD-DI(470，2200)］，相关系数为 0.575。其他与土壤有效磷的相关性较大的各类指数还包括倒数对数比值指数［RL-RI(430，450)］、倒数对数归一化指数［RL-NI(430，450)］、倒数对数差值指数［RL-DI(440，480)］、归一化比值指数［N-RI(610，410)］、归一化倒数差值指数［N-RDI(430，450)］以及归一化光谱组成的归一化指数［N-NI(440，480)］。综合土壤全磷和有效磷的等势图来看，4 类指数中整体表现最好的指数为差值指数和倒数差值指数。以上述与全磷和有效磷相关性较好的指数组成特征指数，用于后续建模。

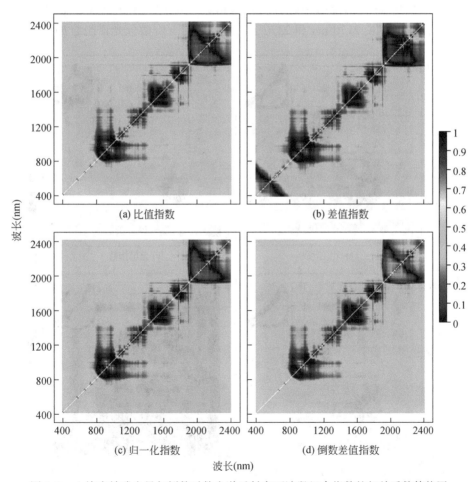

图 9-9　土壤有效磷含量与倒数对数光谱反射率两波段组合指数的相关系数等势图

9.3.4　土壤钾含量的特征指数

参照 2.6.3.2 节的方法，作出土壤全钾和速效钾含量与两波段光谱组成的 4 类指数的相关等势图。分析相关等势图可知，4 类指数与土壤全钾含量之间的相关系数较高，尤其以原始光谱反射率的两波段指数与土壤全钾含量的相关性最好，所以在图 9-10 展示了原始光谱指数的相关等势图，其次为一阶微分光谱成的指数。由图 9-10 可知，相关性较好的指数为差值指数和倒数差值指数，近红外与近红外波段组合的指数与土壤全钾含量相关性较高。相关性最好的指数为 920 nm 和 930 nm 光谱反射率组合的差值指数 [R-DI (920, 930)]，相关系数（R^2）为 0.721。由 2170 nm 和 2370 nm 波长处的一阶微分光谱组合的差值指数

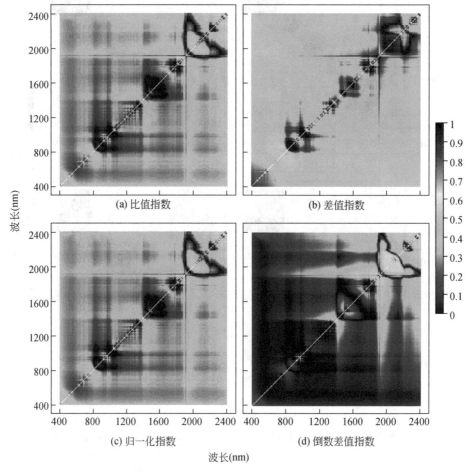

图 9-10　土壤全钾含量与均值光谱反射率两波段组合指数的相关系数等势图

［DR-DI(2170，2370)］与土壤全钾含量相关性较好，相关系数为0.695。其次，由1640 nm 和2370 nm 的光谱组合而成的3个差值指数，即1640 nm 和2370 nm 波段组合的倒数对数微分差值指数［DRL-DI(1640，2370)］、多元散射拟合微分差值指数［MSC-DI(1640，2370)］、归一化微分差值指数［N-DI(1640，2370)］与土壤全钾含量的相关系数都较大，分别为0.673、0.673、0.674，说明它们与土壤全钾含量相关性较高，以这些相关性较好的指数组成特征指数，用于后续建模。

分析不同光谱组成的4类指数与土壤速效钾含量的相关等势图可知，速效钾含量与4类指数的相关性明显低于全钾含量。与土壤速效钾含量相关系数较高的指数主要有原始光谱差值指数［R-DI(1350，1400)］、归一化微分差值指数［DN-DI(620，810)］，一阶微分光谱比值指数［DR-RI(760，610)］、倒数对数微分光谱比值指数［DRL-RI(700，610)］，多元散射拟合微分倒数差值指数［DMSC-RDI(560，580)］；其次还有倒数对数微分归一化指数［DRL-NI(610，700)］、归一化微分比值指数［DN-RI(700，610)］、归一化指数［DN-NI(610，700)］、多元散射拟合微分比值指数［DMSC-RI(700，610)］，以这些相关性较好的指数组成特征指数，用于后续建模。

9.4　土壤磷含量的高光谱监测

9.4.1　土壤全磷含量高光谱监测

9.4.1.1　基于光谱和特征参数的全磷含量PLSR估算模型

利用原始光谱及其变换建立土壤全磷含量的PLSR估算模型时，其拟合和验证R^2均较小，RMSE均较大，而且验证RPD值均小于1.0，所以结果没有列出。可能是由于交叉验证过程中选择的主成分数太少（1~2个），从而影响了建模的效果。而利用特征参数（特征波段，CB；特征光谱，CS；特征指数，CI）进行土壤全磷含量的PLSR估算时，结果稍好一些，见表9-3。由表9-3可以看出，利用特征参数进行土壤全磷含量估算时，选择的主成分仍然比较少，除特征光谱建模选择了3个因子外，其余均只选择了1~2个。比较各项参数可知，拟合和验证效果最好的是特征指数为自变量建立的PLSR估算模型，其拟合和交叉验证的R^2分别为0.327和0.297，验证R^2为0.319，均最高，而拟合和验证的RMSE分别为0.0075%和0.0081%，均最小，验证RPD为1.219，是最高的，说明特征指数方法值得进一步研究。但是，所有模型的精度均未达到实用的程度，不能进行土壤全磷含量估算。

表9-3　基于特征参数的土壤全磷含量 PLSR 估算模型结果

输入变量	主成分数	校正		交叉验证	验证		
		R^2	RMSE(%)	R^2	R^2	RMSE(%)	RPD
CS	3	0.315	0.0076	0.269	0.268	0.0084	1.176
CB	1	0.236	0.0080	0.220	0.114	0.0091	1.085
CI	2	0.327	0.0075	0.297	0.319	0.0081	1.219
CB+CS	2	0.237	0.0080	0.220	0.121	0.0092	1.073
CB+CI	2	0.318	0.0076	0.279	0.255	0.0085	1.162
CS+CI	2	0.302	0.0076	0.266	0.294	0.0082	1.204
CB+CS+CI	2	0.316	0.0076	0.277	0.259	0.0084	1.176

9.4.1.2　基于特征参数的全磷含量 ANN 估算模型

利用特征参数及其组合作为输入变量，采用两种验证方法，土壤全磷含量为输出变量，建立土壤全磷含量的 ANN 估算模型，结果见表9-4。由表9-4可知，以特征光谱、特征指数及其他们的组合 CB+CS、CB+CI 作为输入变量（依据2.7.3 的方法，根据 PLSR 的回归系数选择 6~7 个变量作为 ANN 的输入变量），采用 K-fold 法验证（K=6），建立的土壤全磷含量的 ANN 估算模型效果较好，其训练 R^2 均大于 0.46，而 RMSE 均小于或等于 0.0065%，验证 R^2 大于 0.64，验证 RMSE 小于或等于 0.0059%，并且训练和验证的 RPD 值为 1.519~2.469，说明这 4 个模型均能对土壤全磷含量进行粗略估算，但是模型的训练和验证结果相差较大，模型不稳定。总之，以 ANN 方法建立的土壤全磷含量的估算模型总体精度高于以 PLSR 方法建立的模型，但是模型稳定性较差，均不能进行实际应用，该结论有待进一步检验。

表9-4　基于特征参数的土壤全磷含量 ANN 估算模型结果

输入变量	验证方法	网络结构	训练			验证		
			R^2	RMSE(%)	RPD	R^2	RMSE(%)	RPD
CI	保留排除法	6-6-1	0.337	0.0074	1.334	0.354	0.0079	1.250
	K-fold 法	6-6-1	0.460	0.0065	1.519	0.649	0.0059	1.674
CS	保留排除法	6-6-1	0.327	0.0076	1.299	0.266	0.083	1.190
	K-fold 法	6-6-1	0.516	0.0065	1.519	0.697	0.0040	2.469

输入变量	验证方法	网络结构	训练			验证		
			R^2	RMSE(%)	RPD	R^2	RMSE(%)	RPD
CB	保留排除法	6-6-1	0.330	0.0075	1.317	0.318	0.0081	1.219
	K-fold 法	6-6-1	0.412	0.0071	1.391	0.591	0.0064	1.543
CS+CI	保留排除法	7-7-1	0.354	0.0073	1.353	0.362	0.0078	1.266
	K-fold 法	7-7-1	0.625	0.0056	1.763	0.467	0.0075	1.317
CB+CS	保留排除法	7-7-1	0.427	0.0069	1.431	0.391	0.0077	1.282
	K-fold 法	7-7-1	0.533	0.0064	1.543	0.738	0.0049	2.015
CB+CI	保留排除法	7-7-1	0.417	0.0070	1.411	0.386	0.0077	1.282
	K-fold 法	7-7-1	0.590	0.0060	1.646	0.787	0.0044	2.244
CB+CS+CI	保留排除法	7-7-1	0.445	0.0068	1.452	0.341	0.0080	1.234
	K-fold 法	7-7-1	0.439	0.0071	1.391	0.484	0.0062	1.593

9.4.2 土壤有效磷含量高光谱监测

9.4.2.1 基于光谱及特征参数的有效磷含量 PLSR 估算模型

表9-5 列出了相关系数大于0.4 的光谱及其变换光谱建立的土壤有效磷含量 PLSR 估算模型的拟合及验证参数（仅列出了 RPD 值大于1.4 的模型）。通过对表9-5 各项参数进行分析可知，除了倒数对数外，所有模型的校正结果均优于验证结果，校正 R^2 高于验证 R^2，说明模型不是很稳定；验证 RPD 值均小于2.0，为 1.407 ~ 1.535，仅能对有效磷含量进行粗略估算。

表 9-5　基于光谱的土壤有效磷含量 PLSR 估算模型结果

输入变量	波段数目	主成分数	校正		交叉验证	验证		
			R^2	RMSE (mg/kg)	R^2	R^2	RMSE (mg/kg)	RPD
d(R)	86	5	0.708	3.523	0.565	0.574	3.893	1.531
log(1/R)	15	2	0.533	4.454	0.510	0.574	3.892	1.532
d(log(1/R))	108	4	0.683	3.667	0.563	0.576	3.883	1.535
MSC(R)	183	8	0.693	3.613	0.545	0.495	4.238	1.407
N(R)	189	5	0.626	3.988	0.525	0.535	4.065	1.467

通过相关分析选择特征波段（CB，7 个）、特征光谱（CS，6 个）、特征指数（CI，8 个）3 类特征参数，然后利用各类特征参数及其组合作为自变量，建立土壤有效磷含量的 PLSR 估算模型，其结果见表9-6。从表9-6 可以看出，基于特征参数建立的土壤有效磷含量的 PLSR 估算模型的结果整体略优于基于光谱建立的模型，而且由于特征参数数目较少，所以计算比较简单，花费的时间较少。比较 3 类特征参数建立的模型可知，3 个模型的各项指标比较接近，以特征指数建立的模型略优，进一步说明特征指数值得深入研究。通过组合 3 类指标建立模型可以发现，建立的 3 个模型的拟合和验证 R^2 均大于 0.6，而且验证 RMSE 约为 3.65 mg/kg，验证 RPD 均大于 1.62，模型更加稳定，精度也略有提高，选择的主成分数减少了 1~2 个，模型更加简单，说明通过组合信息量得到增强。但是可以发现基于光谱及特征参数建立的 PLSR 模型仍然只能对土壤有效磷进行粗略估算，精度有待进一步提高。

表9-6　基于特征参数的土壤有效磷含量 PLSR 估算模型结果

输入变量	主成分数	校正		交叉验证	验证		
		R^2	RMSE（mg/kg）	R^2	R^2	RMSE（mg/kg）	RPD
CS	5	0.615	4.042	0.572	0.588	3.826	1.558
CB	6	0.638	3.922	0.584	0.606	3.741	1.594
CI	6	0.640	3.912	0.587	0.612	3.712	1.606
CB+CS	4	0.622	4.007	0.550	0.633	3.610	1.652
CB+CI	3	0.604	4.103	0.567	0.622	3.667	1.626
CB+CS+CI	4	0.625	3.993	0.563	0.630	3.628	1.643

9.4.2.2　基于光谱及特征参数的有效磷含量 ANN 估算模型

依据 2.7.3 的方法，按照 PLSR 回归系数选择潜在变量作为 ANN 的输入层，以土壤有效磷含量作为输出层，利用两种方法进行验证，调节隐含层节点数，经过多次训练，建立基于 ANN 的土壤有效磷含量估算模型，其结果见表9-7。以原始光谱及其变换形式光谱为输入层建立的 ANN 估算模型，效果最好的为采用 K-fold法（K=6）建立的归一化微分光谱（ND）ANN 模型，其训练和验证 R^2 分别为 0.782 和 0.778，其 RPD 分别为 2.016 和 2.000，均为最高，而训练和验证 RMSE 分别为 2.958 mg/kg 和 2.981 mg/kg，均较小，模型的训练和验证 R^2 和 RPD 均较高，而 RMSE 均较小，说明模型精度较高；而且这 3 个指标的值相差很小，说明模型较稳定，可以用于实际土壤有效磷含量的估算。此外，与上文的

PLSR 方法建立的土壤有效磷含量估算模型各项参数比较可知，利用 ANN 方法建立的估算模型各项指标均有提高，说明建立的模型精度和稳定性均得到优化。但是，除归一化微分光谱建立的 ANN 模型外，其他模型精度有待提高，仅能对土壤有效磷含量进行粗略估算。当选择相同的变量作为输入层，采用两种不同的方法进行验证时，均以 K-fold 法建立的模型更优。仍以归一化微分光谱为例，K-fold 法验证建立的 ANN 模型的训练和验证 R^2 提高了 13.99%、18.78%，RPD 提高了 23.45% 和 17.44%，而 RMSE 均降低了 23.46% 和 17.44%，说明不同的验证方法及样本选择方法，得到的结果不同；适当的增加有效样本作为输入层，可以提高模型的精度，但是模型更加复杂。

表 9-7 基于光谱的土壤有效磷含量 ANN 估算模型结果

输入变量	验证方法	网络结构	训练			验证		
			R^2	RMSE（mg/kg）	RPD	R^2	RMSE（mg/kg）	RPD
R	保留排除法	4-4-1	0.611	4.064	1.467	0.631	3.623	1.646
	K-fold 法	4-4-1	0.668	3.696	1.613	0.700	3.211	1.857
DR	保留排除法	3-3-1	0.624	3.995	1.492	0.513	4.160	1.433
	K-fold 法	3-3-1	0.606	4.059	1.469	0.757	2.765	2.156
RL	保留排除法	4-3-1	0.665	3.775	1.579	0.629	3.630	1.642
	K-fold 法	4-4-1	0.657	3.781	1.577	0.578	3.361	1.774
RLD	保留排除法	6-6-1	0.749	3.268	1.824	0.586	3.835	1.555
	K-fold 法	5-5-1	0.729	3.252	1.833	0.698	3.669	1.625
MSC	保留排除法	5-5-1	0.687	3.647	1.635	0.664	3.458	1.724
	K-fold 法	5-6-1	0.682	3.539	1.685	0.693	3.689	1.616
MSCD	保留排除法	5-5-1	0.690	3.627	1.644	0.638	3.587	1.662
	K-fold 法	5-5-1	0.701	3.352	1.779	0.768	3.408	1.749
N	保留排除法	5-5-1	0.647	3.871	1.540	0.621	3.672	1.624
	K-fold 法	5-5-1	0.659	3.782	1.576	0.595	3.566	1.672
ND	保留排除法	5-5-1	0.686	3.652	1.633	0.655	3.501	1.703
	K-fold 法	5-5-1	0.782	2.958	2.016	0.778	2.981	2.000

表 9-8 为不同特征参数作为输入层时得到的土壤有效磷含量的 ANN 估算模型结果。由表 9-8 可以看出，以上文 PLSR 方法选择的特征参数作为输入层得到的估算模型，相比各种光谱作为输入层建立的 ANN 模型效果更好，模型整体精度得到提高。特别是以 CB+CS 和 CB+CS+CI 为输入变量，采用 K-fold（K=6）

法进行验证，建立的 ANN 模型估算效果最佳。其训练和验证 R^2 均大于 0.77，而 RPD 值均大于 2.0，RMSE 均较小，小于 3.0 mg/kg，说明这两个模型预测精度较高，并且比较稳定，可用于土壤有效磷含量的实际估算，基于 CB+CS+CI 建立的 ANN 估算模型效果更佳。而以 CB+CI 作为输入层或者采用保留排除法进行验证，建立的 ANN 估算模型均只能对土壤有效磷含量进行粗略估算。

表 9-8   基于特征参数的土壤有效磷含量 ANN 估算模型结果

输入变量	验证方法	网络结构	训练			验证		
			R^2	RMSE（mg/kg）	RPD	R^2	RMSE（mg/kg）	RPD
CB+CS	保留排除法	6–5–1	0.733	3.368	1.770	0.668	3.435	1.736
	K-fold 法	6–6–1	0.789	2.974	2.005	0.776	2.587	2.305
CB+CI	保留排除法	6–6–1	0.695	3.600	1.656	0.662	3.466	1.720
	K-fold 法	6–6–1	0.726	3.287	1.814	0.809	2.889	2.064
CB+CS+CI	保留排除法	7–7–1	0.748	3.273	1.822	0.666	3.447	1.730
	K-fold 法	7–7–1	0.806	2.771	2.152	0.811	2.691	2.216

图 9-11 为以 CB+CS 和 CB+CS+CI 为输入变量建立的 ANN 估算模型的网络结构，由图 9-11 可以看出，以 CB+CS+CI 作为输入层时，隐含层节点数由 6 个变

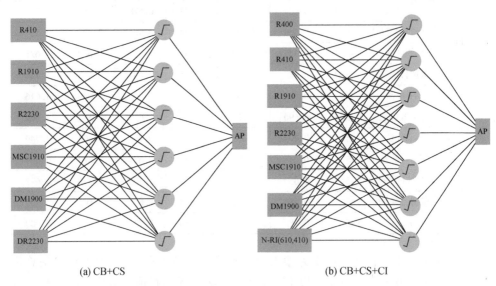

(a) CB+CS   (b) CB+CS+CI

图 9-11   ANN 结构图

为 7 个，模型更加复杂，但是精度也更高，模型更稳定。因此在图 9-12 展示了 CB+CS+CI 建立的 ANN 模型的训练和验证结果，由图 9-12 可知，训练和验证集的预测值和测量值沿 1：1 线分布，仅有个别点离 1：1 线较远，误差较大，说明模型精度较高，比较稳定。

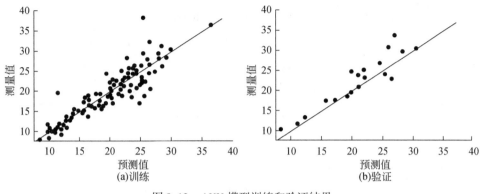

图 9-12   ANN 模型训练和验证结果

9.5   土壤钾含量的高光谱监测

9.5.1   基于光谱及特征参数的全钾含量 PLSR 估算模型

以极显著相关波段光谱及其变换光谱为输入变量，土壤全钾含量为因变量，采用 PLSR 建立土壤全钾含量的估算模型，采用留一法交叉验证确定主成分数，得到的模型参数列于表 9-9。由表 9-9 可知，PLSR 方法在建模过程中选择的主成分数目较多，即 6～10 个，建立的模型精度较高，拟合和验证 R^2 均较大，大于 0.8，而 RMSE 均较小，小于 0.08%，RPD 值均较大，大于 2.4，说明所有预处理光谱建立的 PLSR 模型均能对土壤全钾含量进行精确估算。比较所有的 PLSR 模型拟合和验证参数可知，精度最高的为倒数对数微分光谱建立的模型，留一法交叉验证选择的主成分数目为 6 个，其拟合、交叉验证和外部验证的 R^2 分别为 0.880、0.815 和 0.902，均大于 0.81，而拟合和验证 RMSE 分别为 0.063% 和 0.056%，验证 RPD 为 3.191，大于其他模型，表明该模型能对土壤全钾含量进行准确估算，并且模型较稳定。

表 9-9　基于光谱的土壤全钾含量 PLSR 估算模型结果

输入变量	波段数目	主成分数	校正		交叉验证	验证		
			R^2	RMSE(%)	R^2	R^2	RMSE(%)	RPD
R	182	8	0.839	0.073	0.746	0.870	0.065	2.750
$d(R)$	149	6	0.865	0.067	0.789	0.877	0.063	2.837
$\log(1/R)$	182	9	0.853	0.070	0.744	0.873	0.064	2.793
$d(\log(1/R))$	155	6	0.880	0.063	0.815	0.902	0.056	3.191
$MSC(R)$	188	6	0.811	0.079	0.728	0.833	0.073	2.448
$d(MSC(R))$	151	7	0.892	0.060	0.809	0.875	0.063	2.837
$N(R)$	198	10	0.882	0.062	0.788	0.879	0.062	2.883
$d(N(R))$	135	7	0.897	0.058	0.814	0.870	0.064	2.793
BD	139	7	0.862	0.068	0.788	0.882	0.062	2.883
DBD	139	6	0.879	0.063	0.821	0.907	0.054	3.310

　　以波段深度（BD）及其一阶微分（DBD）作为输入变量，土壤全钾含量作为因变量，建立的 PLSR 模型，精度也非常高，特别是一阶微分波段深度建立的模型各项参数均较优，而且输入变量相对较少。该模型总输入变量为 139 个，建模选择的因子数目为 6 个，其拟合、交叉验证和外部验证的 R^2 分别为 0.897、0.821 和 0.907，均大于 0.82，而拟合和验证 RMSE 分别为 0.063% 和 0.054%，验证 RPD 为 3.310，是 PLSR 方法建立的土壤全钾含量最优估算模型，说明波段深度在进行土壤全钾含量估算时具有较大的优势。

　　通过相关分析选择了特征波段（CB，6 个）、特征光谱（CS，8 个）、光谱特征指数（CI，5 个）3 类特征参数，然后利用各类特征参数及其组合作为自变量，建立土壤全钾含量的 PLSR 估算模型，其结果见表9-10。由表9-10 可知，与光谱相比，特征参数建立的 PLSR 模型选择的主成分相对较少，为 3~6 个。以 CS、CB 和 CB+CS 作为自变量建立的 PLSR 全钾含量估算模型的精度相对较差，仅能对土壤全钾含量进行粗略估算。而以 CI、CB+CI、CS+CI、CB+CS+CI 作为自变量建立的估算模型各项参数较优，验证 RPD 值大于 2.1，均能对土壤全钾含量进行准确估算。其中，效果最好的是特征指数作为自变量建立的 PLSR 模型，拟合、交叉验证和外部验证 R^2 均较高，大于 0.8，而 RMSE 均较小，分别为 0.081 和 0.080%，验证 RPD 为 2.234，说明该模型能对土壤全钾含量进行准确估算。

表 9-10　基于光谱的土壤全钾含量 PLSR 估算模型结果

输入变量	变量数目	主成分数	校正		交叉验证	验证		
			R^2	RMSE(%)	R^2	R^2	RMSE(%)	RPD
CS	8	5	0.737	0.093	0.707	0.689	0.100	1.787
CB	6	3	0.567	0.120	0.535	0.563	0.118	1.515
CI	5	4	0.802	0.081	0.783	0.899	0.080	2.234
CB+CS	14	6	0.736	0.0935	0.686	0.699	0.098	1.824
CB+CI	11	6	0.795	0.082	0.758	0.791	0.082	2.180
CS+ CI	13	4	0.788	0.837	0.764	0.790	0.082	2.180
CB+CS+CI	18	6	0.787	0.084	0.745	0.776	0.085	2.103

9.5.2　基于光谱及特征参数的全钾含量 ANN 估算模型

依据 2.7.3 的方法，按照 PLSR 的回归系数选择 6 个光谱作为输入变量，土壤全钾含量作为输出变量，采用保留排除法和 K-fold 法（K 折交叉验证）两种方法验证，建立土壤全钾含量的 ANN 估算模型，其结果见表 9-11。由表 9-11 可知，所有形式光谱作为输入变量，采用两种方法进行验证，建立的土壤全钾含量 ANN 估算模型，结果都非常好，估算精度都很高。训练和验证的 R^2 均大于 0.85，而 RMSE 均较小，小于 0.07%，RPD 值均较高，大于 2.6。其中结果最优的为波段深度一阶微分（DBD）建立的 ANN 模型，训练和验证 R^2 分别为 0.967 和 0.971，RMSE 分别为 0.033% 和 0.030%，RPD 值分别为 5.416 和 5.957，模型非常稳定，精度非常高。说明 ANN 方法建立的土壤全钾含量估算模型大大优于 PLSR 方法建立的估算模型，这与其他研究者的结论一致（Mouazen et al., 2010）。并且各种微分形式光谱建模结果优于微分变换前光谱建立的模型，进一步说明微分变换能够增强光谱与土壤全钾含量的关系，得到更多的信息。另外，当输入变量为 6 个，采用 K-fold（K=6）法验证，建立的估算模型普遍优于保留排除法，说明采用不同的拟合和验证样本集或者拟合和验证样本集的数量不同时，都对建模结果有很大的影响，这与 Debaene 等（2014）利用不同的样本集建立土壤属性的 PLSR 估算模型时得出的结论类似。

表9-11　基于光谱的土壤全钾含量 ANN 估算模型结果

输入变量	验证方法	网络结构	训练			验证		
			R^2	RMSE(%)	RPD	R^2	RMSE(%)	RPD
R	保留排除法	6-6-1	0.918	0.052	3.437	0.889	0.059	3.029
	K-fold 法	6-6-1	0.895	0.059	3.029	0.923	0.048	3.723
$d(R)$	保留排除法	6-6-1	0.942	0.044	4.062	0.896	0.058	3.081
	K-fold 法	6-6-1	0.950	0.040	4.468	0.949	0.036	4.965
$\log(1/R)$	保留排除法	6-6-1	0.879	0.063	2.837	0.874	0.063	2.837
	K-fold 法	6-6-1	0.925	0.048	3.723	0.902	0.062	2.883
$d(\log(1/R))$	保留排除法	6-6-1	0.940	0.044	4.062	0.935	0.046	3.885
	K-fold 法	6-6-1	0.946	0.042	4.255	0.952	0.041	4.359
$MSC(R)$	保留排除法	6-6-1	0.929	0.049	3.647	0.918	0.051	3.504
	K-fold 法	6-6-1	0.939	0.044	4.062	0.965	0.037	4.830
$d(MSC(R))$	保留排除法	6-6-1	0.964	0.035	5.106	0.907	0.055	3.250
	K-fold 法	6-6-1	0.948	0.042	4.255	0.963	0.033	5.416
$N(R)$	保留排除法	6-6-1	0.890	0.060	2.979	0.910	0.054	3.310
	K-fold 法	6-6-1	0.903	0.056	3.191	0.916	0.054	3.310
$d(N(R))$	保留排除法	6-6-1	0.950	0.041	4.359	0.929	0.048	3.723
	K-fold 法	6-6-1	0.946	0.042	4.255	0.984	0.021	6.511
BD	保留排除法	6-6-1	0.881	0.063	2.837	0.856	0.068	2.628
	K-fold 法	6-6-1	0.927	0.049	3.647	0.935	0.044	4.062
DBD	保留排除法	6-6-1	0.912	0.054	3.310	0.926	0.048	3.723
	K-fold 法	6-6-1	0.967	0.033	5.416	0.971	0.030	5.957

以特征光谱（CS，按照 PLSR 回归系数选择）、特征波段（CB，6 个）、特征指数（CI，5 个）及其组合（按照 PLSR 回归系数选择）作为输入层，土壤全钾含量作为输出层，建立的 ANN 估算模型结果见表9-12。由表9-12 可知，以 CB 作为输入变量，其训练和验证的 RPD 值为 1.4~2.0，只能对土壤全钾含量进行粗略估算。其他特征参数作为输入变量建立的 ANN 估算模型精度均比较高，训练和验证的 R^2 均大于0.8，RMSE 均小于0.08%，而 RPD 均大于2.3，说明这些模型能对土壤全钾含量进行精确估算。其中估算效果最好的模型是 CS+CI 建立的 ANN 模型，训练和验证 R^2 均大于 0.95，RMSE 均小于 0.04%，RPD 值均大于4.7，模型精度较高，稳定性较好。进一步分析可知，所有包含了光谱特征指数

的输入变量建立的 ANN 估算模型精度都非常高, 说明通过提取土壤的光谱特征指数, 结合先进的建模方法, 能够建立具有较高精度的土壤全钾含量的估算模型。

分析表 9-11 和表 9-12 可知, 当采用保留排除法进行验证时, 以倒数对数微分光谱作为输入变量建立的 ANN 模型最佳, 其训练和验证 R^2 分别为 0.940 和 0.935, RMSE 分别为 0.044% 和 0.046%, RPD 分别为 4.062 和 3.885, 模型的精度和稳定性均较好。综上所述, 以倒数对数微分光谱为输入变量, 采用保留排除法建立的 ANN 模型和波段深度微分为输入变量, 利用 K-fold 法验证, 建立的模型均最优, 因此以这两类模型为例分别在表 9-12 和图 9-13 展示了模型的网络结构和训练、验证结果。模型的网络结构均为 6-6-1, 相对比较简单。从图 9-14 可知, 以 DBD 作为输入变量建立的 ANN 估算模型, 训练和验证结果更优, 预测值和测量值点更靠近 1∶1 线。

表 9-12 基于特征参数的土壤全钾含量 ANN 估算模型结果

输入变量	验证方法	网络结构	训练			验证		
			R^2	RMSE(%)	RPD	R^2	RMSE(%)	RPD
CS	保留排除法	5-5-1	0.826	0.076	2.352	0.828	0.074	2.415
	K-fold 法	5-5-1	0.861	0.069	2.590	0.859	0.059	3.029
CB	保留排除法	6-6-1	0.701	0.099	1.805	0.699	0.098	1.824
	K-fold 法	6-6-1	0.701	0.098	1.824	0.736	0.094	1.901
CI	保留排除法	5-5-1	0.842	0.072	2.482	0.853	0.068	2.628
	K-fold 法	5-5-1	0.916	0.054	3.310	0.925	0.044	4.062
CS+CI	保留排除法	5-5-1	0.934	0.047	3.803	0.881	0.062	2.883
	K-fold 法	5-5-1	0.956	0.038	4.703	0.968	0.033	5.416
CB+CS	保留排除法	6-6-1	0.867	0.066	2.708	0.818	0.076	2.352
	K-fold 法	6-6-1	0.901	0.057	3.135	0.967	0.034	5.257
CB+CI	保留排除法	6-6-1	0.939	0.045	3.972	0.887	0.060	2.979
	K-fold 法	6-6-1	0.950	0.041	4.359	0.946	0.040	4.468
CB+CS+CI	保留排除法	6-6-1	0.903	0.057	3.135	0.918	0.051	3.504
	K-fold 法	6-6-1	0.943	0.043	4.156	0.953	0.039	4.583

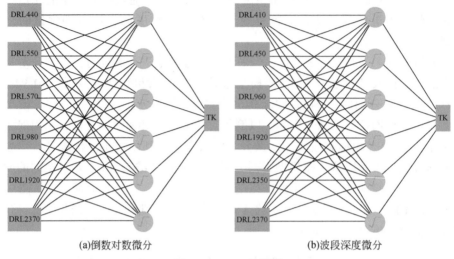

(a)倒数对数微分   (b)波段深度微分

图 9-13   ANN 结构图

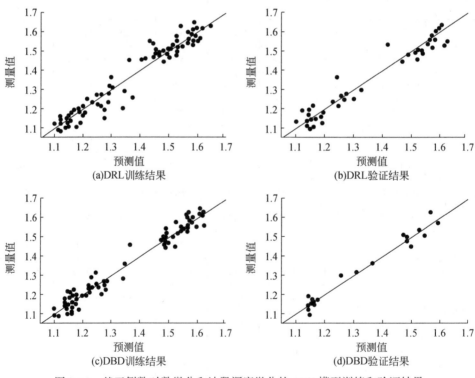

(a)DRL训练结果   (b)DRL验证结果

(c)DBD训练结果   (d)DBD验证结果

图 9-14   基于倒数对数微分和波段深度微分的 ANN 模型训练和验证结果

9.5.3　土壤速效钾含量高光谱监测

9.5.3.1　基于光谱及特征参数的速效钾含量 PLSR 估算模型

表 9-13 列出了极显著相关的波段光谱及其变换光谱建立的土壤速效钾含量 PLSR 估算模型的参数（只列出了 RPD 值大于 1.4 的模型）。由表 9-13 可知，表中所有的模型拟合和验证 R^2 均大于 0.5，验证 RPD 值均大于 1.4，说明所有模型均能进行土壤速效钾含量的粗略估算。比较表中各项参数可知，不同的光谱变换对建模及验证结果有较大的影响，相比原始光谱而言，多元散射拟合和波段深度变换没有增加模型预测能力，其原因可能是这两种变换影响了建模时主成分有效个数的选取。各种形式光谱经过微分变换后，建立的 PLSR 模型均优于微分变换前光谱建立的模型，说明微分变换能增强两者之间的关系。

表 9-13　基于光谱的土壤速效钾含量 PLSR 估算模型结果

输入变量	波段数目	主成分数	校正		交叉验证	验证		
			R^2	RMSE （mg/kg）	R^2	R^2	RMSE （mg/kg）	RPD
R	31	7	0.695	21.121	0.545	0.583	24.197	1.548
$d(R)$	97	3	0.678	21.691	0.620	0.595	23.833	1.572
$\log(1/R)$	31	7	0.693	21.193	0.508	0.568	24.635	1.521
$d(\log(1/R))$	150	3	0.643	22.838	0.554	0.596	23.815	1.573
$d(MSC(R))$	152	4	0.666	22.115	0.526	0.571	24.538	1.527
$N(R)$	200	3	0.532	26.154	0.449	0.509	26.239	1.428
$d(N(R))$	143	3	0.640	22.942	0.543	0.571	24.532	1.527
DBD	156	4	0.570	25.079	0.498	0.517	26.041	1.439

通过单变量相关及指数相关分析选择了特征光谱（CS，8 个）、特征波段（CB，5 个）及特征指数（CI，10 个）3 类特征参数，以这些参数及其组合作为自变量，土壤速效钾含量作为因变量，建立的 PLSR 模型参数列于表 9-14。从表 9-14 可知，以 CB+CS+CI 为自变量，土壤速效钾含量为因变量建立的估算模型，选择的主成分数为 6 个，拟合和验证 R^2 为 0.702 和 0.662，是最高的；RMSE 分别为 20.867 mg/kg 和 21.774 mg/kg，是最小的，而验证 RPD 为 1.721 是最高的，说明该模型的估算精度是基于特征参数建立的模型中最高的。但是以 CI 为自变量建立的模型选择的主成分数只有 1 个，而模型的估算精度相对 CB+

CS+CI 为自变量的模型，其验证 RMSE 仅相差 2.531%，验证 RPD 相差 2.499%，说明两个模型的估算精度相差很小，但是以特征指数为自变量建立的模型更简单，在精度满足要求的情况下，应该选择该模型作为土壤速效钾含量的估算模型，进一步说明 CI 是建立土壤速效钾含量估算模型较好的参数。但是以特征参数为自变量建立的 PLSR 模型均只能对土壤速效钾含量进行粗略估算，精度有待提高。

表 9-14   基于特征参数的土壤速效钾含量 PLSR 估算模型结果

输入变量	变量数目	主成分数	校正		交叉验证	验证		
			R^2	RMSE (mg/kg)	R^2	R^2	RMSE (mg/kg)	RPD
CS	8	4	0.575	24.918	0.540	0.540	25.417	1.474
CB	5	3	0.469	27.852	0.426	0.530	25.683	1.459
CI	10	1	0.621	23.532	0.607	0.645	22.325	1.678
CB+CS	13	6	0.607	23.969	0.533	0.523	25.867	1.448
CB+CI	15	5	0.661	22.255	0.616	0.642	22.430	1.670
CS+ CI	18	3	0.648	22.700	0.617	0.655	22.007	1.702
CB+CS+CI	23	6	0.702	20.867	0.629	0.662	21.774	1.721

9.5.3.2   基于光谱及特征参数的速效钾含量 ANN 估算模型

参照 2.7.3 的方法，按照 PLSR 的回归系数选择 6 个潜在变量作为 ANN 估算模型输入层，采用保留排除法和 K-fold 法（K=6）两种方法验证，建立土壤速效钾含量的 ANN 估算模型，其结果见表 9-15。当采用相同的验证方法时，不同光谱变换方法对训练及验证结果有较大影响，与原始光谱模型相比较，多元散射拟合和倒数对数光谱建立的 ANN 模型的各项参数更差，这两种变换并没有增加模型的预测能力；而其他的变换光谱建立的 ANN 模型精度均有不同程度的提高。以各种微分形式光谱为输入变量，采用 K-fold 法验证，建立的 ANN 模型的训练和验证 R^2 均较高，大于 0.72，而 RMSE 均较小，小于 18 mg/kg，RPD 值均较大，大于 2.0，说明这些模型均能对土壤速效钾含量进行精确估算。对微分处理前后光谱建立的模型比较可知，不管采用哪种验证方法，光谱微分处理后建立的估算模型精度均有提高，说明一阶微分是一种较好的变换。比较表 9-15 各项参数可知，采用不同的验证方法建立的土壤速效钾含量 ANN 估算模型精度差异较大，K-fold 法建立的 ANN 模型精度更高。其中，以倒数对数微分、归一化微分、多元散射拟合微分为输入变量，建立的 ANN 估算模型各项参数最优，模型的估算精度最高。各种微分变换前光谱建立的 ANN 模型的验证 RPD 均小于 2.0，只能对土壤速效钾含量进行粗略估算。

表 9-15　基于光谱的土壤速效钾含量 ANN 估算模型结果

输入变量	验证方法	网络结构	训练			验证		
			R^2	RMSE（mg/kg）	RPD	R^2	RMSE（mg/kg）	RPD
R	保留排除法	6-6-1	0.705	20.771	1.804	0.656	22.301	1.680
	K-fold 法	6-6-1	0.702	20.672	1.812	0.746	18.904	1.982
$d(R)$	保留排除法	6-6-1	0.768	18.398	2.036	0.658	21.911	1.710
	K-fold 法	6-6-1	0.819	16.559	2.262	0.725	17.353	2.159
$\log(1/R)$	保留排除法	6-6-1	0.708	20.661	1.813	0.623	22.991	1.629
	K-fold 法	6-6-1	0.694	20.877	1.794	0.766	18.854	1.987
$d(\log(1/R))$	保留排除法	6-6-1	0.807	16.808	2.229	0.744	18.971	1.975
	K-fold 法	6-6-1	0.860	13.800	2.715	0.831	16.772	2.234
$MSC(R)$	保留排除法	6-6-1	0.529	26.243	1.428	0.536	25.521	1.468
	K-fold 法	6-6-1	0.717	19.863	1.886	0.701	22.332	1.678
$d(MSC(R))$	保留排除法	6-6-1	0.726	20.013	1.872	0.691	20.835	1.798
	K-fold 法	6-6-1	0.833	15.375	2.437	0.826	16.488	2.272
$N(R)$	保留排除法	6-6-1	0.711	20.569	1.821	0.681	21.162	1.770
	K-fold 法	6-6-1	0.773	18.284	2.049	0.709	19.108	1.961
$d(N(R))$	保留排除法	6-6-1	0.799	17.156	2.184	0.728	19.522	1.919
	K-fold 法	6-6-1	0.833	15.250	2.457	0.869	14.457	2.591
BD	保留排除法	6-6-1	0.715	20.427	1.834	0.661	21.825	1.717
	K-fold 法	6-6-1	0.748	19.287	1.942	0.667	20.247	1.850
DBD	保留排除法	6-6-1	0.742	19.435	1.928	0.722	19.762	1.896
	K-fold 法	6-6-1	0.783	17.492	2.142	0.799	17.901	2.093

　　分别以特征波段（CB，5 个）、特征光谱（CS，6 个）、特征指数（CI，6）及其组合为输入变量，土壤速效钾含量为输出变量，建立 ANN 估算模型，其训练和验证结果见表 9-16。除特征波段（CB）外，其余的输入变量均根据 PLSR 的回归系数选择 6 个变量作为输入变量，采用两种验证方法建立 ANN 估算模型。分析表 9-16 中各项参数可知，以 CS、CI、CB+CI 和 CB+CS+CI 作为输入变量，K-fold（K=6）方法验证，建立的土壤速效钾含量估算模型的训练 R^2 均大于 0.76，验证 R^2 均大于 0.81，而 RMSE 均较小，验证 RPD 均大于 2.0，说明这些

模型能对土壤速效钾含量进行准确估算，而其他模型均只能进行粗略预测。比较表 9-16 各项参数可知，采用两种验证方法，均以 CB+CS+CI 作为输入变量时，建立的 ANN 估算模型精度更高，因此在图 9-15 展示了两个模型的验证结果，采用 K-fold 法验证时，样本点少但是更加靠近 1∶1 线，说明预测值和测量值更加接近，因而建模效果更佳（图 9-15）。

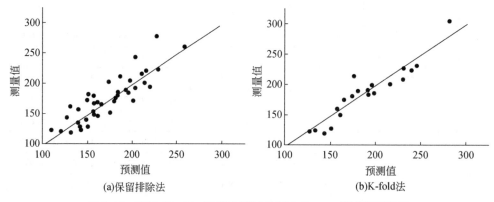

(a)保留排除法　　　　　　　　　　　　　(b)K-fold 法

图 9-15　基于 CB+CS+CI 的土壤速效钾含量 ANN 模型验证结果

表 9-16　基于特征参数的土壤速效钾含量 ANN 估算模型结果

输入变量	验证方法	网络结构	训练			验证		
			R^2	RMSE（mg/kg）	RPD	R^2	RMSE（mg/kg）	RPD
CS	保留排除法	6-6-1	0.704	20.790	1.802	0.656	21.977	1.705
	K-fold 法	6-6-1	0.789	17.683	2.119	0.826	14.651	2.557
CB	保留排除法	5-5-1	0.609	23.920	1.566	0.605	23.534	1.592
	K-fold 法	5-5-1	0.598	23.951	1.564	0.655	21.990	1.704
CI	保留排除法	6-6-1	0.715	20.427	1.834	0.706	20.321	1.844
	K-fold 法	6-6-1	0.763	17.943	2.088	0.821	17.325	2.162
CB+CI	保留排除法	6-6-1	0.762	18.648	2.009	0.694	20.726	1.808
	K-fold 法	6-6-1	0.790	17.668	2.120	0.819	14.775	2.536
CB+CS	保留排除法	6-6-1	0.651	22.598	1.658	0.681	21.144	1.772
	K-fold 法	6-6-1	0.684	20.972	1.786	0.747	20.521	1.826
CB+CS+CI	保留排除法	6-6-1	0.792	17.438	2.148	0.746	18.887	1.984
	K-fold 法	6-6-1	0.801	16.241	2.307	0.882	15.086	2.483

9.6 讨论与结论

9.6.1 讨论

黄绵土全磷和有效磷的均值光谱反射率随其含量的增加而减小，这与其他研究者的结论"土壤样本的磷含量越高，其反射率越低"一致（Maleki et al.，2006）。在可见光波段，土壤光谱反射率随全磷和有效磷含量变化差异较小，而近红外波段光谱反射率随磷含量变化差异明显增大，这与其他研究者的结论一致（陈红艳，2012）。但是在 400~700 nm 波段，当土壤有效磷含量增加时光谱反射率增大，但增大到一定值时，光谱反射率之间的差异非常小，这一规律有待进一步验证。随着土壤有效磷含量增加，土壤光谱反射率明显减小，这一规律与其他研究者的结论"随土壤有效磷含量增加，土壤光谱反射率没有明显确定的变化趋势"有差异。主要原因可能是由于土壤类型不同导致光谱规律有差异。分析土壤全钾含量的四分位均值光谱图可知，随土壤全钾含量增加，土壤的光谱反射率增大，当全钾含量增大到一定值时，对土壤光谱反射率影响较大。而土壤速效钾含量的四分位光谱图表明，随土壤速效钾含量增加，土壤的光谱反射率差异较小，规律不明显。在 400~800 nm 波段，土壤光谱反射率急剧增大，1400 nm、1900 nm 和 2200 nm 附近存在水汽吸收峰，其他波段的光谱曲线变化相对较平缓，不利于进行各样本光谱之间的特征比较，因此利用 1 减去连续统去除光谱值得到光谱波段的吸收深度曲线，从波段深度图可知，420 nm、1420 nm、1920 nm、2210 nm 和 2350 nm 波段，不同样本间波段深度差异明显。420 nm 处吸收主要是由于氧化铁吸收引起的，1420 nm 处的吸收主要是由于水的 O–H 的倍频和 C–H 的第一倍频和第二倍频引起的，而 1920 nm 和 2210 nm 处的吸收峰主要是由于水的 O–H 和 C=O 的第二倍频引起的，该区域用于试验的测定和分析时，通常以水分低于 20% 的较干燥的物质较好（李民赞，2006）。文中的所有土样均经过了干燥处理，水分含量小于 20%，因此可以不必考虑水分的影响。2350 nm 处小的吸收峰是由于有机质组成的差异引起的。由于波段深度突出了样本的吸收和反射特征，因此有利于样本光谱的比较。

通过研究 4 类光谱指数与土壤磷和钾含量的相关关系可知，差值指数与土壤磷和钾含量的相关性较好，这与其他研究者的结论一致（张娟娟，2009）。另外，新建立的土壤倒数差值指数与土壤磷和钾含量的相关关系也较好，其他两类指数次之。光谱特征指数与土壤速效钾含量的拟合效果明显比全钾含量差。与张娟娟

（2009，2012）利用土壤指数预测土壤有机质、全氮、碱解氮的效果相比较，土壤指数对黄绵土全钾和速效钾估算的效果要差一些。原因之一可能是研究的土壤类型不同，其二可能是由于有机质、氮素在光谱均有特定的吸收波段，而钾在近红外没有特定的吸收波段，因此光谱指数估算不同土壤属性时效果存在差异。

对于土壤全磷含量而言，通过 PLSR 和 ANN 方法建立的模型精度均较低，只有以特征光谱、特征指数、特征波段+特征指数、特征波段+特征光谱建立的 ANN 估算模型能够进行粗略估算。而土壤有效磷含量的估算精度相对更高一些，建立的 PLSR 模型均能对土壤有效磷含量进行粗略估算。以 PLSR 回归系数选择的归一化微分潜变量作为 ANN 的输入层，以 K-fold（K=6）法验证，得到的土壤有效磷含量估算模型精度较高，其训练和验证 R^2 分别为 0.782 和 0.778，其训练和验证 RMSE 分别为 2.958 mg/kg 和 2.981 mg/kg，RPD 为 2.016 和 2.000，说明该模型能够对土壤有效磷含量进行估算。以 PLSR 选择的 CB+CS 和 CB+CS+CI 的潜变量为输入层，K-fold（K=6）法验证，建立的土壤有效磷含量的 ANN 估算模型精度更高，预测效果更好，其中，CB+CS+CI 建立的 ANN 模型最优。其他参数建立的 ANN 估算模型效果略差一些，仅能对土壤有效磷含量进行粗略估算。

以各种形式光谱及其特征参数为自变量，土壤全钾含量为因变量建立的 PLSR 估算模型，精度都较高，大多能对土壤全钾含量进行精确估算。以极显著波段作为输入变量，建立的土壤全钾和速效钾含量 PLSR 模型精度较高，模型较稳定，因此可先进行相关分析，然后利用相关性较高的波段光谱建立 PLSR 模型，这与已有的研究结论一致（刘秀英等，2015b）。各种预处理光谱建立的 PLSR 模型，以倒数对数微分光谱最佳，说明倒数对数微分处理建立土壤全钾含量估算模型具有优势。当以波段深度及其一阶微分建立土壤全钾含量的 PLSR 估算模型时，精度也非常高，特别是利用一阶微分波段深度建立的模型各项参数均较优，是 PLSR 方法建立的土壤全钾含量估算模型中最好的。这与胡芳等（2012）利用波段吸收深度 BD 光谱特征指数，结合 PLSR 进行土壤钾含量估算模型研究的结论一致。而利用相同指标建立土壤速效钾含量的 PLSR 估算模型，精度远低于全钾含量。虽然建立的所有 PLSR 模型中，以 CB+CS+CI 为自变量建立的模型，是进行土壤速效钾含量估算的最好模型，但是其验证 RPD 也仅为 1.721，只能对土壤速效钾含量进行粗略估算。土壤速效钾与全钾的 PLSR 估算模型的精度差异可能源于两个方面的原因，一方面可能是土壤速效钾含量与土壤光谱的相关性远低于土壤全钾含量，另一方面可能是土壤速效钾建模过程中选择的主成分数目相对较少，从而影响了建模的精度。

利用 ANN 方法建立土壤全钾和速效钾含量的估算模型时，不同的验证方法，选择的训练和验证样本集不同，而且各子集的样本数目也不同，因此建立的模型估算精度存在差异。经过比较可知，采用 K-fold 法进行验证，建立的估算模型普遍优于保留排除法，这与 Debaene 等（2014）利用不同的样本集建立土壤属性的 PLSR 估算模型时得出的结论类似。本书中建立的所有土壤全钾含量的 ANN 估算模型（CB 除外），训练和验证样本的预测值和测量值之间的 R^2 均高于 0.8，而 RMSE 均低于 0.1%，RPD 均大于 2.0，说明所有的 ANN 模型均能对土壤全钾含量进行精确估算。究其原因可能是土壤钾元素主要以矿物钾的形式存在于土壤中（常丽新，2000），而前人研究表明，原生矿物对土壤光谱具有一定的影响（Mathews et al., 1973；Lagacherie, 2008）。以各种微分形式光谱作为输入变量，采用 K-fold 法验证，建立的 ANN 模型的训练和验证 R^2 均较高，RMSE 均较小，RPD 值也较高，大于 2.0，故这些模型均能对土壤速效钾含量进行准确估算。而以特征参数及其组合作为输入变量时，除 CB 外，采用 K-fold 法验证，建立的土壤速效钾含量的 ANN 估算模型的精度亦较高，可以进行土壤速效钾含量反演。土壤速效钾含量能够通过可见/近红外光谱法检测出来，机理还有待进一步研究，部分原因是土壤活性成分和速效钾间接相关（刘雪梅和柳建设，2012）。通过比较各项参数可知，利用 ANN 模型进行土壤速效钾含量估算时精度低于全钾含量。

比较 PLSR 与 ANN 方法建立的土壤磷和钾含量的估算模型各项参数可知，利用 ANN 方法建立的模型精度最高，说明 ANN 方法更适合建立土壤磷、钾含量的估算模型。究其原因可能是土壤光谱与磷、钾含量之间具有一定的非线性关系，而神经网络具有很好的非线性映射能力（陆婉珍，2000），这与其他研究者的结论一致（张娟娟，2009）。目前关于利用土壤光谱分析技术估测土壤磷和钾含量方面的研究和报道相对较少，而且已有的研究结论差异较大（Maleki et al., 2006；贾生尧等，2015；徐丽华等，2013；吴茜等，2014；Viscarra Rossel et al., 2006；Lagacherie, 2008；章海亮等，2014；胡国田等，2015）。从本研究的结果来看，利用光谱技术对土壤总磷含量进行估算不具有实用性，而对于土壤有效磷、全钾和速效钾含量的反演是可行的，但是需要进行更多更加广泛的研究来进一步提高其精度，并对建立的模型进行验证。当土壤种类不同时，磷与土壤中的各种物质以不同的形式结合，进行磷含量预测时需要对已有模型进行拟合或重新建立模型（李学文，2006）。

9.6.2　结论

本章对土壤光谱进行多种变换，通过单波段相关分析提取黄绵土土壤全磷和有效磷的特征波段、特征光谱；两两波段组合及相关分析，提取了土壤磷、钾含量的光谱特征指数，利用 PLSR 和 ANN 方法建立了土壤磷、钾含量的估算模型，其结果如下。

1）通过分析黄绵土磷、钾含量的 4 分位均值光谱图可知，均值光谱反射率随全磷和有效磷含量增加而减小，当土壤全磷和有效磷增大到一定值时，土壤反射率之间的差异非常小。通过波段相关分析可知，黄绵土全磷含量的特征波段为400 nm、420 nm、1760 nm、1820 nm、1920 nm、1970 nm 和 2160 nm；有效磷含量的特征波段为 400 nm、410 nm、470 nm、1900 nm、1910 nm 和 2230 nm。

2）当土壤全钾含量较高时，对土壤光谱反射率影响较大；而土壤速效钾含量的变化对土壤光谱影响相对较小，规律不是很明显。由单变量相关分析可知，黄绵土全钾含量的特征波段为 760 nm、1610 nm、1880 nm、1930 nm、1960 nm和 2370 nm；速效钾含量的特征波段为 400 nm、630 nm、1290 nm、1350 nm 和2370 nm，存在一定的差异。

3）通过两两波段组合构建的 4 类光谱指数与土壤全磷、全钾、有效磷、速效钾含量进行相关分析可知，相关性较好的光谱指数为差值和倒数差值指数，其次为比值和归一化指数。光谱特征指数与土壤有效磷的相关性高于全磷；与土壤全钾的相关性高于速效钾。

4）以波段深度微分光谱为自变量建立的土壤全钾含量 PLSR 模型和 ANN 模型，均是同类模型中估算效果最好的，说明波段深度进行土壤全钾含量估算具有很大潜力。对不同形式光谱进行微分变换后，建立的土壤全钾和速效钾含量的PLSR 和 ANN 模型估算精度均得到提高，说明微分变换可以提高土壤钾含量反演的精度。

5）以 PLSR 回归系数提取潜变量作为输入层，利用 K-fold 法验证，建立的土壤磷、钾含量的 ANN 模型的估算效果优于 PLSR 模型。除 CS、CB、CB+CS外，以各种形式光谱及其特征参数为自变量，土壤全钾含量为因变量，建立的PLSR 估算模型，精度都较高，均能对土壤全钾含量进行精确估算。

6）以 PLSR 回归系数选择归一化微分、CB+CS 和 CB+CS+CI 的潜变量作为ANN 模型的输入层，采用 K-fold（K=6）法验证，建立的 ANN 模型可以对土壤有效磷含量进行快速、准确预测。除 CB 外，以各种形式光谱及其特征参数为输入变量，采用两种验证方法建立的 ANN 估算模型，精度较高，均能对土壤全钾含量进行精确估算。

7）比较不同光谱参数、不同数学方法建立的模型的建模及验模参数可知，以 CB+CS+CI 建立的 ANN 模型，训练和验证 R^2 分别为 0.806 和 0.811，验证RMSE 为 2.691 mg/kg，RPD 值为 2.216，是进行土壤有效磷含量反演的最佳模型。两种方法建立的模型均不能进行土壤全磷含量实际反演。基于波段深度微分建立的 ANN 模型，其训练和验证 R^2 分别为 0.967 和 0.971，验证 RMSE 分别为

0.033% 和 0.030%，RPD 值分别为 5.416 和 5.957，模型的训练和验证结果非常好，是进行土壤全钾含量监测的最优模型。基于归一化微分光谱建立的 ANN 模型的训练和验证 R^2 大于 0.83，验证 RMSE 为 14.457 mg/kg，RPD 值为 2.591，是进行土壤速效钾含量预测的最优模型。土壤全钾含量的反演精度高于速效钾含量。

|第 10 章| 成果与展望

精准农业技术从实施过程来分大致包括农田信息获取、农田信息管理和分析、智能决策、田间实施四大部分（Zhao，2000）。其中，农田信息获取是实现精准农业顺利决策和实施的前提与基础。高光谱遥感技术具有波段多、间隔窄的特点，能够定量获取地物微弱光谱差异信息，可以高精度的对地物进行识别和分析，从而为实现快速、准确获取获农田信息提供了条件，为实践精准农业提供了技术保障。在精准农业生产管理中，作物长势信息及农田土壤信息的高光谱遥感监测，是农业遥感研究的主要内容。玉米是我国三大主粮作物之一，高产、增收对农村经济发展和保障粮食安全都有着重大的意义。因此，必须对玉米的生长状况及农田环境信息快速、无损监测方法进行研究，进而为玉米的科学田间管理提供指导。

10.1　主　要　成　果

本书以田间试验的玉米为研究对象，系统分析玉米不同生理参数及农田土壤信息的高光谱特征；对玉米叶片或冠层高光谱反射率与花青素含量、SPAD 值、生物量、植株含水量及土壤的高光谱反射率与水分含量、氮、磷、钾含量分别进行相关分析，筛选特征波段；综合前人的研究成果，提取植被指数、光谱特征参数、构建新的光谱指数，在相关分析的基础上，获取最佳光谱参数；结合简单统计回归、PLSR、ANN 方法，建立玉米生理参数及农田土壤信息的高光谱估算模型，并以独立样本对模型的精度进行检验，筛选最佳估算模型，从而为动态监测玉米生长状况及科学的田间施肥管理提供理论依据和技术支持。得到以下主要成果。

1）随着玉米叶片花青素含量增加，550 nm 处吸收峰增大；SVC 和 SOC 光谱与玉米叶片花青素含量最大相关波段分别为 548 nm 和 540.73 nm，位于 550 nm 附近。基于 SOC 光谱提取的 MARI 建立的一元二次模型，新构建的 RI（515，628）、DI（550，706）和 NI（515，696）建立的一元线性和一元二次模型，以 SOC 光谱、植被指数和特征指数为自变量建立的 PLSR 模型均能对玉米叶片花青素含量进行实际监测。基于 SVC 和 SOC 光谱、植被指数和特征指数建立的 ANN

估算模型，同样能进行玉米叶片花青素含量监测，精度更高。其中，以光谱特征指数建立的 ANN 模型是监测玉米叶片花青素含量的最优模型；SOC 光谱参数建立的模型估算效果整体优于 SVC 光谱参数建立的模型；以特征指数建立的模型优于植被指数建立的模型；特征指数结合人工神经网络方法是建立玉米叶片花青素含量估算模型的最优方法。

2）玉米不同生育期 SPAD 值的敏感波段有差异。植被指数 $D2$、GNDVI、MSAVI、NDVI、OSAVI、OSAVI2、TCARI2/OSAVI2、TCARI2、TCARI，光谱特征参数 SDr/SDb、Sg、Ro 均与玉米 4 个生育期叶片 SPAD 值极显著相关，通用性较好。10～12 叶期，基于 TCARI/OSAVI、TCARI、SDo、SDb 、SDg、Db 建立的一元线性模型，原始光谱、一阶微分光谱、植被指数建立的 PLSR 模型；开花吐丝期，一阶微分光谱建立的 PLSR 模型；6～8 叶期、10～12 叶期、开花吐丝期以原始光谱、一阶微分光谱、植被指数、光谱特征参数为输入变量，灌浆期以原始光谱、一阶微分光谱、植被指数为输入变量，乳熟期以原始光谱、一阶微分光谱作为输入变量，建立的 ANN 模型，均能对玉米叶片 SPAD 值进行监测。其中，基于 6～8 叶期、10～12 叶期的光谱特征参数，开花吐丝期的植被指数，灌浆期、乳熟期的原始光谱建立的 ANN 模型，是各生育期监测玉米叶片 SPAD 值的最优模型；10～12 叶期是监测玉米叶片 SPAD 值的最佳时期。

3）不同生育期玉米光谱与生物量的相关性差异较大，植被指数 GI、GNDVI、MSAVI、MTCI、NDVI、NDVI3、OSAVI、SR、OSAVI2、TCARI2、TCARI2/OSAVI2、MCARI2、DDn、SPVI、TVI 和 RTVI 均在 2 个生育期与玉米生物量极显著相关；光谱特征参数 Rg、SRg 和 SDg 均在 3 个生育期与玉米生物量极显著相关，通用性较好。6～8 叶期、10～12 叶期和开花吐丝期，以光谱反射率、一阶微分光谱、植被指数、光谱特征参数建立的 ANN 模型，均能进行各生育期玉米生物量的有效监测。其中，6～8 叶期以光谱反射率、10～12 叶期以植被指数、开花吐丝期以一阶微分光谱建立的 ANN 模型是监测玉米生物量的最优模型。乳熟期建立的玉米生物量估算模型效果均不理想。

4）随着玉米植株含水量增加，850～1790 nm 和 1960～2400 nm 波段范围，玉米冠层光谱反射率的波段深度增大，不同生育期植株含水量与光谱的相关性差异较大；玉米植株含水量的敏感波段为：525 nm、715～780 nm、820～850 nm、910～950 nm、1065～1190 nm、1280～1515 nm、1780～1790 nm、1960～1985 nm 和 2065～2385 nm。FD730～1330 和新建光谱指数 FDD（725，925）、FDD（725，1140）、FDD（725，1330）与玉米不同生育期植株含水量相关性较好，通用性较强。6～8 叶期、10～12 叶期、开花吐丝期，基于光谱及光谱指数建立的 ANN 模型均能对各生育期玉米植株含水量进行监测，其中，基于一阶微分光谱建立的 ANN 模型，是进行各生育期玉米植株含水量监测的最优模型。一元线性和 PLSR 建立的模型均不能进行玉米植株含水量有效监测。灌浆期和乳熟期建立的模型仅能对玉米植株含水量进行粗略估算，精度有待提高。

5）随土壤含水量增加光谱反射率下降，1400 nm 和 1900 nm 附近的水分吸收谷朝长波方向偏移。与土壤含水量相关性最大的光谱位于 570 nm、1430 nm 和 1950 nm，吸收特征参数是最大吸收深度（D）和吸收峰总面积（A）、吸收峰右面积（RA）、吸收峰左面积（LA）。基于 C1950、D1900、RA1900 建立的一元线性模型和 A_{1900}、A_{1400} 建立的对数模型，是进行土壤含水量预测的最优模型。

6）不同全氮含量的土壤光谱差异均较大；而碱解氮含量增大到一定值时，反射率之间的差异变小；与氮含量相关性最好的光谱指数是差值指数。以 PLSR 和 ANN 方法建立的全氮含量估算模型效果较好。基于 $d(R)$、$d(\log(1/R))$、CB+CS+CI 建立的 PLSR 模型，光谱及 CB、CS、CI 和 CB+CS+CI 建立的 ANN 模型均能对土壤全氮含量进行估测，其中，基于一阶微分光谱建立的 ANN 模型，是预测土壤全氮含量的最优模型。基于 CB+CS+CI 建立的 ANN 模型，能对土壤碱解氮含量进行准确预测。

7）光谱反射率随土壤磷含量增加而减小，当土壤磷含量增大到一定值时，土壤光谱反射率之间的差异变小。基于归一化微分、CB+CS 和 CB+CS+CI 建立的 ANN 模型，可以对土壤有效磷含量准确估测，其中，基于 CB+CS+CI 建立的 ANN 模型估算效果最好。本研究建立的模型均不能进行土壤全磷含量实际估测。

8）土壤全钾含量较高时，对土壤光谱反射率影响较大；土壤速效钾含量对土壤光谱影响较小，变化规律不明显。以 PLSR 和 ANN 方法建立的模型精度较高，均能对土壤全钾含量进行准确预测。其中，基于波段深度微分建立的 ANN 模型，是进行土壤全钾含量预测的最优模型。基于归一化微分光谱建立的 ANN 模型是进行土壤速效钾含量预测的最优模型。土壤全钾含量预测精度高于速效钾含量，微分变换可以提高模型的预测精度。

在前人研究的基础上，本书的主要创新性进展有以下 4 点。

1）首次建立了玉米叶片花青素含量高光谱估算模型，为玉米科学的田间管理提供参考。使用成像（SOC）和非成像（SVC）两种不同的遥感信息源获取普通玉米叶片的高光谱反射率，构建两波段光谱指数，建立玉米叶片花青素含量估算模型。以 SOC 光谱新构建的 RI(515，628)、DI(550，696) 和 NI(520，696) 进行玉米叶片花青素含量预测取得了较好的结果。特征指数结合 ANN 方法是建立玉米叶片花青素含量估算模型的最优方法。

2）构建新的微分光谱指数进行不同生育期玉米植株含水量预测，提高了玉米植株含水量预测的精度。新构建的微分差值光谱指数 FDD（725，925）、FDD（725，1140）、FDD（725，1330）与玉米不同生育期植株含水量之间的相关性较高，而且基于微分光谱指数建立的模型能进行不同生育期玉米植株含水量预测。

3）在土壤风干过程中进行水分含量及光谱测量，提取吸收特征参数进行土壤含水量预测，减少了传统方法研磨、过筛、水分配比等繁琐前处理过程，提高了模型的适应性。土壤自然风干过程中具有不同的水分含量，因此，在土壤风干过程中进行多次水分及光谱测量，在此基础上，基于特征波段光谱、水分吸收特征参数建立土壤含水量监测的简单统计回归模型，能对土壤含水量进行精确预测。

4）构建土壤不同营养成分的两波段光谱指数，结合先进的建模方法建立土壤不同营养成分的估算模型，为土壤营养成分的预测提供了较好的方法。利用 R 语言编程计算土壤原始光谱及其变换光谱的两波段差值指数、比值指数、归一化指数及倒数差值指数，提取相关系数较高的光谱指数作为特征指数，结合特征波段及特征光谱作为 ANN 模型的输入变量，建立 ANN 估算模型，均能对土壤氮、磷、钾含量进行有效预测（全磷含量除外）。

10.2 展　望

高光谱遥感技术自从出现以来，发展迅速，已经在很多领域展现出了巨大的应用潜力。根据本论著的内容及结论，今后将从以下 3 个方面开展进一步的研究。

1）本书虽然对玉米的部分生理参数（花青素含量、叶绿素含量、植株含水量等）及农田土壤信息（土壤含水量、氮、磷、钾等）的高光谱估算方法进行了较为深入的研究，并取得了一些成果，但是由于人力、物力及特殊天气状况、时间的限制，玉米其他生理生态变量以及产量、品质等指标还需进一步深入研究，以便利用高光谱遥感更加全面的监测玉米整个生育期的生长状况及农田环境信息。

2）本书采用连续两年的实验数据，对玉米的生理参数及农田土壤信息估算方法进行了较深入的研究，但是由于作物生长过程中自身结构及环境背景均发生变化，而且野外试验过程受很多不确定因素影响，造成光谱信息与作物的生理参数及农田土壤信息之间的关系同样存在不确定性，因此有必要进行长期定位监测试验，建立稳定性较好、通用性较强的高光谱遥感估算模型，提高模型的反演精度，为不同肥力水平下玉米田间管理提供科学依据。

3）本书仅对玉米叶片的花青素含量研究采用了成像和非成像两种遥感数据源，其他指标的研究仅使用了地物高光谱仪获取的数据，因此，今后可以考虑结合成像与非成像高光谱遥感数据源，地面、低空无人机遥感数据源进行研究，达到区域尺度上建立玉米生理生态参量及农田环境信息的高光谱估算模型，以便区域尺度上对玉米的长势及农田环境状况进行监测。

参 考 文 献

毕景芝, 刘湘南, 赵冬. 2014. 基于粗糙集约简的水稻叶片叶绿素含量高光谱反演. 应用科学学报, 32 (4): 394-400.

鲍士旦. 1999. 土壤农化分析 (第3版). 北京: 中国农业出版社.

陈红艳, 赵庚星, 李希灿, 等. 2013. 基于 DWT-GA-PLS 的土壤碱解氮含量高光谱估测方法. 应用生态学报, 24 (11), 3185-3191.

陈红艳, 赵庚星, 李希灿, 等. 2012. 小波分析用于土壤速效钾含量高光谱估测研究. 中国农业科学, 47 (7): 1425-1431.

陈小平, 王树东, 张立福, 等. 2016. 植被叶片含水量反演的精度及敏感性. 遥感信息, 31 (1): 48-57.

陈鹏飞, Nicolas Tremblayz, 王纪华, 等. 2010. 估测作物冠层生物量的新植被指数的研究. 光谱学与光谱分析, 30 (2): 512-517.

陈述彭, 赵英时. 1990. 遥感地学分析. 北京: 测绘出版社.

程晓娟, 杨贵军, 徐新钢, 等. 2014. 基于近地高光谱与 TM 遥感影像的冬小麦冠层含水量反演. 麦类作物学报, 34 (2): 227-233.

从日环, 李小坤, 鲁剑巍. 2007. 土壤钾素转化的影响因素及其研究进展. 华中农业大学学报, 26 (6): 907-913.

常丽新. 2000. 土壤钾的生物有效性和土壤供钾能力. 河北农业科学, 4 (4): 64-69.

崔日鲜, 刘亚东, 付金东. 2015. 基于可见光光谱和 BP 人工神经网络的冬小麦生物量估算研究. 光谱学与光谱分析, 35 (9): 2596-2601.

董晶晶, 王力, 牛铮. 2009. 植被冠层水平叶绿素含量的高光谱估测. 光谱学与光谱分析, 29 (11): 3003-3006.

房贤一, 朱西存, 王凌, 等. 2013. 基于高光谱的苹果盛果期冠层叶绿素含量监测研究. 中国农业科学, 46 (16): 3504-3513.

方美红, 居为民. 2015. 基于叶片光学属性的作物叶片水分含量反演模型研究. 光谱学与光谱分析, 35 (1): 167-171.

扈立家, 唐雪漫. 2006. 我国发展精准农业问题研究. 农业经济, (5): 27-28.

付元元, 王纪华, 杨贵军, 等. 2013. 应用波段深度分析和偏最小二乘回归的冬小麦生物量高光谱估算. 光谱学与光谱分析, 33 (5): 1315-1319.

黄春燕, 王登伟, 曹连莆, 等. 2007. 棉花地上鲜生物量的高光谱估算模型研究. 农业工程学报, 23 (3): 131-135.

贺佳. 2015. 冬小麦不同生育时期生态生理参数的高光谱遥感估算模型. 杨凌: 西北农林科技大学博士学位论文.

何挺, 王静, 林宗坚, 等. 2006. 土壤有机质光谱特征研究. 武汉大学学报. 信息科学版, 31 (11): 975-979.

胡国田, 何东健, Kenneth A S. 2015. 基于直接正交信号拟合的土壤磷和钾 VNIR 测定研究. 农业机械学报, 46 (7): 139-145.

胡芳, 蔺启忠, 王钦军, 等.2012. 土壤钾含量高光谱定量反演研究. 国土资源遥感, 95 (4): 157-162.

贾生尧, 杨祥龙, 李光, 等.2015. 近红外光谱技术结合递归偏最小二乘算法对土壤速效磷与速效钾含量测定研究. 光谱学与光谱分析, 35 (9): 2516-2520.

吉海彦, 王鹏新, 严泰来.2007. 冬小麦活体叶片叶绿素和水分含量与反射光谱的模型建立. 光谱学与光谱分析, 27 (3): 514-516.

蒋金豹, 黄文江, 陈云浩.2010. 用冠层光谱比值指数反演条锈病胁迫下的小麦含水量. 光谱学与光谱分析, 30 (7): 1939-1943.

李学文, 金兰淑, 李涛, 等.2006. 近红外无损检测技术在棕壤速效磷分析中的应用. 安徽农学通报, 12 (5): 61-63.

李伟, 张书慧, 张倩, 等.2007. 近红外光谱法快速测定土壤碱解氮、速效磷和速效钾含量. 农业工程学报, 23 (1): 55-59.

李民赞, 韩东海, 王秀.2006. 光谱分析技术及其应用. 北京: 科学出版社.

梁亮, 杨敏华, 张连蓬, 等.2011. 小麦叶面积指数的高光谱反演. 光谱学与光谱分析, 31 (6): 1658-1662.

梁亮.2010. 小麦冠层理化参量的高光谱反演. 长沙: 中南大学博士学位论文.

梁东丽, 李小平, 赵护兵, 等.2000. 陕西省主要土壤养分有效性的研究. 西北农业大学学报, 28 (1): 37-42.

李海英.2007. 土壤属性的高光谱遥感方法研究. 兰州: 中国科学院寒区旱区环境与工程研究所博士学位论文.

李伟, 张书慧, 张倩, 等.2007. 近红外光谱法快速测定土壤碱解氮、速效磷和速效钾含量. 农业工程学报, 23 (1): 55-59.

李岗.1997. 黄土台塬旱地土壤培肥研究. 中国西北旱地地区农业可持续发展国际学术研讨会论文集. 西安: 世界图书出版公司.

林辉, 臧卓, 刘秀英, 等.2011. 森林树种高光谱遥感研究. 北京: 中国林业出版社.

刘焕军, 张柏, 宋开山, 等.2008. 黑土土壤水分光谱响应特征与模型. 中国科学院研究生院学报, 25 (4): 503-509.

刘雪梅, 柳建设.2012. 基于 LS-SVM 建模方法近红外光谱检测土壤速效 N 和速效 K 的研究. 光谱学与光谱分析, 32 (11): 3019-3023.

刘雪梅, 柳建设.2013. 基于 MC-UVE 的土壤碱解氮和速效钾近红外光谱检测. 农业机械学报, 44 (11): 88-91.

刘燕德, 熊松盛, 吴至境, 等.2013. 赣南脐橙园土壤全磷和全钾近红外光谱检测. 农业工程学报, 29 (18): 156-162.

刘秀英, 王力, 宋荣杰, 等.2015a. 黄绵土风干过程中土壤含水率的光谱预测. 农业机械学报, 46 (4): 266-272.

刘秀英, 王力, 常庆瑞, 等.2015b. 基于相关分析和偏最小二乘回归的黄绵土土壤全氮和碱解氮含量的高光谱预测. 应用生态学报, 26 (7): 2107-2114.

刘秀英, 申健, 常庆瑞, 等.2015c. 基于可见/近红外光谱的牡丹叶片花青素含量预测. 农业机械学报，46（9）：319-324.

刘伟东，Frédéric Baret，张兵，等.2004. 高光谱遥感土壤湿度信息提取研究. 土壤学报，41（5）：700-706.

刘伟东，项月琴，郑兰芬，等.2000. 高光谱数据与水稻叶面积指数及叶绿素密度的相关分析. 遥感学报，4（4）：279-283.

刘子龙，张广军，赵政阳，等.2006. 陕西苹果主产区丰产果园土壤养分状况的调查. 西北林学院学报，21（2）：50-53.

卢艳丽，白由路，王磊，等.2010. 黑土土壤中全氮含量的高光谱预测分析. 农业工程学报，26（1）：256-261.

路鹏，魏志强，牛铮.2009. 应用特征波段和反射变形差的方法进行土壤属性估算. 光谱学与光谱分析，29（3）：716-721.

陆婉珍.2000. 现代近红外光谱分析技术. 北京：中国石化出版社.

栾福明，熊黑钢，王芳，等.2013. 基于小波分析的土壤碱解氮含量高光谱反演. 光谱学与光谱分析，33（10）：2828-2832.

彭彦昆，黄慧，王伟，等.2011. 基于LS-SVM和高光谱技术的玉米叶片叶绿素含量检测. 江苏大学学报（自然科学版），32（2）：125-128.

浦瑞良，宫鹏.2000. 高光谱遥感及其应用. 北京：高等教育出版社.

潘家志.2007. 基于光谱和多光谱数字图像的作物与杂草识别方法研究. 杭州：浙江大学博士学位论文.

权定国.2011. 乾县农田土壤养分含量与种植小麦、玉米的适宜性分析. 宁夏农林科技，52（12）：12-13.

权定国.2011. 中科11号夏玉米在陕西乾县引种示范效果及丰产栽培技术. 宁夏农林科技，52（12）：135-136.

宋海燕.2006. 基于光谱技术的土壤、作物信息获取及其相互关系的研究. 杭州：浙江大学博士学位论文.

宋海燕，何勇.2008. 近红外光谱法分析土壤中磷、钾含量及pH值的研究. 山西农业大学学报（自然科学版），28（3）：275-278.

宋开山，张柏，于磊，等.2005. 玉米地上鲜生物量的高光谱遥感估算模型研究. 农业系统科学与综合研究，21（1）：65-67.

宋韬，鲍一丹，何勇.2009. 利用光谱数据快速检测土壤含水量的方法研究. 光谱学与光谱分析，29（3）：675-677.

孙红，李民赞，张彦娥，等.2010. 玉米生长期叶片叶绿素含量检测研究. 光谱学与光谱分析，30（9）：2488-2492.

孙建英，李民赞，唐宁，等.2007. 东北黑土的光谱特性及其与土壤参数的相关性分析. 光谱学与光谱分析，27（8）：1502-1505.

孙建英，李民赞，郑立华，等.2006. 基于近红外光谱的北方潮土土壤参数实时分析. 光谱学与光谱分析，26（3）：426-429.

唐延林，黄敬峰，王秀珍，等.2004. 水稻、玉米、棉花的高光谱及其红边特征比较. 中国农业科学, 37 (1)：29-35.

唐启义, 冯明光. 2007. DPS 数据处理系统. 北京：科学出版社.

田庆久, 宫鹏, 赵春江, 等. 2000. 用光谱反射率诊断小麦水分状况的可行性分析. 科学通报, 45 (24)：2645-2650.

田永超, 朱艳, 曹卫星, 等. 2004. 小麦冠层反射光谱与植株水分状况的关系. 应用生态学报, 15 (11)：2072-2076.

童庆禧, 张兵, 郑兰芬. 2006. 高光谱遥感–原理、技术与应用. 北京：高等教育出版社.

王昌佐, 王纪华, 王锦地, 等. 2003. 裸土表层含水量高光谱遥感的最佳波段选择. 遥感信息, (4)：33-36.

王大成, 王纪华, 靳宁, 等. 2008. 用神经网络和高光谱植被指数估算小麦生物量. 国际农产品质量安全管理检测与溯源技术研讨会.

王璐, 蔺启忠, 贾东, 等. 2007. 基于反射光谱预测土壤重金属元素含量的研究. 遥感学报, 11 (6)：906-913.

王静, 何挺, 李玉环. 2005. 基于高光谱遥感技术的土地质量信息挖掘研究. 遥感学报, 9 (4)：438-445.

王娟, 郑国清. 2010. 冠层反射光谱与植株水分状况的关系. 玉米科学, 18 (5)：86-89, 95.

王强, 易秋香, 包安明, 等. 2013. 棉花冠层水分含量估算的高光谱指数研究. 光谱学与光谱分析, 33 (2)：507-512.

王强, 易秋香, 包安明, 等. 2012. 基于高光谱反射率的棉花冠层叶绿素密度估算. 农业工程学报, 28 (15)：125-132.

王秀珍. 2001. 水稻生物物理与生物化学参数的光谱遥感估算模型研究. 杭州：浙江大学博士学位论文.

王秀珍, 黄敬峰, 李云梅, 等. 2003. 水稻生物化学参数与高光谱遥感特征参数的相关分析. 农业工程学报, 19 (2)：144-148.

王彦集, 张瑞瑞, 陈立平, 等. 2008. 农田环境信息远程采集和 Web 发布系统的实现. 农业工程学报, 24 (2)：279-282.

吴长山, 项月琴. 2000. 利用高光谱数据对作物群体叶绿素密度估算的研究. 遥感学报, 4 (3)：228-232.

吴代晖, 范闻捷, 崔要奎, 等. 2010. 高光谱遥感监测土壤含水量研究进展. 光谱学与光谱分析, 30 (11)：3067-3071.

吴见, 侯兰功, 王栋. 2014. Hyperion 影像的玉米冠层叶绿素含量估算. 农业工程学报, 30 (6)：116-123.

吴茜, 杨宇虹, 徐照丽, 等. 2014. 应用局部神经网络和可见/近红外光谱法估测土壤有效氮磷钾. 光谱学与光谱分析, 34 (8)：2102-2105.

武婕, 李玉环, 李增兵, 等. 2014. 基于 SPOT-5 遥感影像估算玉米成熟期地上生物量及其碳氮累积量. 植物营养与肥料学报, 20 (1)：64-74.

吴明珠, 李小梅, 沙晋明. 2013. 亚热带红壤全氮的高光谱响应和反演特征研究. 光谱学与光谱分析, 33 (11)：3111-3115.

伍维模，牛建龙，温善菊，等 . 2009. 植物色素高光谱遥感研究进展 . 塔里木大学学报，
　 21 （4）：61-68.

谢伯承，薛绪掌，王纪华，等 . 2005. 土壤参数的光谱实时分析 . 干旱地区农业研究，
　 23 （3）：54-57.

徐丽华，谢德体，魏朝富，等 . 2013. 紫色土土壤全氮和全磷含量的高光谱遥感预测 . 光谱学
　 与光谱分析，23 （3）：723-727.

徐永明，蔺启忠，王璐，等 . 2006. 基于高分辨率反射光谱的土壤营养元素估算模型 . 土壤学
　 报，43 （5）：709-716.

杨敏华 . 2002. 面向精准农业的高光谱遥感作物信息获取 . 北京：中国农业大学博士论文 .

姚付启 . 2012. 冬小麦高光谱特征及其生理生态参数估算模型研究 . 杨凌：西北农林科技大学
　 博士学位论文 .

姚艳敏，魏娜，唐鹏钦，等 . 2011. 黑土土壤水分高光谱特征及反演模型 . 农业工程学报，
　 27 （8）：95-100.

张东彦，刘镕源，宋晓宇，等 . 2011. 应用近地成像高光谱估算玉米叶绿素含量 . 光谱学与光
　 谱分析，31 （3）：771-775.

张娟娟，田永超，姚霞，等 . 2011. 基于高光谱的土壤全氮含量估测 . 自然资源学报，26 （5）：
　 881-890.

张娟娟，田永超，姚霞，等 . 2012. 同时估测土壤全氮、有机质和碱解氮含量的光谱指数研
　 究 . 土壤学报，49 （1）：50-59 .

张娟娟 . 2009. 土壤养分信息的光谱估测研究 . 南京：南京农业大学博士学位论文 .

张雪红，刘绍民，何蓓蓓 . 2008. 基于包络线消除法的油菜氮素营养高光谱评价 . 农业工程学
　 报，24 （10）：151-155.

赵春江 . 2010. 对我国未来精准农业发展的思考 . 农业网络信息，（4）：5-8.

赵春江，薛绪掌，王秀 . 2003. 精准农业技术体系的研究进展与展望 . 农业工程学报，
　 19 （4）：7-12.

章海亮，刘雪梅，何勇 . 2014. SPA-LS-SVM 检测土壤有机质和速效钾研究 . 光谱学与光谱分
　 析，34 （5）：1348-1351.

郑有飞，Guo X，O lfert O，等 . 2007. 高光谱遥感在农作物长势监测中的应用 . 气象与环境科
　 学，30 （1）：10-16.

周燕，黄传旭，陈斌 . 2002. 用近红外光谱仪器快速检测小麦水分 . 现代科学仪器，（6）：
　 50-52. .

周顺利，谢瑞芝，蒋海荣，等 . 2006. 用反射率、透射率和吸收率分析玉米叶片水分含量时的
　 峰值波长选择 . 农业工程学报，22 （5）：28-31.

朱星宇 . 2011. SPSS 多元统计方法及应用 . 北京：清华大学出版社 .

邹小波，陈正伟，石吉勇，等 . 2012. 基于近红外高光谱图像的黄瓜叶片色素含量快速检测 .
　 农业机械学报，43 （5）：152-156.

Asner G P，Daniel N，Gina C，et al. 2004. Drought stress and carbon uptake in an Amazon forest
　 measured with spaceborne imaging spectroscopy. Proceedings of the National Academy of Sciences，

101 (16): 6039-6044.

Ben-Dor E, Chabrillat S, Demattê J A M, et al. 2009. Using imaging spectroscopy to study soil properties. Remote Sensing of Environment, 113: S38-S55.

Blackburn G A. 1998. Spectral indices for estimating photosynthethic pigment concentrations: a test using senescent tree leaves. International Journal of Remote Sensing, 19: 657-675.

Bogrekci I, Lee W S. 2007. Comparison of Ultraviolet, Visible, and Near Infrared sensing for soil phosphorus. Biosystems Engineering, 96: 293-299.

Broge N H, Lebianc E. 2000. Comparing prediction power and stability of broadband and hyperspectral vegetation indices for estimation of green area index and canopy chlorophyll density. Remote sensing of Environment, 76 (2): 156-172.

Bowers S A, Hanks R J. 1965. Reflection of radiant energy from soils. Soil Science, 100 (2): 130-138.

Bowers S A, Smith S J. 1972. Spectrophotometric determination of soil water content. Soil Science Society of America Proceedings, 36: 978-980.

Bruce L M, Li J. 2001. Wavelets for computationally efficient hyperspectral derivative analysis. IEEE Transactions on Geosciences and Remote Sensing, 39 (7): 1540-1546.

Casanova D G, Epema F, Goudfiaan J. 1998. Monitoring rice reflectance at field level for estimating biomass and LAI. Field Crops Research, 55 (1-2): 83-92.

Couillard A, Turgeon A J, Shenk J S, et al. 1997. Near infrared reflectance spectorscopy for analysis of turf soil profiles. Crop Science, 37: 1554-1559.

Ceccato P, Gobron N, Flasse S, et al. 2002. Designing a spectral index to estimate vegetation water content from remote sensing data: Part 1 Theoretical approach. Remote Sensing of Environment, 82: 188-197.

Ceccato P, Flasse S, Tarantola, et al. 2001. Detecting vegetation leaf water content using reflectance in the optical domain. Remote Sensing of Environment, 77: 22-33.

Chalker-Scott L. 1999. Environmental significance of anthocyanins in plant stress responses. Photochemistry and Photobiology, 70 (1): 1-9.

Chang C W, Laird D A. 2002. Near-infrared reflectance spectroscopic analysis of soil C and N. Soil Science, 167 (2): 110-116.

Chappelle E W, Kim M S, McMurtrey J E. 1992. Ratio analysis of reflectance spectra (RARS): an algorithm for the remote estimation of the concentrations of chlorophyll a, chlorophyll b, and carotenoids in soybean leaves. Remote Sensing of Environment, 39 (3): 239-247.

Cho M A, Skidmore A K, Atzberger C. 2008. Towards red-edge positions less sensitive to canopy biophysical parameters for leaf chlorophyll estimation using properties optique spectrales des feuilles (PROSPECT) and scattering by arbitrarily inclined leaves (SAILH) simulated data. International Journal of Remote Sensing, 29 (8): 2241-2255.

Clevers J G P W, Van der Heijden G W A M, Verzakov S, et al. 2007. Estimating grassland biomass using SVM band shaving of hyperspectral data. Photogrammetric Engineering & Remote Sensing,

73 (10): 1141-1148.

Close D C, Beadle C L. 2003. Theecophysiology of foliar anthocyanin. The Botanical Review, 69: 149-161.

Confalonieri M, Fornasier F, Ursino A. 2001. The potential of neat infrared reflectance spectroscopy as a tool for the chemical characterization of agricultural soils. Journal of Near Infrared Spectroscope, 9: 123-131.

Cohen M J, Prenger J P, DeBusk W F. 2005. Visible-near infrared reflectance spectroscopy for rapid, nondestructive assessment of wetland soil quality. Journal of Environmental Quality, 34: 1422-1434.

Curran P J, Dungan J L, Gholz H L. 1990. Exploring the relationship between reflectance red edge and chlorophyll content in slash pine. Thee Physiology, 7: 73-48.

Dalal R C, Henry R J. 1986. Simultaneous determination of moisture, organic carbon, and total nitrogen by near-infrared reflectance spectrophotometry. Soil Science Society of America Journal, 50: 120-123.

Dash J, CurranP J. 2004. The MERIS terrestrial chlorophyll index. International Journal of Remote Sensing, 25 (23): 5403-5413.

Daughtry C S T, Walthall C L, Kim M S, et al. 2000. Estimating corn leaf chlorophyll concentration from leaf and canopy reflectance. Remote Sensing of Environment, 74 (2): 229-239.

Debaene G, Nied 8 137073k2 J, Pecio A, et al. 2014. Effect of the number of calibration samples on the prediction of several soil properties at the farm-scale. Geoderma, 214-215: 114-125.

Delegido J, Alonso L, Gonzá lez G, et al. 2010. Estimating chlorophyll content of crops from hyperspectral data using a normalized area over reflectance curve (NAOC). International Journal of Applied Earth Observation and Geoinformation, 12: 165-174.

Danson F M, Steven M D, Malthus T J, et al. 1992. High-spectral resolution data for determining leaf water concentration. International Journal of Remote Sensing, 13 (3): 461-470.

Elvidge C D, Zhikang C. 1995. Comparison of broad-band and narrow-band red and near-infrared vegetation indices. Remote Sensing of Environment, 54 (1): 38-48.

Fenshol T R, Sandholt I. 2003. Derivation of a shortwave infrared water stress index from MODIS near- and shortwave infrared data in a semiarid environment. Remote Sensing of Environment, 87 (1): 111-121.

Gao B C. 1996. NDWI-A normalized difference water index for remote sensing of vegetation liquid water from space. Remote Sensing of Environment, 58: 257-266.

Gilaber M A, Conese C, Masselli F. 1994. An atmospheric correction method for the automatic retrieval of surface reflectance from TM images. International Journal of Remote Sensing, 15 (10): 2065-2086.

Galvão LS, Vitorelloí. 1998. Variability of laboratory measured soil lines of soils from southeastern Brazil. Remote Sensing of Environment, 63: 166-181.

Gamon J A, Surfus J S. 1999. Assessing leaf pigment content and activity with a reflectometer. New

Phytologist, 143: 105-117.

Gandia S, Fernández G, García J C, et al. 2004. Retrieval of vegetation biophysical variables from CHRIS/PROBA data in the SPARC campaign. ESA SP, 578: 40-48.

Ghulama A, Li Z L, Qin Q M, et al. 2008. Estimating crop water stress with ETM+NIR and SWIR data. Agricultural and Forest Meteorlogy, 148 (11): 1679-1695.

Gitelson A A, Merzlyak M N, Lichtenthaler H K. 1996. Detection of red edge position and cholorophyll content by reflectance measurements near 700 nm. Journal of Plant Physiology, 148: 501-508.

Gitelson A A, Merzlyak M N, Chivkunova O B. 2001. Optical properties and nondestructive estimation of anthocyanin content in plant leaves. Photochemistry and Photobiology, 74 (1): 38-45.

Gitelson A A, Merzlyak M N. 2004. Non- destructive assessment of chlorophyll, carotenoids and anthocyanin content in higher plant leaves: principles and algorithms. In: Stamtiadis S, Lynch J M, Shepers J S, Remote sensing for agriculture and the environment. Greece: Ella: 78-94.

Gitelson A A, Keydan G P, Merzlyak M N. 2006. Three- band model for noninvasive estimation of chlorophyll, carotenoids, and anthocyanin contents in higher plant leaves. Geophysical Research Letters, 33 (11): 1-5.

Gitelson A A, Chivkunova O B, Merzlyak M N. 2009. Nondestructive estimation of anthocyanins and chlorophylls in anthocyanic leaves. American Journal of Botany, 96 (10): 1861-1868.

Gitelson A A, Kaufman Y J, Merzlyak M N. 1996. Use of a green channel in remote sensing of global vegetation from EOS- MODIS. Remote Sensing of Environment, 58 (3): 289-298.

Gitelson A A, Merzlyak M N. 2004. Non- Destructive Assessment of Chlorophyll Carotenoid and Anthocyanin Content in Higher Plant Leaves: Principles and Algorithms. Remote Sensing for Agriculture and the Environment, Stamatiadis S, Lynch J S, SCHEPERS Eds, Greece Ella, 78-94.

Gould K S, McKelvie J, Markham K R. 2002. Do anthocyanins function as antioxidants in leaves? Imaging of H_2O_2 in red and green leaves after mechanical injury. Plant, Cell and Environment, 25 (10): 1261-1269.

Haboudane D, John R, Millera J R, et al. 2002. Integrated narrow- band vegetation indices for prediction of crop chlorophyll content for application to precision agriculture. Remote Sensing of Environment, 81 (2-3): 416-426.

Haboudane D, Tremblay N, Miller J R, et al. 2008. Remote estimation of crop chlorophyll content using spectral indices derived from hyperspectral data. IEEE Transactions of Geoscience and Remote Sensing, 46: 423-437.

Hansen P M, Schjoerring J K. 2003. Reflectance measurement of canopy biomass and nitrogen status in wheat crops using normalized difference vegetation indices and partial least squares regression. Remote Sensing of Environment, 86 (4): 542-553.

Hardisky M S, Klemas V, Smart R M. 1983. The influence of soil salinity, growth form and leaf moisture on the spectral radiance of Spartina Alterniflora canopies. Photogrammetric Engineering and

Remote Sensing, 49 (1): 77-83.

He Y, Song H Y, Annia G P, et al. 2005. A new approach to predict N, P, K and OM content in a loamy mixed soil by using near infrared reflectance spectroscopy. Advances in Intelligent Computing, 3644: 859-867.

He Y, Huang M, García A, et al. 2007. Prediction of soil macronutrients content using near-infrared spectroscopy. Computers and Electronics in Agriculture, 58: 144-153.

Hill M J, HeldA A, Leuning R, et al. 2006. MODIS spectral signals at a flux tower site: Relationships with high-resolution data, and CO_2 flux and light use efficiency measurements. Remote Sensing of Environment, 103 (3): 351-368.

Holben B N, Schutt J B, McMurtrey III J. 1983. Leaf water stress detection utilising Thematic Mapper bands 3, 4, and 5 in soybean plants. International Journal of Remote Sensing, 4: 289-297.

Horler D N H, Dockray M, Barber J. 1983. The red edge of plant leaf reflectance. International Journal of Remote Sensing, 4 (2): 273-288.

Hu X Y. 2013. Application of visible/near-Infrared spectra in modeling of Soil Total Phosphorus. Pedosphere, 23 (4): 417-421.

Huang X W, Zou X B, Zhao J W, et al. 2011. Measurement of total anthocyanins content in flowering tea using near infrared spectroscopy combined with ant colony optimization models. Food Chemistry, 164: 536-543.

Hummel J W, Sudduth K A, Hollinger S E. 2001. Soil moisture and organic matter prediction of surface and subsurface soils using an NIR soil sensor. Computers and Electronics in Agriculture, 32: 149-165.

Hunt E R, Doraiswamy P C, McMurtrey J E, et al. 2013. A visible band index for remote sensing leaf chlorophyll content at the canopy scale. International Journal of Applied Earth Observation and Geoinformation, 21: 103-112 .

Hunt E R, Rock B N. 1989. Detection of changes in leaf water content using Near- and Middle-Infrared reflectances. Remote Sensing of Environment, 30 (1): 43-54.

Huete A R, Liu H Q, Batchily K, et al. 1997. A comparison of vegetation indices global set of TM images for EOS-MODIS. Remote Sensing of Environment, 59 (3), 440-451.

Jones C L, Weckler P R, Maness N O, et al. 2004. Estimating water stress in plants using hyperspectral sensing. ASAE/CSAE Annual International Meeting, 4075-4084.

Jordan C F. 1969. Derivation of leaf area index from quality of light on the forest floor. Ecology, 50 (4): 663-666.

Kakani V G, Reddy K R, Zhao D L. 2006. Deriving a simple spectral reflectance ratio to determine cotton leaf water potential. Journal of New Seeds, 8 (3): 11-27.

Kramer P J. 1983. Water relations of plants. New York: New York Press.

Koppe W G, Gnyp M L, Hennig S D, et al. 2012. Multi-Temporal Hyperspectral and Radar Remote Sensing for Estimating Winter Wheat Biomass in the North China Plain. Photogrammetrie Fernerkundung Geoinformation, 3 (18): 281-298.

Lagacherie P, Baret F, Feret J, et al. 2008. Estimation of soil clay and calcium carbonate using laboratory, field and airborne hyper- spectral measurements. Remote Sensing of Environment, 112 (3): 825-835.

le Maire G, Francois C, Dufrene E. 2004. Towards universal broad leaf chlorophyll indices using PROSPECT simulated database and hyperspectral reflectance measurements. Remote Sensing of Environment, 89 (1): 1-28.

Li M Z. 2003. Evaluating soil parameters with visible spectroscopy. Transactions of the Chinese Society of Agricultural Engineering, 19 (5): 36-41.

Liu W D, Baret F, Gu X F, et al. 2002. Relating soil surface moisture to reflectance. Remote Sensing of Environment, 81: 238-246.

Lobell B D, Asner G P. 2002. Moisture effects on soil reflectance. Soil Science Social American of Journal, 66: 722-727.

Loan P, James L S. 2008. Soil water measurement: capacitance. Encyclopedia of Water Science, 1: 1054-1057.

Lukina E V, Freeman K W, Wynn K J, et al. 2001. Nitrogen fertilization optimization algorithm based on in-season estimates of yield and plant nitrogen uptake. Journal of Plant Nutrition, 24 (6): 885-898.

Main R, Cho M A, Mathieu R, et al. 2011. An investigation into robust spectral indices for leaf chlorophyll estimation. ISPRS Journal of Photogrammetry and Remote Sensing, 66 (6): 751-761.

Maleki M R, Van Holm L, Ramon H, et al. 2006. Phosphorus sensing for fresh soils using visible and near infrared spectroscopy. Biosystems Engineering, 95 (3): 425-436.

Malley D F, Yesmin L, Eilers R G. 2002. Rapid analysis of hog manure and manure- amended soils using near-infrared spectroscopy. Soil Science Society of America Journal, 66: 1677-1686.

Mathews H L, Cunningham R L, Petersen G W. 1973. Spectral reflectance of selected Pennsylvania soils. Soil Science Society of America Proceeding, 37: 421-424.

Merzlyak M N, Chivkunova O B, Solovchenko A E, et al. 2008a. Light absorption by anthocyanins in juvenile, stressed and senescing leaves. Journal of Experimental Botany, 59 (14): 3903-3911.

Merzlyak M N, Melo T B, Naqvi K R. 2008b. Effect of anthocyanins, carotenoids, and flavonols on chlorophyll fluorescence excitation spectra in apple fruit: signature analysis, assessment, modelling, and relevance to photoprotection. Journal of Experimental Botany, 59 (2): 349-359.

Michio S, Tsuyoshi A. 1989. Seasonal visible, near- infrared and mid- in- frared spectral of rice canopies in relation to LAI and above- ground dry phytomass. Remote Sensing of Environment, 2: 119-127.

Minolta Co., Ltd. 1989. Chlorophyll SPAD- 502 Instruction Manual. Radiometric Instruments Operations, 17-21.

Mouazen A M, Baerdemaeker J D, Ramonb H. 2005. Towards development of on- line soil moisture content sensor using a fiber-type NIR spectrophotometer. Soil & Tillage Research, 80: 171-183.

Mouazen A M, Maleki M R, Baerdemaeker J D, et al. 2007. On- line measurement of some selected soil properties using a VIS-NIR sensor. Soil & Tillage Research, 93: 13-27.

Mouazen A M, Kuang B, De Baerdemaeker J, et al. 2010. Comparison among principal component, partial least squares and back propagation neural network analyses for accuracy of measurement of selected soil properties with visible and near infrared spectroscopy. Geoderma, 158 (1-2): 23-31.

Mulla D J, David J. 2013. Twenty five years of remote sensing in precision agriculture: Key advances and remaining knowledge gaps. Biosystems Engineering, 114 (4): 358-371.

Nguyen H T, Lee B W. 2006. Assessment of rice leaf growth and nitrogen status byhyperspectral canopy reflectance and partial least square regression. European Journal of Agronomy, 24 (4): 349-356.

Onisimo Mutanga, Andrew K. Skidmore. 2004. Hyperspectral band depth analysis for a better estimation of grass biomass (Cenchrus ciliaris) measured under controlled laboratory conditions. International Journal of Applied Earth Observation and Geoinformation, 5: 87-96.

Peñuelas J, Pinol J, Ogaya R, et al. 1997. Estimation of plant water concentration by the reflectance Water Index WI (R900/R970). International Journal of Remote Sensing, 18 (13): 2869-2875.

Peñuelas J, Baret F, Filella I. 1995. Semiempirical indexes to assess carotenoids chlorophyll-a ratio from leaf spectral reflectance. Photosynthetica, 31 (2): 221-230.

Peñuelas J, Filella I, Sweeano L. 1996. Cell wall elasticity and water index (R970 nm/R900 nm) in wheat under different nitrogen availabilities. International Journal Remote Sensing, l7 (2): 373-382.

Peñuelas J, Filella I, Biel C, et al. 1993. The reflectance at the 950-970 nm region as an indicator of plant water status. International Journal of Remote Sensing, 14 (10): 1887-1905.

Peñuelas J, Inoue Y. 1999. Reflectance indices indicative of changes in water and pigment contents of Peanut and wheat leaves. Photosynthetica, 36 (3): 355-360.

Pimsteina A, Eitel J U H, Long D S, et al. 2009. A spectral index to monitor the head-emergence of wheat in semi-arid conditions Agustin. Field Crops Research, 111: 218-225.

Prasad S T, Ronald B S, Eddy D P. 2000. Hyperspectral vegetation indices and their relationships with agricultural crop characteristics. Remote Sensing of Environment, 71: 158-182.

Price J C. 1988. An approach for analysis of reflectance spectra. Remote Sensing of Environment, 64 (3): 316-330.

Reeves J, Mccarty G. 1999. The potential of NIRS as a tool for spatial mapping of soil compositions. In Near Infrared Reflectance International Conference Proceedings.

Riedell W E, Blackmer T M. 1999. Leaf reflectance spectra of cereal aphid-damaged wheat. Crop Science, 39: 1835-1840.

Rodríguez-Pérez J R, Riaño D, Carlisle E, et al. 2007. Evaluation of hyperspectral reflectance indexes to detect gravepine water status in vineyards American Journal of Enology and Viticulture, 302 (8): 302-317.

Rondeaux G, Steven M, Baret F. 1996. Optimization of soil-adjusted vegetation indices. Remote Sensing of Environment, 55 (2): 95-107.

Roujean J L, Breon F M. 1995. Estimating PAR absorbed by vegetation from bidirectional reflectance measurements. Remote Sensing of Environment, 51 (3): 375-384.

Rouse J W, Haas R H, Schell J A. 1974. Monitoring the vernal advancement and retrogradation (greenwave effect) of natural vegetation. In: NASA/GSFC Type II Progress report. NASA, Greenbelt, MD. USA, 1-371.

Ryu K S, Park J S, Kim B J. 2002. Evaluation of rapid detemination of phosphorous in soil by near infrared spectroscopy. In: Davies A M C and Cho R K. Near Infrared Spectroscopy: Proceedings of the 10th International Conference. NIR Publications, Norwich UK: 399-403.

Russell M, Moses A C, Renaud M, et al. 2011. An investigation into robust spectral indices for leaf chlorophyll estimation. ISPRS Journal of Photogrammetry and Remote Sensing, 66: 751-761.

Schlerf M, Atzberger C, Hill J. 2005. Remote sensing of forest biophysical variables using HyMap imaging spectrometer data. Remote Sensing of Environment, 95 (2): 177-194.

Sims D A, Gamon J A. 2002. Relationships between leaf pig-merit content and spectral reflectance across a wide range of species, leaf structures and development stages. Remote Sensing of Environment, 81: 337-354.

Shao Y N, He Y. 2011. Nitrogen, phosphorus, and potassium prediction in soils, using infrared spectroscopy. Soil Research, 49: 166-172.

Shepherd K D, Walsh M G. 2002. Development of reflectance spectral libraries for characterization of soil properties. Soil Science Society of America Journal, 66 (3): 988-998.

Shibayama M, Takahashi W, Morinaga S, et al. 1993. Canopy water deficit detection in paddy rice using a high resolution field spectroradiometer. Remote Sensing of Environment, 45 (2): 117-126.

Smith R C G, Adams J, Stephens D J, et al. 1995. Forecasting wheat yield in a Mediterranean-type environment from the NOAA satellite. Australian Journal of Agricultural Research, 46 (1): 113-125.

Steele M R, Gitelson A A, Donald C R. 2009. Research note nondestructive estimation of anthocyanin content in grapevine leaves. American Journal of Enology and Viticulture, 60: 87-92.

Summers D, Lewis M, Ostendorf B, et al. 2011. Visible near-infrared reflectance spectroscopy as a predictive indicator of soil properties. Ecological Indicators, 11 (1): 123-131.

Suo X M, Jiang Y T, Yang M, et al. 2010. Artificial neural network to predict leaf population chlorophyll content from cotton plant images. Agricultural Sciences in China, 9 (1): 38-45.

Thomas J R, Gausman H W. 1977. Leaf reflectance vs leaf chlorophyll and carotenoid concentrations for eight crops. Agronomy Journal, 60 (6): 799.

Tucker C J. 1979. Red and photographic infrared linear combinations for monitoring vegetation. Remote Sensing of Environment, 8 (2): 127-150.

Van Den Berg A K, Perkins T D. 2005. Nondestructive estimation of anthocyanin content in autumn sugar maple leaves. HortScience, 40 (3): 685-686.

Vigneau N, Ecarnot M, Rabatel G, et al. 2011. Potential of field hyperspectral imaging as a nondestructive method to assess leaf nitrogen content in wheat. Field Crops Research, 122 (1):

25-31.

Viscarra Rossel R A, Walvoort D J J, McBratney A B, et al. 2006. Visible, near infrared, mid infrared or combined diffuse reflectance spectroscopy for simultaneous assessment of various soil properties. Geoderma, 131 (1-2): 59-75.

Vincini M, Frazzi E, D'Alessio P. 2006. Angular dependence of maize and sugar beet Vis from directional CHRIS/PROBA data. Fourth ESA CHRIS PROBA Workshop. ESRIN, Frascati, Italy, 19-21.

Viña A, Gitelson A A. 2011. Sensitivity to foliar anthocyanin content of vegetation indices using green reflectance. Geoscience and Remote Sensing Letters, 8 (3): 463-467.

Wang J, Xu R S, Yang S L. 2009. Estimation of plant water content by spectral absorption features centered at 1450 nm and 1940 nm regions. Environmental Monitoring and Assessment, 157 (1-4): 459-469.

Wang LL, Qu J, Hao X J, et al. 2011. Estimating dry matter content from spectral reflectance for green leaves of different species. International Journal of Remote Sensing, 32 (22): 7097-7109.

Whiting M L, Li L, Ustin S L. 2004. Predicting water content using Gaussian model on soil spectra. Remote Sensing of Environment, 89: 535-552.

Wood G A, Welsh J P, Godwin R J, et al. 2003. Real-time measures of canopy size as a basis for spatially varying nitrogen applications. Biosystems Engineering, 84 (4): 513-531.

Wu C, Niu Z, Tang Q, et al. 2008. Estimating chlorophyll content from hyperspectral vegetation indices: modeling and validation. Agricultural and Forest Meteorology, 148 (8-9): 1230-1241.

Xie H T, Yang X M, Drury C F, et al. 2011. Predicting soil organic carbon and total nitrogen using mid- and near-infrared spectra for Brookston clay loam soil in Southwestern Ontario, Canada. Canadian Journal of Soil Science, 91 (1): 53-63.

Yang H, Kuang B, Mouazen A M. 2012. Quantitative analysis of soil nitrogen and carbon at a farm scale using visible and near infrared spectroscopy coupled with wavelength reduction. European Journal of Soil Science, 63: 410-420.

Yin Z, Lei T W, Yan Q H, et al. 2013. A near-infrared reflectance sensor for soil surface moisture measurement. Computers and Electronics in Agriculture, 99: 101-107.

Zarco-Tejada P J, Pushnik J C, Dobrowski S, et al. 2003. Steady-state chlorophyll a fluorescence detection from canopy derivative reflectance and double-peak red-edge effects. Remote Sensing of Environment, 84 (2): 283-294.

Zhao C J. 2000. Progress of agricultural informationtechnology. International Academic Publishers. .

Zhang J H, Guo W J. 2006. Quantitative retrieval of crop water content under different soil moistures levels. Proc Spie, 6411.

Zhu Y D, Weidorf D C, Chakraborty S, et al. 2010. Characterizing surface soil water with field portable diffuse reflectance spectroscopy. Journal of Hydrology, 391: 133-140.